钢结构工程施工组织设计编写指南

Compilation Guide for Construction Organization Design of Steel Structure Engineering

中国建筑金属结构协会钢结构专家委员会　组织编写

中国建筑工业出版社

图书在版编目（CIP）数据

钢结构工程施工组织设计编写指南＝Compilation Guide for Construction Organization Design of Steel Structure Engineering/中国建筑金属结构协会钢结构专家委员会组织编写．—北京：中国建筑工业出版社，2020.12（2024.1重印）
ISBN 978-7-112-25646-4

Ⅰ．①钢…　Ⅱ．①中…　Ⅲ．①钢结构-工程施工　Ⅳ．①TU758.11

中国版本图书馆 CIP 数据核字（2020）第 237350 号

随着钢结构在基础设施建设中的广泛应用，有关钢结构的各种技术快速更新发展，在钢结构施工领域，不断有新设备、新技术、新工艺成果出现，这既为钢结构工程高速度、高效率、高质量施工提供了技术手段，也为钢结构工程施工组织设计提出了更高的要求。为了满足现代钢结构工程施工组织设计编写的需要，中国建筑金属结构协会钢结构专家委员会组织行业专家，编写《钢结构工程施工组织设计编写指南》，期望为现代钢结构工程的施工组织设计文件编写提供参考资料，希望进一步统一钢结构工程施工组织设计文件的框架、格式、内容与深度。

本书系统地介绍了钢结构工程施工组织设计文件编写的原则、方法、框架、内容、顺序、格式及不同内容的详细要求，并给出实际钢结构工程施工组织设计文件编写的示例，可供钢结构施工与管理专业人员使用，也可供其他钢结构工程施工专业技术人员参考。

责任编辑：张　磊　万　李
责任校对：张　颖

钢结构工程施工组织设计编写指南
Compilation Guide for Construction Organization Design of Steel Structure Engineering
中国建筑金属结构协会钢结构专家委员会　组织编写
*
中国建筑工业出版社出版、发行（北京海淀三里河路9号）
各地新华书店、建筑书店经销
唐山龙达图文制作有限公司制版
北京凌奇印刷有限责任公司印刷
*
开本：787毫米×1092毫米　1/16　印张：12¾　字数：314千字
2020年12月第一版　2024年1月第三次印刷
定价：**49.00**元
ISBN 978-7-112-25646-4
（36660）

《钢结构工程施工组织设计编写指南》
编写委员会

主　任： 党保卫

副主任： 罗永峰　胡育科

委　员： 刘洪亮　陈晓明　李存良　陈振明　刘春波
乔聚甫　张　伟　王秀丽　胡新赞　杜新喜
周观根　吴旗连　陈桥生　尹卫泽　张艳明
阮新伟　高继领　黄　刚　李海旺　陈志华
曾志攀　贺明玄　段启金　马　明　陶　忠
张晋勋　陈华周　肖　瑾　许立新　孟祥武
冯　跃　弓晓芸　顾　军　严洪丽　任自放
王新堂　于培德　杨晓明　方鸿强　周　瑜

各章内容与执笔人：

章	名　称	负责人	参编编委
第1章	绪论	罗永峰	党保卫、张晋勋、肖瑾、李海旺、陈晓明、陈振明、陈志华、胡育科
第2章	工程概况介绍方法	王秀丽	阮新伟、李存良、曾志攀、孟祥武、陈志华、王新堂、杨晓明、弓晓芸
第3章	施工部署原则与方法	刘洪亮	陈桥生、张晋勋、刘春波、陶忠、马明
第4章	钢结构工程施工总平面图设计	李存良	陈晓明、陈振明、严洪丽、段启金、乔聚甫、卜延渭
第5章	施工进度计划制定方法	陈振明	张伟、乔聚甫、胡新赞、石宇颢
第6章	施工准备与资源配置说明	张伟	陈振明、严洪丽、高继领、陈华周、冯跃
第7章	钢结构施工方法与技术说明原则	刘春波 陈晓明 周观根	张艳明、阮新伟、尹卫泽、吴旗连、顾军、贺明玄、许立新、于培德、任自放、李存良、陈桥生、黄刚、陶忠、杨晓明、王秀丽、高志能
第8章	钢结构施工管理计划制定	陈晓明	李存良、肖瑾、顾军、刘春波、贺明玄、黄刚、段启金、任自放、郁政华
第9章	危大专项方案的编制要点	乔聚甫	许立新、孟祥武、顾军、李海旺、张伟、胡新赞、阮新伟、张艳明、付小敏
第10章	钢结构工程绿色施工	胡新赞	方鸿强
第11章	钢结构工程施工阶段分析与验算	杜新喜	曾志攀、李海旺、王秀丽、李存良、陈志华、黄刚、陶忠、孟祥武、马明、袁焕鑫
第12章及附录	实际钢结构工程施工组织设计文件示例、危大专项方案编制示例	罗永峰	陈晓明、陈振明、胡育科、周瑜
总汇稿	罗永峰、党保卫、周瑜		

参加编写单位： 中国建筑金属结构协会钢结构专家委员会
上海宝冶集团有限公司
上海市机械施工集团有限公司
陕西建工机械施工集团有限公司
中建科工集团有限公司
宝钢钢构有限公司
中铁建设集团有限公司
北京建工集团有限责任公司
兰州理工大学
浙江江南工程管理股份有限公司
武汉大学
浙江东南网架股份有限公司
浙江国星钢构有限公司
杭萧钢构股份有限公司
中国新兴建设开发有限责任公司
北京首钢建设集团有限公司
江苏沪宁钢机股份有限公司
中建工程产业技术研究院有限公司
同济大学
太原理工大学
福建省建筑设计研究院有限公司
北京城建集团有限责任公司
陕西正天钢结构有限公司
中国建筑科学研究院有限公司
天津大学
上海市金属结构行业协会
昆明理工大学
宁波大学科学技术学院
上海建科工程咨询有限公司
北京梦想空间结构研究中心有限公司
江阴大桥（北京）工程有限公司
青岛理工大学

序

近三十多年来，钢结构体系在我国基础设施建设中得到广泛应用，众多大型公共建筑如航站楼、高铁站房、体育场馆、会展馆、超高层建筑、大跨度桥梁以及大型工业设施等均采用钢结构体系，这些现代大型钢结构建筑通常或跨度大、或规模大、或形态新异、或结构体系复杂，且采用了新材料、新技术，使得钢结构施工难度显著增大，给钢结构施工技术提出了更高的要求、带来了更难的挑战，同时也为钢结构施工技术升级发展带来了机遇，推动了我国钢结构施工技术的发展进步。经过近二十多年的快速发展，我国现代钢结构施工技术发生了质的变化与飞跃，现代化的技术装备、准确的计算手段、智能化的监测技术与信息化的控制技术，奠定了我国现代钢结构建造施工技术基础。

自2016年国家提出大力发展装配式建筑，我国装配式建筑进入全面发展时期，到2020年我国装配式建筑已初具规模，尤其现在其作为拉动经济的重要一环，政策推广力度较强。据住房和城乡建设部统计数据显示，2019年全国新开工装配式建筑4.2亿m^2，其中装配式混凝土结构建筑2.7亿m^2，钢结构建筑1.3亿m^2；2019年全国出台装配式建筑相关政策文件261个，2019年全国出台装配式建筑相关标准规范文件110个。随着钢结构住宅试点工作的不断深入，钢结构住宅标准、规范、技术体系、产业链和监督制度的逐步完善，为钢结构装配式住宅发展奠定良好的基础。总体来看，装配式建筑已经成为新的发展方向。装配式建筑企业与质量管理体系融合、装配式建筑运营与信息化智能化数字化系统融合已成为装配式建筑发展良好区域重点思考和拓展的方向。

自从2018年12月基础设施建设以来，新型基础设施建设（以下简称“新基建”）已经逐步成为社会热点，尤其今年在疫情的影响下，新基建被视为是对冲倍受疫情影响的经济、推动产业转型升级和发力数字经济的重要支撑手段，广受关注。

在“装配式建筑+新基建”的发展驱动下，我国钢结构行业将迎来广阔的发展前景。“新基建”要求多学科融合，尤其是与信息科学和数据分析相结合。可以预判，以信息基础设施为代表的“新基建”，大力推广钢结构建筑，不仅会降低成本、提升效率、创新商业模式，还将拉动新材料、新器件、新工艺和新技术的研发应用，促进建筑业技术改造和设备更新，促进数字建筑业智能建筑业创新发展，为建筑业新技术的发展，新产业、新模式和新业态的形成提供必要支撑。

然而，在钢结构广泛应用与快速发展的同时，国内外均发生过一些工程事故，造成了生命财产损失与不利的社会影响。调查统计结果表明，迄今为止的钢结构工程事故大多发生在施工过程中，而发生钢结构工程施工事故的主要原因是施工技术不当或施工管理不到位。实际工程施工事故分析说明，仅有先进的施工设备、先进的施工方法或工艺技术，而没有先进的施工组织管理，无法保障施工质量甚至施工过程安全。因此，在现代大型复杂钢结构工程施工前，需要对现代化施工设备、智能化施工技术与信息化控制技术等，进行更为合理完备的施工规划、组织、设计、管理，才能保障施工质量与安全，才能保障钢结构工程施工经济、顺利、绿色。

目前，我国钢结构施工技术水平已进入世界领先行列，但关于施工组织的系统化管理技术还需要进一步改进提高。特别是在钢结构工程施工组织设计方面，国内还没有统一的编制模式，各施工企业大多自成体系进行施工组织设计编制甚至保密式编制，这种编制方式虽然均能考虑到自身企业的技术优势，但无法了解别人的特长和优势，也就无法整体全面考虑国内外更多方面的先进技术，同时可能造成不同的施工组织设计文件内容顺序不同、格式不同，甚至内容不同、重点不同、深度不同，这样就难以实现施工组织设计的完整、合理、经济、先进。另外，这种自成体系的施工组织设计文件编制，也可能导致施工组织设计审查的困难，使得审查人员很难进行合理的横向比较，难以选择和评定更为完善、合理、适宜的施工组织设计文件。

针对当前我国钢结构施工行业技术现状和需求，中国建筑金属结构协会钢结构专家委员会组织国内行业专家编写了《钢结构工程施工组织设计编写指南》一书，书中对各类钢结构工程施工组织设计文件的编写内容、相关内容的编写原则与编写方法、编排顺序与格式、不同内容说明的详细程度、重点部分的要求等进行了详细介绍，并对施工组织设计文件中的每一项具体内容，提供了相应的实际钢结构工程编写示例，最后，书中给出了4个不同类型钢结构实际工程完整的钢结构工程施工组织设计文件示例作为范本供大家参考。本书为钢结构工程施工组织设计文件编写提供了参考模板和工具资料，本书的成功编写出版，体现了钢结构专家团队深厚的理论基础、丰富的实践经验和高超的专业技术水平，相信这本书对提高我国钢结构施工行业专业人员技术水平、规范化钢结构施工作业、提升我国钢结构工程施工水平具有很好的推动作用。

姚兵

2020年8月20日

前　言

近三十多年来，钢结构在我国基础设施建设中得到广泛应用，众多超高层与高耸建筑结构、大型场馆建筑结构、大型车站与航站楼建筑结构以及大型工业设施结构等都采用钢结构体系，很多建筑已经成为城市或地方的象征性或标志性建筑。现代建设工程中钢结构的广泛应用，推动了钢结构施工技术的不断发展进步，现代先进的材料技术、完备精确的计算技术、现代化的施工设备、先进的制作工艺、先进的安装技术和先进的质量与安全控制方法，为现代高效精准钢结构施工奠定了物质与技术基础，同时，也为完备合理且精准的钢结构施工管理提高了要求。

然而，在钢结构快速发展和广泛应用的同时，也发生了一些工程事故，造成了生命财产损失，统计数据表明，钢结构工程事故中约有53%发生在施工过程中，而发生钢结构工程施工事故的原因，主要是由于施工方法不当或施工管理不到位所致，因此，对钢结构工程施工进行预先的规划、组织、设计是非常重要且必要的。目前，我国关于钢结构工程施工组织设计文件的编写，尚没有公认的统一、合理且规范的模式，各企业在施工前，根据自己的技术条件、物资和人力资源、作业方式，自成体系进行施工组织设计，很难全面考虑各种因素，特别是难以完全考虑本企业不具备或不完备的技术、工艺或设备能力，也就无法保障施工技术先进、经济高效，同样也会妨碍企业技术的快速进步和发展，因此，编写一份用于指导钢结构工程施工组织设计的书籍是非常必要的，可及时服务于企业，帮助企业在编制钢结构工程施工组织设计时形成一个完备且与其他企业相同模式的施工组织设计文件。

本书编写委员会自2019年开始筹备并准备资料，2019年11月开始编写工作，经过近一年的努力工作，完成了书稿编写。

全书共分12章，第1章绪论，介绍钢结构施工与施工组织设计的主要内容，第2章工程概况介绍方法，第3章施工部署原则与方法，第4章钢结构工程施工总平面图设计，第5章施工进度计划制定方法，第6章施工准备与资源配置说明，第7章钢结构施工方法与技术说明原则，第8章钢结构施工管理计划制定，第9章危大专项方案的编制要点，第10章钢结构工程绿色施工，第11章钢结构工程施工阶段分析与验算，第12章实际钢结构工程施工组织设计文件示例，本章为电子文件，读者可扫描二维码下载相关文件。全书由罗永峰、党保卫统稿，周瑜负责编辑。

本书由中国建筑金属结构协会钢结构专家委员会组织编写，在编写过程中，上海宝冶集团有限公司、陕西建工机械施工集团有限公司、上海市机械施工集团有限公司、中建科工集团有限公司、浙江东南网架股份有限公司、兰州理工大学、北京建工集团有限责任公司、中铁建设集团有限公司、武汉大学、浙江国星钢构有限公司、宝钢钢构有限公司、杭萧钢构股份有限公司、中国新兴建设开发有限责任公司、同济大学、浙江江南工程管理股份有限公司、福建省建筑设计研究院有限公司、北京首钢建设集团有限公司、北京城建集团有限责任公司、陕西正天钢结构有限公司、中国建筑科学研究院有限公司、天津大学、太原理工大学、昆明理工大学、江苏沪宁钢机股份有限公司、宁波大学科学技术学院、中建工程产业技术研究院有限公司、上海建科工程咨询有限公司、北京梦想空间结构研究中心有限公司、青岛理工大学等单位参加了编写并提供了很多帮助，在此表示感谢。

由于知识水平有限、时间紧迫，书中难免有失误和不妥之处，恳请读者提出宝贵意见和批评指正，来函联系电子邮件地址：gangwyh@163.com。

《钢结构工程施工组织设计编写指南》编写委员会

2020 年 8 月 15 日

目　　录

第1章 绪 论

随着国民经济和基础设施建设的飞速发展，特别是国内外在材料科学、信息技术、计算技术、设计方法、施工技术、检测与监测技术等方面的技术进步，为钢结构的快速发展与广泛应用创造了条件。三十多年来，钢结构在我国的应用越来越广，特别是在体育场馆、会展中心、影剧院、航站楼、车站等大型公共建筑、超高层建筑、桥梁结构、塔桅结构以及工业厂房、仓库和其他工业设施中得到广泛应用[1-5]，钢结构已成为现代大型公共建筑和重要设施的主导结构类型。

现代大型钢结构工程的结构特征通常是或竖立高耸、或双向大跨度、或平面体量庞大、或体系构造复杂、或整体形态不规则，这使得传统的建造施工技术难以适用，给钢结构制作与安装施工带来了很大的技术困难，但同时也给钢结构施工带来了创新发展的机遇。要安全、绿色且保证质量的完成大型复杂钢结构的施工安装，就需要事先对钢结构制作加工工艺、安装施工技术与方法进行仔细且精心的分析、规划、组织、设计，这其中最重要的一步就是钢结构工程施工组织设计。

钢结构施工组织设计是指以钢结构施工项目为对象编制的用以指导施工的技术、经济和管理的综合性文件，施工组织设计的内容与国外常见的工程项目管理计划（规划）的内容基本一致。施工组织设计的基本任务是根据国家有关技术政策、建设项目要求、结合工程具体条件，确定经济合理的施工方案，对拟建工程在人力和物力、时间和空间、技术和组织等方面进行统筹安排，以保证钢结构工程按照既定目标优质、低耗、高速、安全地施工。同时，钢结构工程施工组织设计是保证钢结构工程项目施工中工期、质量、职业健康与安全、环境目标和指标实现的纲领性文件，钢结构施工组织设计是否正确、合理、齐全、细致和完整，直接影响工程施工的安全、质量、经济、绿色、工效及工期等，因此，钢结构施工组织设计具有重要的经济意义和社会影响。然而，目前我国钢结构施工行业关于钢结构施工组织设计文件编制还没有一个统一的导则或规则，各企业单位编写施工组织设计文件时自成体系，使得施工组织设计的内容范围、相互关系、前后顺序、详细程度、文字与图表格式很难一致或相同，有些甚至出现关键或重要内容的缺失，导致审查人员难以准确评判施工方案的安全性、合理性、可行性，甚至可能导致施工过程中出现难以预料的各种问题，影响施工过程安全、施工质量以及施工经济成本。因此，编制《钢结构工程施工组织设计编写指南》（以下简称《指南》），统一钢结构施工组织设计文件编写的整体要求，使得文件内容、顺序、详细程度、格式得到统一且逐渐规范化，既有利于钢结构行业内施工组织设计的规范化以及对施工组织设计文件准确的审查评判，更有利于保证施工质量、安全、工期与经济合理，《指南》编写具有重要的理论意义和社会意义。

1.1 钢结构工程施工的主要内容

钢结构工程施工的主要内容包括：钢结构施工详图设计、原材料采购、钢结构制作、钢结构基础锚固、钢结构预拼装、钢构件包装、运输、钢结构安装、钢结构焊接、普通和高强度螺栓连接、钢结构防腐与防火涂装等。

钢结构制作工程的主要内容包括[5]：原材料准备、编制加工工艺、安排生产计划、生产技术交底、放样和号料、切割、成形加工、制孔、矫正、组装、连接（焊接或栓接）、涂装、质量检验、涂刷标号、装运等项目。大多数钢构件主要采用型钢和钢板制作，即将切割加工好的零部件采用焊接或栓接的方式连接，通过零件组焊、部件组焊制成构件，特别复杂的节点或构件也采用铸钢的方法生产。钢结构工程采用的定型化节点与构件，如焊接球节点、螺栓球节点、铸钢节点、盆式支座节点、钢索、索具、钢拉杆等，已实现工业化生产，可以产品方式采购并运至施工现场进行安装。

加工制造厂应建立完整的质量与安全保证体系、技术体系、检验与验收体系，实现设计规定的钢构件和节点的性能和质量指标。

钢结构安装工程是将工厂制作的构件和节点，按照事先制定好的施工工艺和顺序，安装到设计位置，连接形成设计的结构。

钢结构安装工程的主要内容包括[5]：施工准备、工地现场测量、施工设备选用、施工措施及临时支承体系设置、施工前检查、钢结构锚固连接、构件或部件吊装、施工过程监测、工地现场连接、工地现场涂装、安装质量检验等项目。

安装施工单位也应建立完整的质量与安全保证体系、技术体系、检验与验收体系，实现设计规定的结构性能与目标。

钢结构锚固连接主要包括：主体钢结构与基础或下部结构或协同工作的钢筋混凝土构件之间的连接，该部分工作内容包括在钢结构安装工程之中。

钢结构连接主要包括：焊接、普通螺栓连接、高强度螺栓连接、铆钉连接、索具连接、轴承连接等，该部分工作既包含于钢结构加工制作又包含于钢结构安装工程之中。

钢结构焊接施工分为工厂焊接施工和工地现场焊接施工。工厂焊接施工以自动、半自动及智能机器人焊接为主，工地现场焊接包括手工电弧焊接、半自动焊接、自动焊接、智能机器人焊接等。

钢结构焊接施工的主要内容包括[5]：焊接前准备、焊工进场考试、制定焊接工艺、焊接工艺评定试验、焊接施工作业、焊后处理、焊接质量检验等项目。

螺栓连接施工分为普通螺栓连接和高强度螺栓连接施工两种。

普通螺栓连接施工的主要内容包括[5]：螺栓副选用、紧固力确定、螺栓拧紧施工、连接质量检验等项目。

高强度螺栓连接副按受力特征分为高强度螺栓摩擦型连接、高强度螺栓承压型连接和承受拉力的受拉型高强度连接，按构造特征分为大六角头高强度螺栓和扭剪型高强度螺栓。

高强度螺栓连接施工的主要内容包括[5]：连接板摩擦面处理、螺栓副选用与准备、施工机具选用、紧固力确定、组合部件装配、螺栓拧紧施工（初拧、过程检查、终拧）、连接质量检验等项目。

钢结构防护分为防腐和防火两种。均可采用涂料涂装形成的涂层防护，也可采用其他形式的外包裹防护。

钢结构防腐与防火涂装施工的主要内容包括[5]：涂装前准备、涂装设计、涂装前钢构件涂装基体处理、涂料选用（当采用外包裹防护时，应选择防护材料）、涂料施工方法选择（当采用外包裹防护时，应选择防护材料安装施工方法）、涂装（或安装）施工、涂装（或安装）工程质量检验。

本书钢结构施工涉及的范围包括：一般工业与民用房屋建筑物、构筑物钢结构的加工制作与安装施工，即工业厂房、工业构架、高层建筑、高耸塔架与桅杆、大型公共建筑的制作与安装施工。

1.2 钢结构工程施工组织设计的编制原则及主要内容

钢结构施工组织设计的特点与要求包括：不同钢结构工程的施工组织设计文件纲目基本相同，但对不同结构体系、不同施工单位，其具体内容具有多样性；施工设备的选择、装拆、操作直接影响施工安全，需特别重视；施工模拟分析、施工监测、施工控制要求高；文件编写应详细、可操作性强。

钢结构施工组织设计主要由两大部分组成[5]：钢结构制作工程施工组织设计（或钢结构制作工艺）、钢结构安装工程施工组织设计。

钢结构制作工程施工组织设计（或钢结构制作工艺），是钢构件在工厂加工制造前编制的用于指导和组织制造施工生产活动的技术文件。制造施工范围为从钢结构准备工作开始至成品交货出厂为止，需要编制整个生产制造过程的有关技术措施文件，主要内容包括：详图设计、审查图纸、备料核对、钢材选择和检验要求、材料变更与修改、钢材合理堆放、生产计划及生产组织方式、成品检验、涂刷标号及装运出厂等，同时还包括有关常用量具与工具。各项技术规定应符合现行国家标准《钢结构工程施工质量验收标准》GB 50205[6] 的要求。

钢结构安装工程施工组织设计，是钢结构工程安装前编制的用于指导和组织安装施工活动的技术文件，主要内容包括：工程概况（系统工程名称、单位工程名称及内容、工期要求、工作分工、施工环境、工程特点等）、工程量一览表、构件平面与立面布置图、施工机械设备与工具、工程材料和设备申请计划表、劳动力申请计划表、工程进度及成本计划表、钢结构运输方法、吊装的主要施工顺序、安装施工的主要技术措施、不同专业协作条件、工程质量检验标准、安全施工注意事项。各项技术规定应符合现行国家标准《钢结构工程施工质量验收标准》GB 50205[6] 的要求。

钢结构施工组织设计的编制应符合以下原则：

（1）符合施工合同或招标文件中有关工程进度、质量、安全、环境保护等方面的要求，并提出切实的保障措施；

（2）主动开发、使用新技术和新工艺，推广应用新材料和新设备；

(3) 坚持科学的施工程序和合理的施工顺序，采用流水施工和网络计划等方法，科学配置资源，合理布置现场，采取季节性施工措施，实现均衡施工，达到合理的经济技术指标；

(4) 采取先进合理的技术和管理措施，推广建筑节能、绿色施工、BIM技术、信息化管理和其他适宜方法；

(5) 与质量、环境和职业健康安全管理体系有效结合，履行企业社会责任；

(6) 确保施工组织方法与项目成本管理有机结合，在履行合同承诺的基础上，实现项目成本的最低化。

钢结构施工组织设计的主要内容和编排顺序可参照下列格式编写：

(1) 工程概况（包括编制依据）

(2) 施工总体部署

(3) 施工总平面图设计

(4) 施工进度计划

(5) 施工准备及资源配置

(6) 钢结构施工方案（包括钢结构焊接专项方案及关键技术措施）

(7) 施工管理计划（包括进度、质量、安全、环境、成本及其他管理计划及保证措施）

(8) 危大专项方案

(9) 绿色施工（建造）与环境管理

(10) ……

附录：施工阶段分析与验算

1.3 本书编写的宗旨

针对目前国内钢结构工程施工领域施工组织设计文件编写的现状，总结我国钢结构工程施工经验，为满足实际工程中关于钢结构施工组织设计编写的需要，按照《建筑施工组织设计规范》GB/T 50502[7]、《钢结构工程施工规范》GB 50755[8]、《钢结构工程施工质量验收标准》GB 50205[6] 的要求，本编写组在中国建筑金属结构协会钢结构专家委员会的组织下编写本书，对钢结构工程施工组织设计的内容和方法进行系统论述，以期用于指导钢结构工程施工组织设计的编制。

本书主要对钢结构工程施工组织设计的编写原则、内容、顺序、细则、方法与格式进行具体说明和论述，第1章为绪论，介绍钢结构施工组织设计的主要内容；第2章为工程概况介绍方法；第3章为施工部署原则与方法；第4章为钢结构工程施工总平面图设计；第5章为施工进度计划制定方法；第6章为施工准备与资源配置说明；第7章为钢结构施工方法与技术说明原则；第8章为钢结构施工管理计划制定；第9章为危大专项方案的编制要点；第10章为钢结构工程绿色施工；第11章为钢结构工程施工阶段分析与验算；第12章为实际钢结构工程施工组织设计文件示例，为本书附带电子文件。

本章参考文献：

[1] 罗永峰，王春江，陈晓明等．建筑钢结构施工力学原理［M］．北京：中国建筑工业出版社，2009.

[2] 王宏．超高层钢结构施工技术（第二版）［M］．北京：中国建筑工业出版社，2020.

[3] 王宏．大跨度钢结构施工技术（第二版）［M］．北京：中国建筑工业出版社，2020.

[4] 罗永峰，韩庆华，李海旺等．建筑钢结构稳定理论与应用［M］．北京：人民交通出版社，2010.

[5] 沈祖炎，曹平，罗永峰．钢结构制作安装手册（第二版）［M］．北京：中国建筑工业出版社，2011.

[6] 中华人民共和国国家标准．钢结构工程施工质量验收标准 GB 50205—2020［S］．北京：中国计划出版社，2020.

[7] 中华人民共和国国家标准．建筑施工组织设计规范 GB/T 50502—2009［S］．北京：中国建筑工业出版社，2009.

[8] 中华人民共和国国家标准．钢结构工程施工规范 GB 50755—2012［S］．北京：中国建筑工业出版社，2012.

第 2 章　工程概况介绍方法

2.1　工程项目概况

2.1.1　工程项目概况说明应包括：工程名称、工程地址、建设单位、设计单位、勘察单位、监理单位、工程/施工总承包单位、钢结构施工单位、合同的工期、质量目标、进度目标等。

2.1.2　工程项目建筑的概况说明应包括：建筑功能、建筑面积、建筑层数、建筑高度及层高、主要建筑做法、屋面、防水、装修，以及节能等特殊功能要求。

2.1.3　工程项目结构的概况说明应包括：设计使用年限、结构安全性等级、材料选用及要求、结构抗侧力体系、楼板结构体系、抗震设防烈度、抗震等级、抗震设防类别、地震基本加速度、设计使用年限、基础形式、基础设计等级、场地土类别、地基承载力特征值等。

2.1.4　工地周边环境说明应包括：地质、水文、气候条件；明确场地周边环境条件，并详细描述工程的地理位置以及对周边环境的影响；需绘制施工平面布置图，明确主要施工要求和技术保证条件。

2.1.5　增加钢结构主要情况，包括杆件截面、节点、工程量等。

2.2　工程项目施工条件说明

2.2.1　项目施工区域地上、地下管线及相邻的地上、地下建（构）筑物情况。

2.2.2　项目所在地周边及附近的道路、桥梁、河流、高压输送线等状况。

2.2.3　钢构件运输、堆放、吊装区域的地质及地基条件。

2.2.4　钢结构安装与其他专业工序必须交叉作业的情况。

2.2.5　其他与项目施工有关的影响因素。

2.3　施工的重点和难点分析

2.3.1　施工重点和难点

1　针对具体工程，研究分析施工中的重点与难点问题，内容应具有针对性，且重点突出、深入，对关键问题应阐述具体、准确。

2　熟悉钢结构图纸，分析钢结构设计特点，辨识项目涉及的新工艺、新技术、新材料、新设备四新技术，分析需要解决的技术难点和质量控制难点问题。

3　辨识项目危险性较大的分部分项工程，并编制专项方案。超过一定规模的危险性较大的分部分项工程，应作为施工重点，并应制定减少危险源和控制危险因素的对策，其他要求详见本书第9章危大专项方案的编制要点。

4 辨识由外部客观因素带来的技术风险与组织风险，如政治影响、工期因素、地域因素、场地因素、整体协调难度等，并制定相应对策。

2.3.2 常见钢结构工程的施工重点和难点

1 安装方案选择：钢结构建筑的结构特点通常是跨度大、高度高或体量大，这往往会增加钢结构拼装或安装的难度，因此，安装方案的选择是工程施工的重点之一。

2 细部工艺控制：对于造型奇特的建筑、构件截面异形、节点复杂的钢结构，测量定位精确度、加工质量以及拼装质量的要求通常会较高，因此，细部工艺控制是工程施工的重点之一。

3 项目管理难点：工程量大、工期短，往往造成施工管理难度的增加，因此，应当将材料采购、加工、运输、安装等环节的管理难点作为施工难点之一。

2.4 实际工程项目工程概况介绍示例

2.4.1 工程概况

工程概况应包括工程基本情况、所处城市地理位置、建筑及结构专业设计简介及钢结构设计介绍和工程施工条件等。

2.4.2 工程基本情况

工程基本情况见表2.4.2。

工程基本情况 **表2.4.2**

工程名称	某科技馆
建设地点	略
建设单位	某科技馆
设计单位	某建筑设计研究院
监理单位	某建设监理有限公司
总承包单位	某建设工程有限公司
钢结构主承包	某集团有限公司

2.4.3 周边地理环境

项目地理位置如图2.4.3-1、图2.4.3-2所示。

2.4.4 建筑设计概况

建筑设计概况见表2.4.4。

建筑设计概况 **表2.4.4**

总用地面积	72667.03m^2（109.0亩）
总建筑面积	90081m^2
地下建筑面积	17928m^2
地上建筑面积	72153m^2
建筑占地面积	21096m^2

续表

地下层数、标高	1层、−5.2m
地上层数、标高	6层总建筑高度：54.0m；1层～5层层高9m，6层层高5.4m，其中1层、5层等局部有夹层，层高4.5m，屋面机房层层高3.6m
单体分类	结构分为A区、B区两个结构单元
结构功能划分	科技馆是一个以科技为主题、功能复合的城市公共建筑，是一个具有活力和吸引力的公共生活空间。设计方案采取集中和分区相结合，固定使用和灵活使用相结合，内部空间和开放空间相结合的方式组织功能空间。 科技馆的实用功能空间包括展陈区、影院区、对外学术交流区、培训区、办公区、后勤区，以及科技沙龙
设计理念、建筑意义	本工程基本建筑造型为螺旋体(图2.4.4)。螺旋形是自然界的一个基础构成形态，隐含着一种普遍的自然规律，体现着有机、有序和永续成长，独特而圆融，富有动态和张力而不失和谐与平衡。从中提取的意象符合科技馆的内涵，并为解决建筑与特定环境的关系提供了一个有效的形式载体。 螺旋上升的形式能够充分地表达设计主旨，在复杂的环境中营造起有序、汇聚、和谐和整体的效果，以相对有限的体量建立极具张力而又融于环境的地标建筑。连续旋转的体形同时为解决复杂的建筑内外出入联系提供了便利条件。 本设计能够充分诠释建筑与环境的共生，人工和自然的和谐，室内和室外的交融，使建筑、环境和人形成一个有机的整体。 此种无限扩展的形式最大限度地整合了环境，以有限的体量获得宏大的意象，以有限的资源达到最大化的效果

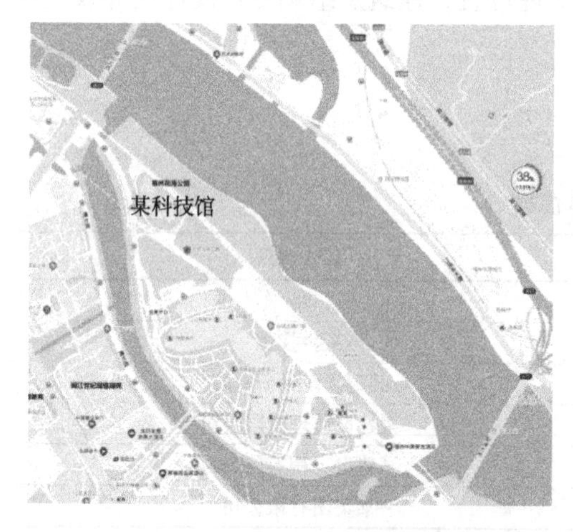

图2.4.3-1 地理位置区位图

图2.4.3-2 地理位置场地图

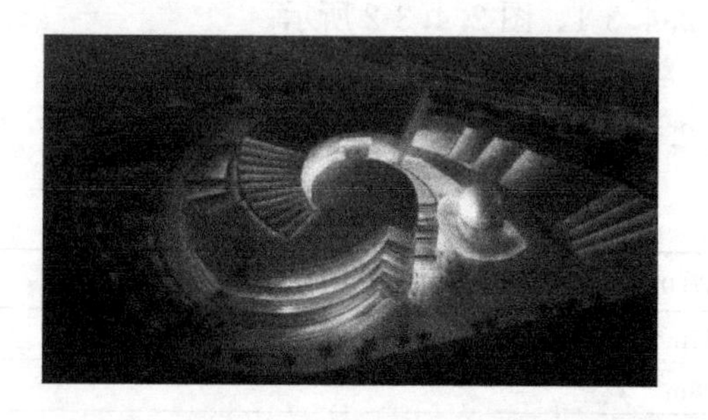

图2.4.4 建筑效果图

2.4.5 结构设计概况

结构设计概况见表2.4.5。

结构设计概况 **表2.4.5**

设计使用年限		50年	结构安全等级	一级	结构重要性系数	1.0
抗震设防类别		乙类	抗震设防烈度	7度	基本地震加速度	0.1g
设计地震分组		第二组	场地类别	Ⅲ类	场地特征周期	0.65s
基本风压(kN/m^2)		0.70	设计风压(kN/m^2)	0.85(100年一遇)	地面粗糙度	B类
A区	主体结构类型	框架-剪力墙结构		确定抗震等级设防烈度		8度
	混凝土框架抗震等级	三级	剪力墙抗震等级	二级	大跨度钢框架抗震等级	三级
B区	主体结构类型	框架-剪力墙结构		确定抗震等级设防烈度		8度
	混凝土框架抗震等级	二级	剪力墙抗震等级	一级	大跨度钢框架抗震等级	二级

科技馆属于甲类大型公共建筑，多层大跨度大空间结构，还布置有影剧院等大开间空旷区域结构。本工程地下一层，地上分为两个独立的结构单元，包括A区1幢高18m多层建筑和B区1幢高54m的高层建筑。主体采用钢筋混凝土剪力墙-钢框架组合结构体系，利用楼、电梯间筒体布置剪力墙作为主要抗侧力体系，其他的竖向结构为布置间距12m左右的钢管混凝土框架柱，楼盖梁采用钢梁，楼板采用钢楼承板与钢筋混凝土组合楼板，地下室采用框架结构现浇混凝土侧墙及底板。

大跨度屋盖采用钢桁架结构，屋面板采用钢楼承板组合屋面板；外立面旋转而上的结构，采用钢结构外覆铝板与玻璃幕墙结构。

2.4.6 钢结构概况

科技馆根据结构设计整体分为A、B两个区，其中A区地下1层、地上2层，层高分别为5.4m、9m、7.45m，A区钢结构主要为劲性钢柱、钢梁及大跨度桁架等；B区为地下1层、地上六层，局部有夹层，层高分别为5.2m、9m、9m、9m、9m、9m、5.4m，B区钢结构主要为圆管钢柱、钢梁和钢桁架等。A区结构高18m，用钢量1200t，B区结构高50.4m，用钢量8600t，总用钢量9800t，如图2.4.6-1、图2.4.6-2所示。

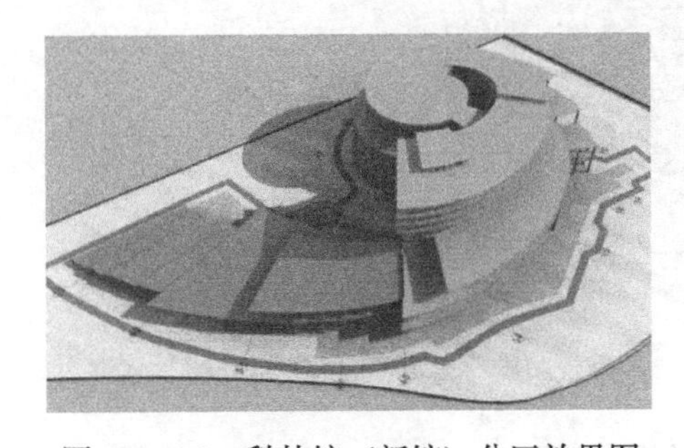

图2.4.6-1 科技馆（新馆）分区效果图

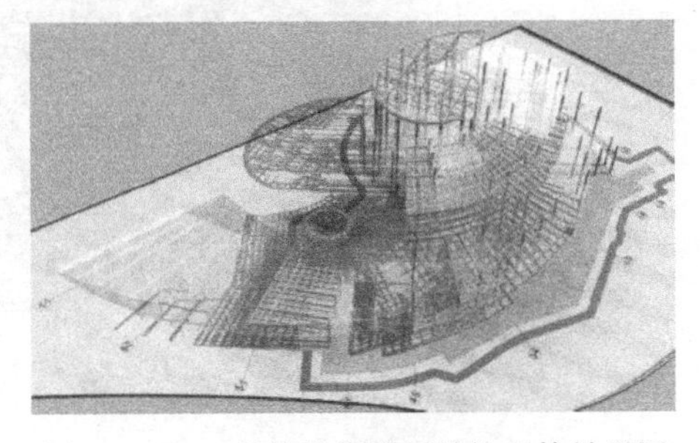

图2.4.6-2 科技馆新馆钢结构整体效果图

科技馆新馆A区钢结构构件截面形式主要为：十字柱、圆管柱、H型钢梁、桁架等。其中十字柱的截面规格为：十900×700×20×60×900×500×16×40、十700×550×14×50×700×350×14×20、十700×400×14×30×700×400×14×30等；H型钢梁的截面规格为：H750×300×18×20、H1000×300×20×30、H1000×600×20×30、H1050×600×30×60、H1350×700×44×70等，如图2.4.6-3所示。

B 区钢结构构件形式主要为：圆管柱、钢梁、桁架。其中钢柱的截面规格为：ϕ1800×50、ϕ1500×32、ϕ1350×30、ϕ1200×30 等。钢梁的截面规格主要有：H700×300×16×20、H800×300×18×20、H800×300×20×30、H900×300×18×20、H900×300×20×30、□1000×500×20×30 等，如图 2.4.6-4 所示。

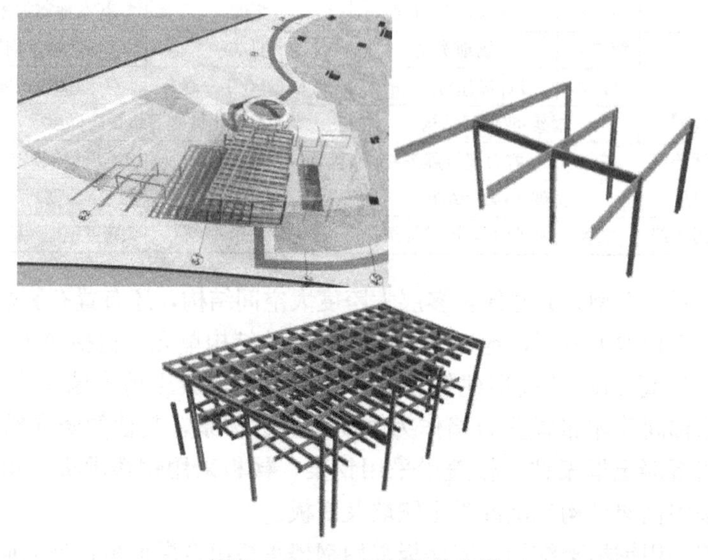

图 2.4.6-3　A 区结构分布图

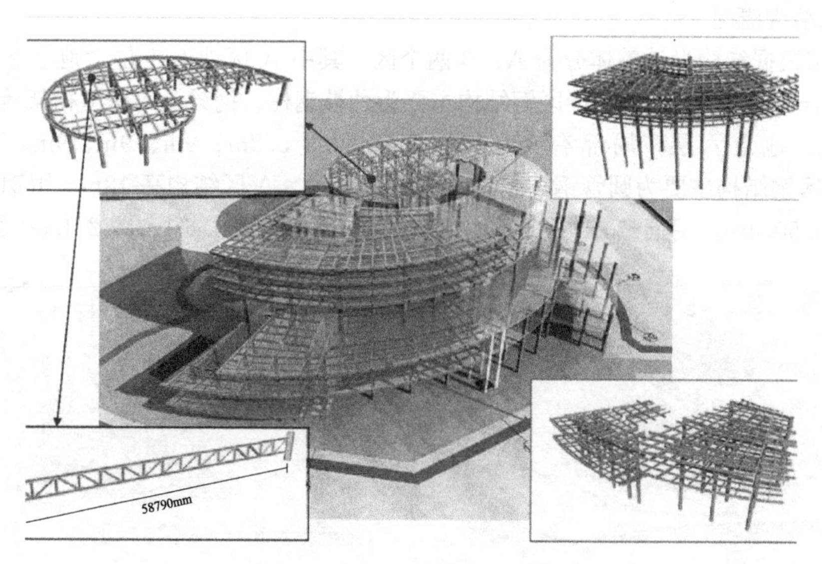

图 2.4.6-4　B 区结构分布图

第3章　施工部署原则与方法

3.1 工程项目施工部署原则

施工部署是对项目实施过程做出的统筹规划和全面安排，是施工组织设计的纲领性文件。施工进度计划、施工准备与资源配备计划、主要施工方法、施工现场平面布置和主要施工管理计划等施工组织设计的组成内容都应该围绕施工部署进行编制。施工单位在编制钢结构工程施工组织设计时，应根据工程项目规模、工程特点与难点、项目整体工期安排、项目管理要求等实际情况以及工程项目各专业施工交叉作业的协调配合要求，并遵循工序安排上统筹考虑与合理搭接、资源保证上比选优化与均衡配置、工艺选择上先进可行与经济适用、施工管理上全面协调与周密服务等原则进行编写，对钢结构工程总体施工做出宏观部署，对各主要分项工程的施工做出统筹安排，并力求各施工方案的可行性、合理性和具体化，确保项目实施过程中能做到科学管理、科学组织、精心施工，以强有力的技术手段，促进施工顺利进行，优质、高效地完成施工任务与履行合约。

施工部署的内容应包括：项目施工总体目标、施工总体思路、施工总平面布置与技术路线及施工组织机构等内容。

3.1.1　项目施工总体目标

钢结构施工单位应根据施工合同、招标文件以及施工单位对工程管理目标的要求确定工程项目施工总体目标，包括进度、质量、安全、环境和成本等目标。对于一些重大、复杂标志性工程项目，还应包括绿色施工目标和科技创新目标。钢结构工程属于专业分包的，工程项目施工目标还应符合总承包单位的总体目标要求。具体内容如下：

1　工期目标

施工部署中应根据合同约定的总体工期要求和关键节点目标确定合理的项目施工进度计划总体控制目标和里程碑节点，如钢结构开工时间、深化设计完成时间、构件首件吊装时间、钢结构封顶时间、竣工验收时间等。需分阶段（期）交接或交付的，还应根据施工总体安排制订分阶段（期）交接或交付的具体时间节点或分区开工、完工时间。确定各节点时，应综合考虑业主要求、项目特点（建筑类别、结构特点、周边场地条件、地域特点等）与施工工艺顺序、资源配置及当地气候条件等因素，确保工期目标的可达性和资源的有效利用。

2　质量目标

施工部署中应明确合同要求的施工质量目标，当合同未明确时，应满足规范规定的质量要求（一般为一次性验收合格）。对于单位有创优计划或业主、总包有创优要求的项目，还应明确具体的创优目标，如中国钢结构金奖（国家优质工程）、全国优秀焊接工程、地方性优质结构奖、中国建设工程鲁班奖及国家优质工程奖等。创优目标的制定应充分考虑奖项申报的基本条件，避免目标盲目性。同时，为确保工程的顺利推进及项目功能目标的实现，质量目标应尽可能地量化和层层分解，包括对钢结构深化设计提出明确的质量管理目标。

3　安全目标

应明确合同要求及企业自身管理要求的施工安全目标，包括人员死亡事故、重伤事故及工伤事故率；重大工程结构事故；食品安全、消防安全与大型施工机械和设备安全管理目标；以及“安全文明标化工地”的创建目标等。同时，确定行之有效的安全管理措施和充足的安全专项资金投入，严格按照 OHSAA 18001 职业安全与卫生管理体系标准的要求，对项目安全实行严格管理和有效的控制。

4　环境目标

即文明施工管理目标，主要包括噪声控制、扬尘控制、夜间施工的光照与焊接电弧的防护控制、施工区域的环境卫生、防腐防火涂料施工的污染控制以及生活垃圾控制等，应符合当地政府有关现场文明施工管理规定。对于总包有“标化工地”“文明工地”“节约型工地”“绿色建筑”“美国 LEED 金奖”等创建要求的项目，文明施工管理目标还应包含“标化工地”“文明工地”“节约型工地”等绿色施工目标。

5　成本目标

钢结构工程盈利与否，成本控制是关键的一环，为此，工程开工前应制定合理的项目成本管理目标和周密的成本控制计划。项目成本管理目标是项目全体管理人员及作业人员在项目实施过程中共同奋斗的目标，该目标应结合工程特点、施工方案、资源状况等项目实际情况，通过详细的项目成本测算分析后加以制定，成本管理目标应合理、可实现，且必须以保证工程质量和项目安全为前提。

6　科技创新目标

应充分发挥科学技术是第一生产力的作用，积极推广应用先进、成熟、适用的科技成果。对于重大复杂标志性工程项目或具备争创“住房和城乡建设部科技示范工程”条件的项目，应根据项目实际情况设定明确的科技创新目标。

3.1.2　施工部署总体思路与技术路线

由于钢结构工程按照施工工序和插入施工的时间一般可分为深化设计、钢结构加工制作（含材料采购）、钢结构现场安装（含预埋件施工、主体结构施工、钢结构现场涂装）三个主要阶段，每个阶段的施工内容相对独立，人、机、料、环等要素的配置也相对独立，从管理上讲，需要专业分工协调、统筹安排，保证施工节奏的连续性，以实现工程总体目标。在制订施工部署总体思路时，应综合考虑钢结构工程结构特点、工程规模、工期节点要求、工序交接安排、现场场地条件及施工单位的自身技术能力等诸多实际情况，确保施工部署总体思路清晰、施工总体技术路线可行。具体内容如下：

1　施工总体流程

应根据工程项目特点、施工阶段划分、分区划分及总体施工顺序确定。

2　深化设计总体思路

钢结构与混凝土结构相比，最大的不同在于其节点形式多样、构造复杂，很难按常规的梁、杆或板单元进行计算，必须采用有限元数值模型计算方法才能找出内力分布规律，进而避免应力集中现象，而且钢结构节点形式的合理及可靠是保证结构体系安全的关键因素之一。因此，钢结构深化设计不是简单的细部设计，而是在设计图纸基础上，以国家、行业及地方标准为依据，采用相应的软件和技术手段进行的二次设计。深化设计总体思路应明确以下内容：

1）深化设计内容与工作重点；

2）深化设计的工作流程；

3）深化设计总体顺序与时间安排；

4）建模、出图软件；

5）设计图纸提交方案。

3 钢结构材料采购与加工制作总体技术路线

钢结构材料采购与加工制作总体思路应包含以下内容：

1）材料采购总体安排

本着快速高效、降低成本、控制损耗的原则，选择合理的钢材采购模式和钢材生产厂家，分批进行材料采购工作；编制钢材采购计划，明确钢材采购数量、尺寸、钢材交货技术条件及分批到货时间等。

2）构件加工总体安排

需结合现场安装分区、分段及安装进度，综合考虑工期、成本、风险等因素，制定详细的加工进度计划，并根据计划合理安排材料、人员及加工设备的投入。由多个工厂负责加工的工程项目，还应根据生产难度、工厂技术能力和各工厂生产任务饱满度等综合因素，明确各工厂的加工任务及管控模式，确保工程项目生产进度和质量。

3）构件分段与出厂形态

构件分段与出厂形态应综合考虑现场安装工艺、制作工艺和运输限制、运输成本等，在满足运输条件情况下，构件尽可能整体出厂，以减少现场拼装工作量。

4）构件运输方式

构件运输一般分为水路运输（船运）、陆路运输（公路与铁路运输）两种方式。构件运输方式的选择应综合考虑工程规模、构件形式、项目地点与加工地点间的交通状况、项目总体进度计划安排等实际情况，在满足现场安装进度要求的前提下，尽可能降低运输成本。

4 钢结构安装总体技术路线

应根据工程结构特点、作业环境、工期要求、资源配置情况，以及综合考虑各种技术经济条件，在多方案比较的基础上选择相应的安装总体技术路线，包括区段划分、施工方案、施工顺序、吊装单元划分及施工起重机械的选择，如大跨度结构的分区分块吊装法、累积滑移法、提（顶）升法、高空散装法等，并合理选择吊装机械。对于高层、超高层工程项目或采用塔式起重机为主要吊装机械的工程项目，在塔式起重机布置和型号选择时，应综合考虑各专业的使用情况，确保塔式起重机既能满足钢结构的起重吊装要求又经济、合理。

安装施工流水区段的划分，应综合考虑工程结构特点、工程规模、工期要求及工作面移交时间顺序，施工顺序则应符合工序逻辑关系。对于存在地下钢结构的工程项目，地下钢结构施工阶段，应统筹考虑钢结构的施工和土建结构的交叉施工，合理安排施工顺序，降低施工难度。

5 钢结构涂装总体技术路线

1）构件出厂前应完成的涂装工作内容

应根据项目的结构特点、防腐防火涂装配套方案、各涂层的产品功能特点与使用要求等实际情况，在满足设计与规范要求、确保防腐防火涂装质量可控、降低施工难度与施工成本的前提下，确定构件出厂前应完成的涂装工作内容。

2）现场涂装工作安排

一般情况下，现场涂装的总体顺序与时间节点原则如下：①构件运输与堆放过程中涂层碰损部位、地面拼装构件拼装完成后的焊接烧伤部位应在构件吊装前完成补涂作业，以降低高空涂装工作量与难度。②安装过程的涂层碰损、焊接烧伤及高强度螺栓连接节点应在安装完成后及时进行表面处理和补涂。③面漆或最后一道面漆的涂装，应在钢结构安装工程检验批施工质量验收合格后进行。④防火涂料的涂装作业，应在钢结构安装和防腐涂装施工质量验收合格后进行，当设计文件规定构件可不进行防腐涂装时，安装验收合格后可直接进行防火涂料的涂装施工。⑤涂层配套方案中同时存在防火涂料和面漆时，应先进行防火涂料涂装，再进行面漆涂装。

3.2 工程项目管理组织机构与表达方式

为了对钢结构工程的施工进度、施工质量、安全文明施工等方面进行有效控制，顺利实现预期制定的质量、进度、安全、文明施工等的目标，项目施工前，施工单位应建立项目施工管理机构。项目管理组织机构的设置，应根据工程项目特点和施工单位的管理要求综合考虑，确保精干、高效；钢结构工程作为专业分包的，还应符合总承包单位的相关要求。

3.2.1 工程项目管理组织机构及岗位设置

钢结构工程施工组织设计中应明确项目管理组织机构的设置形式，并宜采用框图形式表示，具体内容和要求如下：

1 项目管理组织机构的层级一般应包括项目经理部领导层、管理层及作业层级；

2 项目经理部领导层一般应设置项目经理、项目总工程师、项目副经理（包括商务、施工等），如有要求时还应设置安全总监；

3 对于重大、复杂标志性工程项目，还可聘请钢结构专家组成专家顾问组为工程项目提供技术支持，确保方案的科学性；

4 项目经理部管理层一般应明确项目经理部的职能部门及岗位设置（示例见图3.2.1-1）；规模较小的项目，管理层可直接设置为管理岗位（示例见图3.2.1-2），具体应包括技术员、施工员、质量员、安全员、标准员、材料员、机械员、劳务员、资料员等；

5 项目经理部作业层应确定现场施工的各专业施工班组或劳务队，如加工、安装、焊接、涂装等；

6 项目经理部关键岗位及人数的设置除应满足项目管理目标控制和总承包单位的管理要求外，还应符合项目所在地政府主管部门相关文件的要求。岗位设置应和人员配备应尽量齐全，对于难度较低或规模较小的项目，除关键岗位外也可一人多岗。

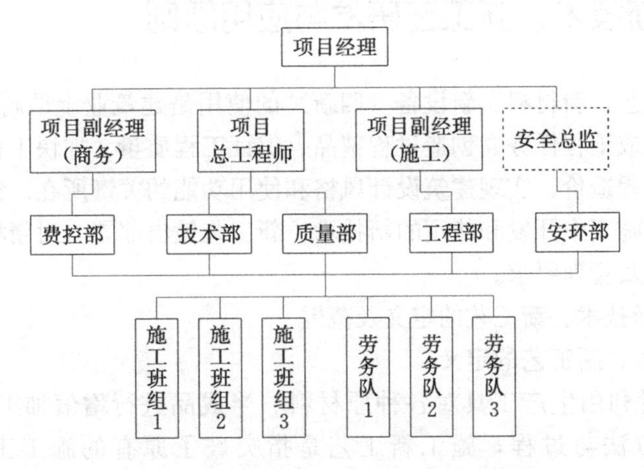

图 3.2.1-1 一般项目管理组织机构图示例

注：工程部即工程管理部，安环部即安全环保部，费控部也称为商务管理部或合同预算部，技术部与质量部也可合为质量技术部。另外，还可根据项目实际情况增加物资管理部、综合部等部门。

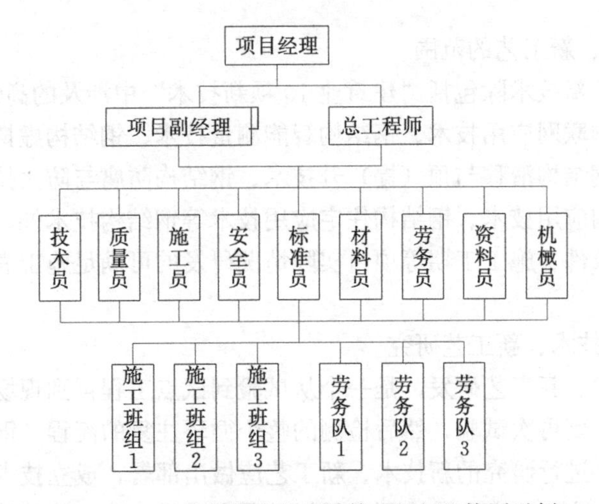

图 3.2.1-2 规模较小的项目管理组织机构图示例

3.2.2 岗位职责划分

项目管理组织机构形式及工作岗位设置确定后，应分别明确相关岗位、人员的工作职责，并以表格形式明确列出，完善项目管理网络，建立健全岗位责任制。岗位职责划分应综合考虑项目组织机构设置架构与岗位设置、项目管理特点、企业实际情况、项目人员素质与配备数量等情况，具体要求如下：

1 项目经理部领导层主要包括项目经理、项目总工程师、项目副经理及安全总监等，其职责应按具体岗位、具体人员分别列出；

2 设置了职能部门的项目部，应将每个管理部门的职责分别列出；

3 技术员、施工员、安全员等施工现场专业人员的工作职责可参考现行行业标准《建筑与市政工程施工现场专业人员职业标准》JGJ/T 250 的要求进行设置。

3.3 施工中新技术、新工艺研发与应用原则

新技术、新工艺、新材料、新设备（四新）的使用是建筑业十项新技术的主要内容，也是优质高效地完成工程任务、创造过程精品、保证工程质量、加快工程进度、缩短施工周期及有效降低工程造价、实现建筑设计风格和使用功能的关键所在。钢结构工程施工组织设计应针对工程施工中开发和使用的新技术、新工艺做出部署，对新材料和新设备的使用提出明确的技术及管理要求。

3.3.1 施工中的新技术、新工艺的定义及范围

1 施工新技术、新工艺的定义

工艺是劳动者利用生产工具对各种原材料、半成品进行增值加工或处理，最终使其成为制成品的方法与过程，施工新工艺是指突破了原有的施工工序和作业手段，采用现代化高科技施工技术，以便能够获得更好的技术和经济效益的一种工艺，是新的方法或程序。新技术则泛指根据生产实践经验和自然科学原理而发展成的各种新的工艺操作方法与技能，或者在原有技术上的改进与革新，其影响范围要大于新工艺。

2 施工新技术、新工艺的范围

钢结构工程施工新技术除包括“建筑业 10 项新技术”中涉及的高性能钢材应用技术、钢结构深化设计与物联网应用技术、钢结构智能测量技术、钢结构虚拟预拼装技术、钢结构高效焊接技术、钢结构滑移与顶（提）升技术、钢结构防腐与防火技术、钢与混凝土组合应用技术、索结构应用技术、钢结构住宅应用技术等钢结构技术外，还包括根据项目结构特点、现场场地条件、施工工期等项目实际情况研发的可满足施工需要的施工新技术与新工艺。

3.3.2 施工中的新技术、新工艺研究

施工中的新技术、新工艺研发，是一个从试验到试点工程再到现场进行测试，然后将测试结果进行反馈，到再次试验，然后检测的整个循环往复的流程。钢结构施工组织设计中，对于施工中需要进行研究的新技术、新工艺应做出部署，成立技术攻关领导小组，明确组织架构、研究内容、研究路线、研究目标及研究成果。研究的新技术、新工艺应具有先进性、可行性，能最大限度地满足施工需要，提高施工质量，降低能源消耗（降低企业成本），提高经济效益，减轻工人的劳动强度，改善施工条件（环境），具有广阔的应用前景，符合国家的技术经济政策。同时，研究完成后应形成相应的专项研究报告，经专项评审后方可在工程中使用。

3.3.3 施工中的新技术、新工艺应用

推广新技术、新工艺应用的目的，是为了进一步提高企业素质，推进成果转化，为全面提高工程质量、加快施工进度、增加企业效益提供可靠的技术保证。为提升钢结构行业总体施工技术水平，钢结构工程施工中，对于技术水平先进，经实践证明在降低成本、提高劳动生产率、提高产品质量、节约原材料、降低能耗、改善劳动条件、减少污染等方面有显著作用，技术成熟且具有较好的经济效益和社会效益，依靠施工单位自身技术力量能够组织实施和推广应用的新技术、新工艺，应优先予以推广应用。

为了使新技术、新工艺的推广和应用在工程上进一步得到落实，保证应用的效果，对于下列情况的新技术、新工艺的应用，钢结构工程施工组织设计中应做出部署安排：

1 首次在施工中推广应用的新技术、新工艺，包括发明创造和通过各种渠道获得的“四新”成果的首次应用；

2 通过学习行业施工、生产实践活动中的“四新”成果，并结合实际，加以改进后在施工中首次应用的新技术、新工艺。

部署内容包括：新技术与新工艺的应用内容、应用部位、应用要点及组织措施等。同时，应对新技术、新工艺的应用原则做出明确规定。具体要求如下：

1） 引入和实施新技术、新工艺时，应对其先进性、安全性、经济性等多方面做好充分论证，必要时应成立专家组进行讨论，由专家组确定其可行性后再使用；

2） 项目技术负责人在应用新技术、新工艺前应认真组织施工人员对新技术、新工艺的有关资料进行全面细致的了解，并组织施工操作人员进行学习，提高施工操作人员的思想认识；

3） 在施工中进行适当的工序检查和成本核算检查，对应用“四新”技术的部位做好成本核算，以确定其使用的实际效果。施工人员应将新技术、新工艺与传统施工技术与工艺的优劣进行全面对比，以便改进提升和推广应用。

3.4 实际工程项目施工总体部署示例

3.4.1 项目管理方针、目标

1 管理方针

以质量为中心，以工期为目标，精心组织，科学管理，高速、优质、安全地完成本工程施工任务。

本钢结构工程施工的总体部署思路主要包括工程管理与工程施工两方面，工程管理上，以“顾全大局、职责分明、发挥强项、统一协调”为指导思想；工程施工上，对于本钢结构工程的焊接空心球网架结构与钢桁架结构等其他类似的加工件（运输条件允许范围），则以“因地制宜，分区施工”的原则进行施工。

2 项目管理总体目标（表3.4.1）

项目管理总体目标 **表3.4.1**

序号	目标类别	目标内容
1	工期目标	(1)开工时间； (2)钢结构主体工程完工时间； (3)竣工时间
2	质量目标	(1)符合国家施工质量验收规范的要求，确保整个项目工程质量达到合格标准； (2)确保钢结构行业最高质量奖“中国钢结构金奖”； (3)配合总承包单位争创“中国建设工程鲁班奖”
3	安全目标	(1)坚决贯彻落实“安全第一、预防为主、综合治理”的方针，加强施工现场安全标准化的管理，落实安全生产责任制，确保工程、设备安全，施工人员重伤、死亡事故为零指标； (2)争创全国3A级“标化”工地

续表

序号	目标类别	目标内容
4	环境目标	净化环境、文明施工、预防和减少环境因素的影响，满足环境规定要求。具体环境管理指标如下： 1)噪声控制 结构施工阶段：昼间＜70dB，夜间＜55dB；(夜间指 22:00 至次日 6:00)。 2)现场扬尘排放：施工现场扬尘排放达到目测无尘的要求。 3)运输遗撒：确保运输无遗撒。 4)生活及生产污水排放：生活及生产污水中的 COD 达标(COD=200mg/L)。 5)施工现场夜间无光污染，施工现场夜间照明不影响周围社区，夜间施工照明灯罩的使用率达到 100%

3.4.2 施工总体思路

1 深化设计总体思路

本工程钢结构深化设计工作分为三大部分，分别为：航站楼主楼、安检区及北指廊钢结构的深化设计。深化设计工作重点如下：

1）尽早完成模型构建，导出主要构件工程量，以便采购、加工等工序提前开展；

2）利用数字模拟技术，对工程整体结构、临时结构、吊装单元进行模型分析；

3）需要二次设计的内容包括节点设计与结构优化；

4）精确确定钢网架构件尺寸，为加工厂提供完备数据。

钢结构深化设计总体顺序与现场安装施工顺序保持一致，按照先航站楼主楼、再安检区和北指廊的顺序分批次出图，并分批提交给原设计审核。

本工程钢结构深化设计主要采用 XSTEEL 建模、出图，并最终形成 CAD 图。针对主要节点，采用专用计算分析软件 Midas 进行计算。深化设计的管理体系及流程按公司的规定执行。

2 加工制作总体思路

1）本工程钢结构件主要包括：焊接球网架、Y 型钢管柱、登机桥的钢桁架、室内小钢屋（办公区、卫生间、餐厅）结构、人行天桥及柱顶万向球铰支座等，钢结构总量约为 12000t，工期紧，加工难度大。为了确保工厂加工能满足现场安装进度的需求，根据项目总体工期安排，综合考虑各类型钢构件的加工效率与吨位量，确定投入 1 条钢柱生产线、2 台相贯线切割机来进行本工程主要结构件的加工。焊接球、万向球铰支座、销轴等则委托专业厂家进行加工。

2）项目经理、材料部门及时组织技术人员使用现有图纸汇总材料用量，提前制订采购计划，确保材料满足加工要求。根据加工总体安排，钢板作为单独的一批进行采购，其余材料则分区采购。

3）根据现场安装方案与构件运输方案，合理进行构件加工分段，原则上单根构件长度不超过 15m。

4）工厂生产组织按现场构件需求计划部署。针对本工程的结构特点，工厂预留足够的原材料堆放场地以及构件成品堆放场地。现场钢结构安装开始后，根据现场需求持续发送构件。

3 钢结构现场安装总体思路

1）总体施工思路

分阶段施工、分区流水作业、多种安装方法配合，高品质、安全高效完成项目钢结构安装任务。

2）施工分区

根据伸缩缝的位置，设计上将钢结构分为九个区，航站楼主楼（陆侧）分为一区、二区、三区，航站楼安检区（空侧）分为四区、五区、六区，北指廊分为A区、B区和C区，如图3.4.2-1所示。

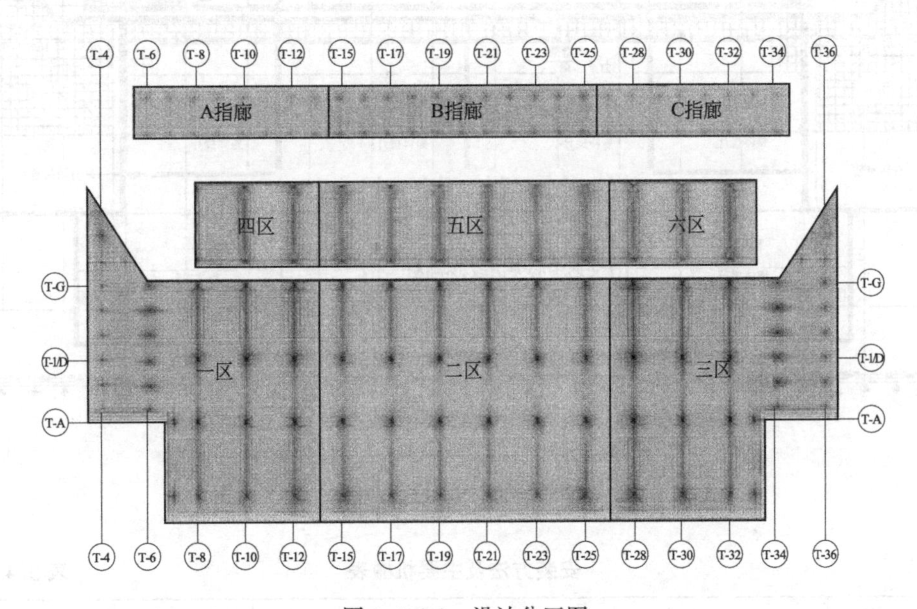

图3.4.2-1 设计分区图

施工过程中根据施工工序、安装方法等不同，将航站楼主楼三个区重新划分为10个分区（即西一区、西二区、西三区、西四区、西五区、东一区、东二区、东三区、东四区、东五区）。加上航站楼安检区的3个区、北指廊的3个区，共分为16个施工分区进行施工管理，如图3.4.2-2所示。

3）施工顺序

根据现场实际情况，总体分三个阶段安排施工，第一阶段为除T-16至T-25轴范围之外的其余区域（主要为一区、三区、四区、六区、A区、C区）；第二阶段为T-16至T-22轴范围；第三阶段为T-22至T-25轴范围。其中，关键线路主要在航站楼主楼T-16至T-25区域的施工阶段。

4）施工方法

根据不同分区不同施工环境条件，主要采用“分块吊装、满堂脚手架散装、高空原位拼装后滑移脚手架、楼面分块拼装，分区整体提升”等四种施工安装工艺。其中，北指廊采用高空原位拼装后滑移脚手架施工；航站楼安检区也采用高空原位拼装后滑移脚手架施工；航站楼主楼主要采用两种施工工艺，西一区和东一区采用满堂脚手架散装及分块吊装，其他区域采用楼面分块拼装，分区整体提升的施工方法。具体分区安装方法与主要机械选择见表3.4.2。

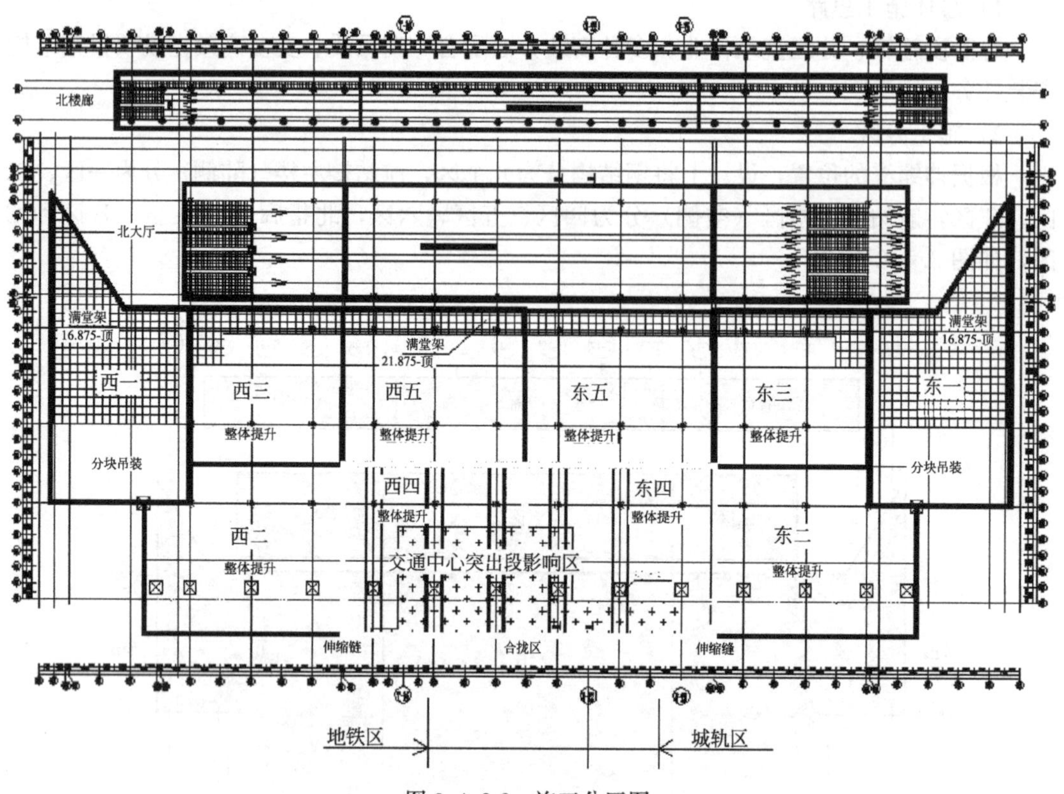

图 3.4.2-2　施工分区图

安装方法及主要机械表　　　　表 3.4.2

序号	部位	分区	安装方法	主要机械
1	北指廊	A区、B区、C区	满堂架滑移，原位散装	25t、50t、150t 汽车式起重机
2	安检区	4、5、6区	满堂架滑移，原位散装	25t 汽车式起重机
3	主楼	东一/西一	满堂架散装/分块吊装	250t 履带式起重机
		东二、东三、东四、东五/西二、西三、西四、西五	楼面拼装，分区提升（悬挑部位分块吊装至提升高度）	25t、200t 汽车式起重机，250t 履带式起重机

3.4.3　项目管理组织机构和职能分工

1　项目管理组织机构如图 3.4.3 所示。

2　项目部各岗位管理职能分工如表 3.4.3 所示。

管理职能分工表　　　　表 3.4.3

岗位	岗　位　职　责
项目经理	接受业主、监理、总包发出的工程指令，对工程质量直接负责，根据公司的有关质量制度，建立健全本工程项目的质量保证体系，保证其有效运行，确保工程质量目标的实现
项目总工程师	负责本工程项目的技术标准及明细表目录的汇编、审批工作的组织领导，及明细表目录的动态管理，负责工程技术资料的审批，监督技术、质量工作的运行和实施；遵守并执行国家法律法规及标准规范
项目副经理	组织各相关人员在施工全过程中定期自检，检查、评定实施结果，确保工程按国家、行业和企业的有关标准、方案组织施工（生产）

续表

岗位	岗 位 职 责
质量员	根据项目部所承担的任务，积极参加项目部的质量检查活动，对工程队的质量状况进行控制，做好质量检查日记，对工程中发生的质量事故及时向有关部门报告并检查处理结果
材料员	负责各类材料的预算审核，材料质量保证资料的接收和审核，材料的入库验收，材料放样排版，材料发放等材料综合管理
技术员	负责对业主、监理单位和设计单位的联络，图纸审核，参加图纸会审和设计交底，编制工艺方案，进行技术交底
施工员	负责施工生产过程的施工条件、中间交接及对外联络工作
安全员	负责施工生产安全管理工作；负责施工中的安全教育、检查及管理工作；负责特殊岗位操作人员的安全管理培训需求
测量员	复测业主交付的总平面控制网，主要负责施工全过程的测量技术工作，对结构整体定位控制和把握，管理测量资料，保障工程顺利有序施工
预算员	负责合同评审，施工生产计划的收发及管理工作；负责施工生产完成情况的统计、汇总及上报工作
资料员	负责文件和资料管理、质量记录的控制

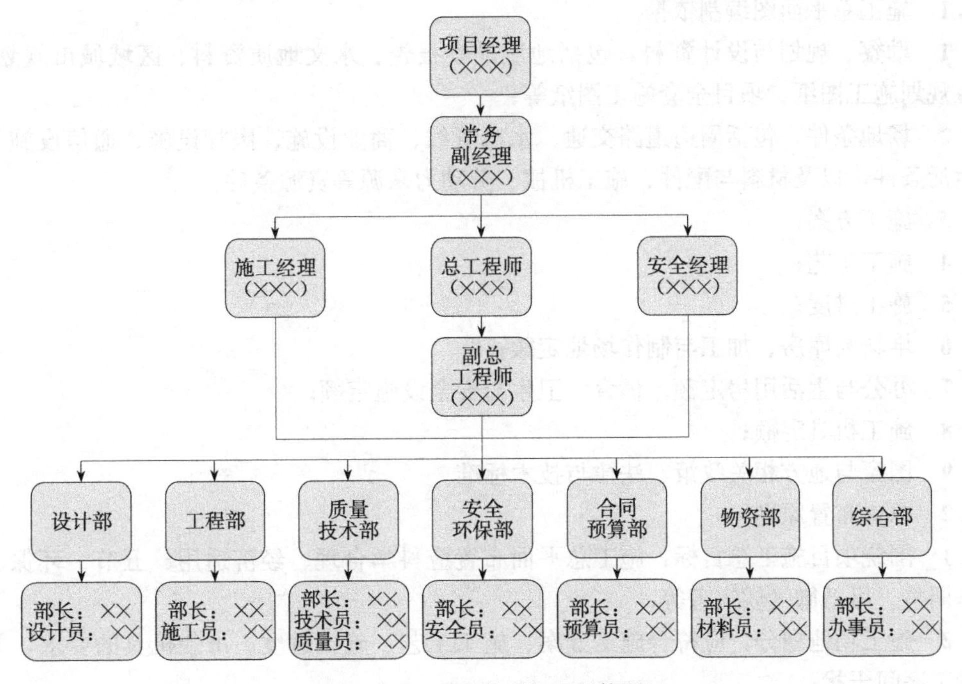

图 3.4.3　项目管理组织机构图

第4章　钢结构工程施工总平面图设计

施工总平面图是指拟建项目施工场地的总平面布置图。在施工总平面图中，需要按照设计图纸、施工方案、施工工艺和施工总进度的要求，将施工现场的交通道路、水电管线、办公与生活用房、堆场与库房、加工与制作场地、卫生与安全设施、监测与监控设施等进行合理的规划和布置（必要时辅与剖面图进行描述），用于指导工地有序、合理、高效、绿色施工作业。

4.1　钢结构工程施工总平面布置原则

4.1.1　施工总平面图编制依据

1　勘察、规划与设计资料，包括地质勘察报告、水文地质资料、区域城市规划图、小区规划施工图纸、项目全套施工图纸等；

2　场地条件，包括周边道路交通、水电管线、商业设施、医疗设施、通信设施等生产生活条件，以及材料与配件、施工机械、劳动力来源等资源条件；

3　施工方案；

4　施工工艺；

5　施工进度；

6　堆场与库房、加工与制作场地定额；

7　办公与生活用房定额；体育、卫生与安全设施定额；

8　施工机具定额；

9　国家与地方相关政策、法律与技术标准。

4.1.2　总体布置原则

1　围绕项目施工总目标，施工总平面布置应科学合理、经济适用、五节一环保、可动态调整、可抵御气候灾害等；

2　施工场地划分，应符合施工方案、施工工艺、施工进度、吊装机具的要求，并应减少工序间干扰；

3　充分利用已有或拟建建筑、道路和设施，降低临时设施费用；

4　合理布置办公、仓库、构件堆场、拼装场地、起重设备等临时设施位置，选择合理的运输与吊装方式，减少二次搬运；

5　符合文明施工、环境保护、卫生与安全、职业健康等要求；

6　符合其他相关法律、法规与标准的规定。

4.1.3　分项布置原则

钢结构工程施工总平面布置的主要内容包括：构件堆场、危险品库、拼装场地、运输道路、起重机械、施工用电设施、安全通道、消防设施等的布置。

当钢结构工程以总包方式进场时，应按相关规定全面进行施工总平面设计，当钢结构施工以专业分包的方式进场时，应与总包单位的施工总平面图协调一致，达到满足钢结构分包工程施工总平面布置的要求。具体布置原则如下：

1　构件堆场布置原则

1）堆场布置应遵循就近安装、减少搬运、布局合理、适度冗余的原则；

2）场内构配件应有合理的库存量供周转使用；

3）堆场位置选择应便于运输和装卸，减少二次搬运；

4）堆场应选取坚实或经过硬化处理的平坦区域，并应设有排水措施；

5）堆场应设有合适的出入口及内部通道；

6）施工现场受限时，应结合不同的施工阶段，动态调整堆场布置。

2　拼装场地布置原则

1）根据结构吊装工艺、拼装单元划分和进度计划确定胎模数量；

2）场地占地尺寸应满足拼装胎模与操作空间的需要；

3）拼装场地位置宜临近吊装作业面或靠近构件堆场。

3　运输道路布置原则

1）场内道路应考虑永久道路与临时道路相结合的原则。其路基设计可按《公路路基设计规范》JTG D30的要求进行；

2）道路应满足物流顺序、运距最短的要求；

3）道路应满足装、卸、搬、运等机械设备安全运行的要求。

4　起重机械布置原则

1）根据结构特性、施工方案、进度计划、起重量大小等参数，确定起重机类型、吊装范围与数量；

2）起重机布置应遵循吊装作业、安装与拆除方便，地基或附着点稳固，可抵御台风、飓风、龙卷风等破坏性风荷载的作用等原则，且应符合《起重机械安全规程 第1部分：总则》GB 6067.1的要求；

3）各类起重机械应考虑进出场时的安装与拆除空间和场地；

4）塔式起重机位置与移动路线应满足施工工艺及相互间安全距离的要求；汽车式起重机与履带式起重机的进出场路线应合理，作业点应尽可能靠近安装区域；各类起重机应避免空间交叉作业。

5　危险品库布置原则

1）危险品库布置应遵循分类分区、安全隔离、方便运输与规避风险的原则，且应符合《建设工程施工现场消防安全技术规范》GB 50720等现行国家标准的要求；

2）危险品库应与消防车道、消防水源配套设置，取水点应临近消防车道，确保无障碍取水；

3）危险品库应建在当地主风向的下风向位置；

4）危险品库与周边及场内建筑与设施、作业明火与火花点的安全距离应符合有关安全标准规定；

5）危险品库房布置应考虑事故与次生危害风险范围与处置方案等要求。

6　施工用电布置原则

1） 施工用电布置应分级分区、一次到位，且应符合《建设工程施工现场供用电安全规范》GB 50194、《施工现场临时用电安全技术规范》JGJ 46 的要求；

2） 应现场了解当地的电力供应情况是否能满足施工需要、是否经常停电以及停电时间、电压是否稳定。如建设单位/总承包单位已接通电源，应检查变压器容量是否满足要求、电源及线路的位置是否妨碍施工、施工现场的地形对用电布置的影响等；

3） 应确定电源进线、变电所、配电室、总配电箱、分配电箱等的位置及线路走向；自备发电机组时，应确定发电房的位置及送电线路的走向；

4） 电源进线、变配电室、发电机房的位置，应选在不妨碍施工、不积水、通风、无灰尘、无振动、地势较高处，总配电室应设在靠近电源处，分配电箱应装在用电设备或负荷较为集中处；

5） 无变压器的施工现场，宜用一路主导线沿现场周围或用电集中的区域布置，需要用电处用支线引出；有变压器的施工现场宜提供多条主干线供电，如施工现场特别大，宜分区域供电，线路的布置方式可采用放射式、树干式、链式等；供电主干线的架设应规范、牢固。

7 安全通道布置原则

1） 安全通道布置应遵循区域隔离、规范设置的原则，且应符合《建筑施工高处作业安全技术规范》JGJ 80 的要求；

2） 进出建筑物主体通道口应搭设防护棚，棚宽大于道口，两端各长出 1m，进深尺寸应符合高处作业安全防护范围。防护范围应符合《高处作业分级》GB/T 3608 的规定；

3） 场内（外）道路边线与建筑物（或外脚手架）边缘的距离小于坠落半径时，应搭设安全通道；

4） 拼装场地上方有可能坠落物件或处于起重机吊杆回转范围之内，应搭设双层安全防护棚。

8 消防设施布置原则

1） 消防设施布置应遵循永久与临时相结合、同步设置、全面覆盖的原则，且应符合《建设工程施工现场消防安全技术规范》GB 50720 的要求；

2） 当永久性消防设施已具备使用条件，可满足使用要求时，应通过保护或处理兼作临时消防设施；当永久性消防设施无法满足使用要求时，应增设临时消防设施；

3） 临时消防设施应与在建工程的施工进程同步设置；对于多高层建筑施工，临时消防设施设置与主体结构施工进度差距不应超过 3 层；

4） 临时消防给水系统的贮水池、消火栓泵、室内消防竖管及水泵接合器等，应设有醒目标识。另外，有限空间施工作业场所，宜设置临时通风系统（设备）。

4.2 施工总平面布置图内容与绘制要求

4.2.1 施工总平面布置图内容

1 地上与地下已有和拟建的建（构）筑物及其他设施的平面位置、形状、尺寸和标高等；

2 相邻的已有建（构）筑物及其他设施的平面位置、形状、尺寸和标高等；

3 场内地形与地貌特征、标高引入点位置等；

4 用于钢结构施工的临时设施，主要包括：

1）现场各种运输、吊装作业用的道路、出入口等；

2）现场构件加工、拼装场地及机械化设备与装置等；

3）施工材料、半成品、构配件、防护用品的仓库及堆场等；

4）临时给、排水管线、供电线路、网络线路、监测监控设施等；

5）项目办公室、食堂、宿舍、卫生间、洗浴、教育培训、文化体育活动等临时建筑与场所等；

6）治安与消防、排水与防洪、医疗与救护、安全与环保等设施。

4.2.2 施工总平面布置图绘制与管理要求

1 总平面图幅和绘图比例应根据工程规模、布置内容确定；制图要求应满足相关国家现行标准的要求；

2 图纸应能准确反映现场施工内容和周围环境面貌，包括已有建（构）筑物、场外道路等，并绘有指北针、图例及文字说明；

3 道路、堆场、仓库、拼装场地、吊装机械停滞及行走路线、安全通道、临时水电管网等设施应按比例绘制在图面上；

4 施工现场比较复杂时，可采用立面图与剖面图辅助施工总平面布置图对现场进行描述；

5 施工总平面布置图应根据施工进展与场内变化进行实时调整，动态反映现场的实际情况；

6 对大型工程可采用BIM与AI技术，辅助施工总平面布置图进行现场管理。

4.3 实际工程项目施工总平面布置示例

4.3.1 示例一：某厂房钢结构项目施工总平面布置

1 工程概况

该项目为某电子项目生产厂房钢结构工程。厂房南北长约540m，东西宽约194m，分为核心区和支持区，核心区钢结构主要由46排钢柱及双跨屋面主桁架组成（图4.3.1-1～图4.3.1-3），核心区桁架跨度为48m，核心区主桁架支撑柱采用箱形钢柱。支持区采用钢-框架结构。钢结构总用量约5万t、楼承板约18.3万m^2。

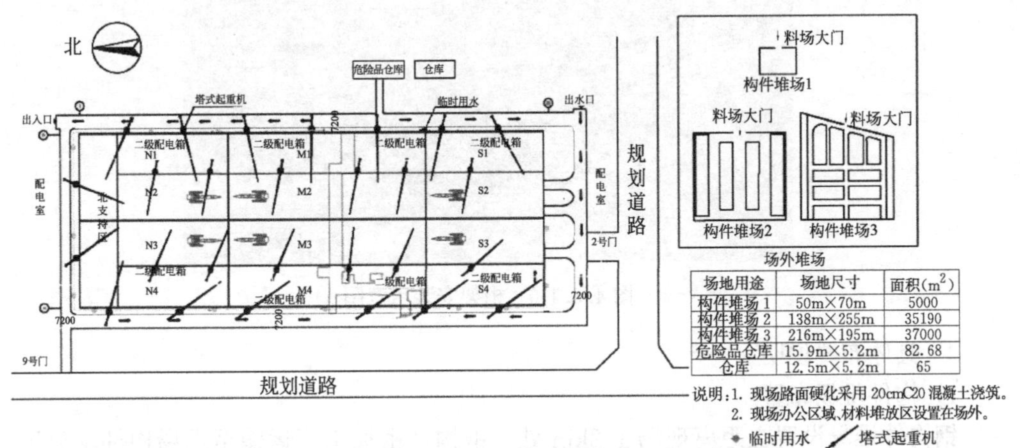

场地用途	场地尺寸	面积(m^2)
构件堆场1	50m×70m	5000
构件堆场2	138m×255m	35190
构件堆场3	216m×195m	37000
危险品仓库	15.9m×5.2m	82.68
仓库	12.5m×5.2m	65

图4.3.1-1 某电子项目生产厂房钢结构施工平面布置图

根据结构特点，综合考虑场地、工期、人员、机械等众多影响因素。核心区吊装分区共分为 6 个施工区段。东西支持区共分为 6 个施工区段，北支持区分为 2 个施工区段。核心区主要采用 6 台 400t 履带式起重机进行安装，支持区采用塔式起重机配合汽车式起重机进行安装（图 4.3.1-4～图 4.3.1-6）。

图 4.3.1-2　钢结构效果图

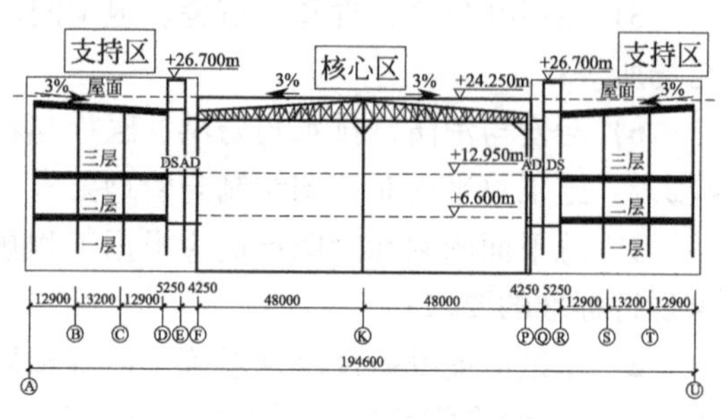

图 4.3.1-3　钢结构剖面图

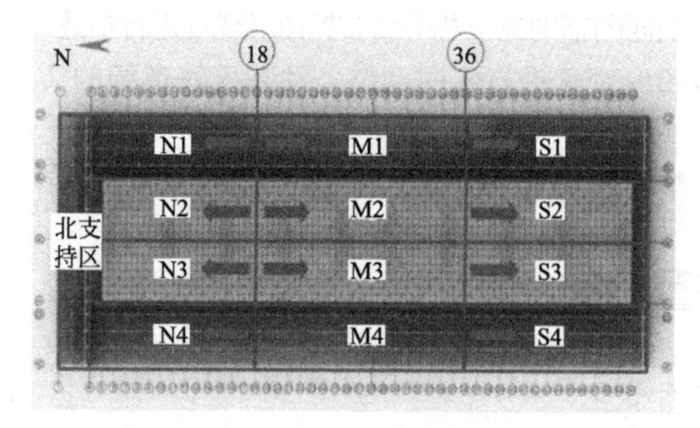

图 4.3.1-4　施工段划分示意图

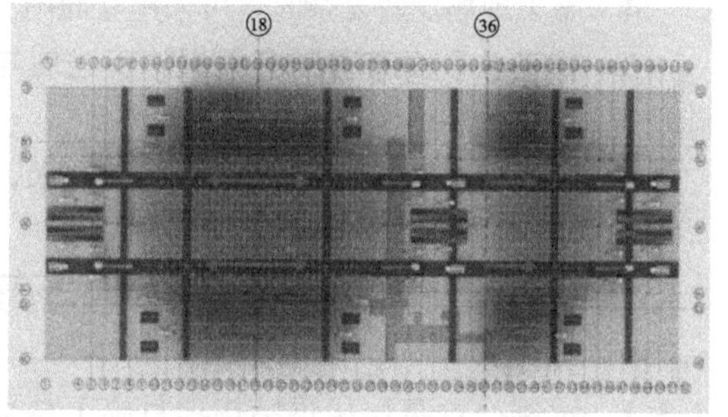

图 4.3.1-5　施工流程示意图

图 4.3.1-6　桁架安装示意图

2　具体布置说明

1）构件堆场布置

钢构件堆场设置在距离现场 1.2km 处，钢构件由加工厂运输至现场构件堆放区，再由构件堆放区倒运至施工现场进行吊装，运输次数达 2950 次。堆场计划存放一个月的安装构件量，总数量为3800个，占地68400m^2。配备了2台130t履带式起重机、4台25t汽车式起重机进行倒运。

堆放场地需用量为：3800根（构件数量）×1.5m（构件宽度约1.5m）×12m（构件长度约12m）=68400m^2。堆场规划共77190m^{2}场地，可满足需要。

2）拼装场地布置

占地尺寸：主桁架外形尺寸48m×4m，单个桁架立拼拼装场地占地尺寸50m×7m。

胎模数量：主桁架共设6组胎模，以满足吊装流水作业。

拼装场地位置：由于主桁架尺寸大，无法进行二次倒运，拼装场地临近吊装作业面，胎模连续设置，桁架拼装检验合格后，由400t履带式起重机直接起吊安装。

3）运输道路布置

利用永久道路位置作为临时道路，路宽7.2m。再根据施工阶段现场需求，在永久道路的基础上延伸临时施工道路。同时，还需要布置400t履带式起重机进出场道路。400t履带式起重机分体进场，在初始吊装位置进行组装，向两侧顺序吊装，吊装完成后就地拆解，分体退场。临时道路地面采用C20混凝土进行硬化处理，履带式起重机行走路线上需铺设钢板或路基箱。

4）安装设备布置

本项目最重构件为核心区端部桁架79t，共分14个作业面进行施工，构件总吊次28097吊。核心区钢结构采用6台400t履带式起重机吊装，支持区钢结构安装使用总包方塔式起重机及25台75t汽车式起重机、2台130t汽车式起重机吊装。

5）危险品库布置

危险品仓库面积为82.68m^2，布置在厂房东侧，邻近环形道路。

6）施工用电布置

本工程施工用电为总包方提供的两路用电，分别在项目的南北两侧各布置1个400kW的一级配电箱，同时配备6个二级配电箱，并根据施工情况在各施工和拼装区设置三级配电箱。钢结构施工需用电焊机30台，每台焊机功率19kW，共计570kW，照明6kW，合计576kW。

7）安全通道布置

利用现场的环形消防通道作为安全通道。

8）消防设施布置

消防设施总包已综合考虑，钢结构专业不再单独考虑消防布置。

4.3.2　示例二：某大跨度钢结构项目施工总平面布置

1　工程概况

该项目为某体育馆项目钢结构工程，建筑面积为33791m^2（地上32052m^2，地下1739m^2），体育馆建筑共有四层，高37.7m，主要包括主馆1处、副馆2处及其他功能用房等。体育馆（图4.3.2-1、图4.3.2-2）南北长约229m，东西宽约126m，下部为钢筋混凝土框架结构。场心主馆上部钢屋盖跨度为117m，采用空间弦支桁架结构。两侧副馆采用平面桁架结构，副馆每榀桁架由两根框架柱支撑，桁架内侧与主馆外采用加强桁架连接。钢结构总用量约3000t，楼承板面积约3700m^2。

根据结构特点，综合考虑场地、工期、人员机具等众多影响因素。主馆采用“定点安装、对称旋转累积滑移”的施工工艺进行安装（图 4.3.2-3）。副馆采用跨内吊装。

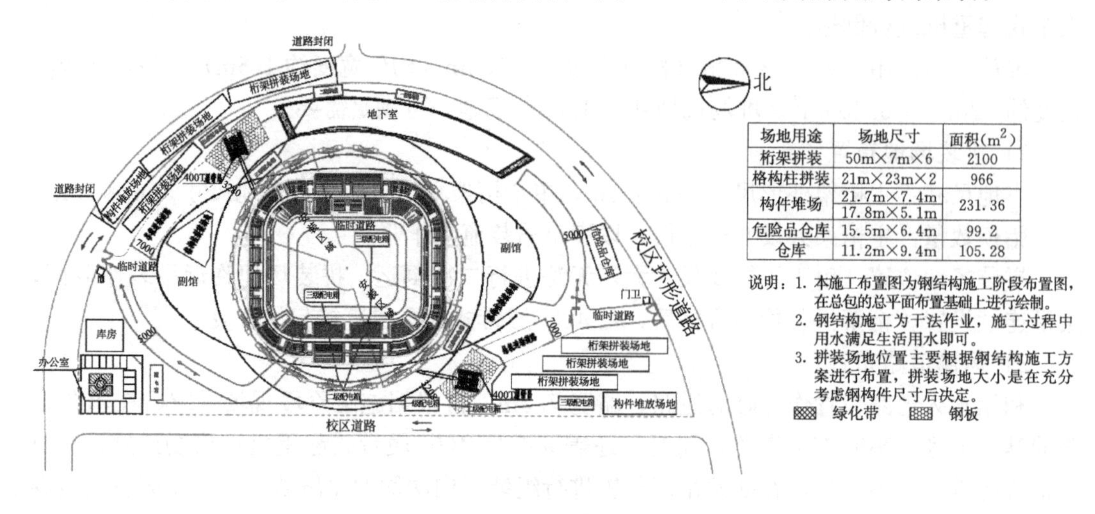

场地用途	场地尺寸	面积(m^2)
桁架拼装	50m×7m×6	2100
格构柱拼装	21m×23m×2	966
构件堆场	21.7m×7.4m 17.8m×5.1m	231.36
危险品仓库	15.5m×6.4m	99.2
仓库	11.2m×9.4m	105.28

说明：1. 本施工布置图为钢结构施工阶段布置图，在总包的总平面布置基础上进行绘制。
2. 钢结构施工为干法作业，施工过程中用水满足生活用水即可。
3. 拼装场地位置主要根据钢结构施工方案进行布置，拼装场地大小是在充分考虑钢构件尺寸后决定。
绿化带　钢板

图 4.3.2-1　某体育馆项目钢结构施工平面布置图

图 4.3.2-2　钢结构效果图

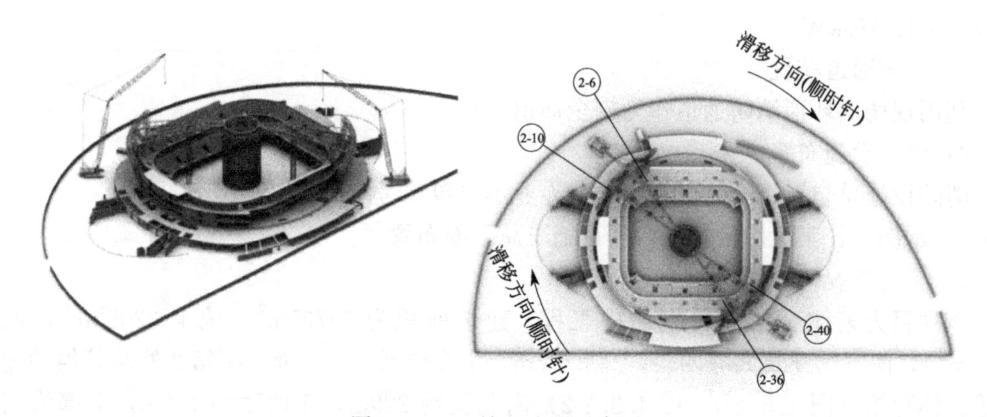

图 4.3.2-3　施工流程示意图

2　具体布置说明

1） 构件堆场布置

钢构件堆场布置在拼装区域附近，在拼装吊机起吊范围之内。构件总数量为 43000

根，堆场计划存放一周的安装构件量700根。

堆放场地需用量为：700根（构件数量）×0.4（杆件规格为ϕ400×10的杆件居多，因杆件需摊开找料，按单层摊铺计算）×4m（构件长度约4m）×0.2（按料场最大堆放总杆件数量的1/5计算）=224m²。堆场规划共231m²，场地可满足需要。

2）拼装场地布置

占地尺寸：单个主桁架外形尺寸48m×6.2m，立拼占地尺寸50m×7m；单个格构柱外形尺寸18.5m×20m，卧拼占地尺寸21m×23m。

胎模数量：在主馆外东北、西南区域分别设置3组主桁架胎模，1组格构柱胎模，以保证能满足吊装流水作业。

拼装场地位置：拼装完成后的构件尺寸较大，无法进行二次倒运，拼装场地临近吊装作业面，拼装构件检验合格后，可以由吊机直接起吊安装。

3）运输道路布置

利用永久道路位置作为临时道路，7m宽的临时道路作为400t履带式起重机的进场道路，5m宽的临时道路作为施工道路，再根据施工阶段现场需求，在永久道路的基础上延伸临时施工道路。场区临时道路的地面需用C20混凝土进行硬化处理。履带式起重机行走路线上需铺设钢板或路基箱。

4）安装设备布置

主馆钢结构安装分两个固定吊装工作面，分别为主馆东北侧和西南侧，各配备一台400t履带式起重机（塔式工况），履带式起重机距离混凝土结构5m，距离地下室基坑边缘9m，桁架构件最重25t，格构柱最重35t，次桁架最重7t。副馆钢结构采用100t汽车式起重机跨内吊装。桁架最重13t；主副馆桁架总吊次120吊。

5）危险品库布置

危险品仓库面积为99.2m²，布置在体育馆北侧，紧邻环形道路。

6）施工用电布置

从总包配电室引出1个一级配电箱，分区设置3个二级配电箱，并根据施工情况在各施工和拼装区设置三级配电箱。钢结构施工需用电焊机26台，每台按19kW计算，共计494kW；设照明13处，每处0.2kW，共计2.6kW；滑移用65kW泵站1台；总计561.6kW。项目西侧和南侧各设一个400kW的一级配电箱，供现场施工使用。

7）安全通道布置

利用设计的消防通道作为安全通道，体育馆南北各布置一个，通道宽5m。

8）消防设施布置

消防设施总包已综合考虑，钢结构专业不再单独考虑消防布置。

4.3.3 示例三：某厂房钢结构项目施工总平面布置

1 工程概况

该项目为某厂房总承包工程，厂房（图4.3.3-1、图4.3.3-2）建筑面积42654.9m²，长380m，宽108m，建筑高度19.735m，地上一层，局部夹层，主体结构为门式刚架体系（30m+30m+24m+24m），柱间距7.5m。钢结构总量约4000t，屋面板约4万m²，墙面板约2万m²。

图 4.3.3-1　项目效果图

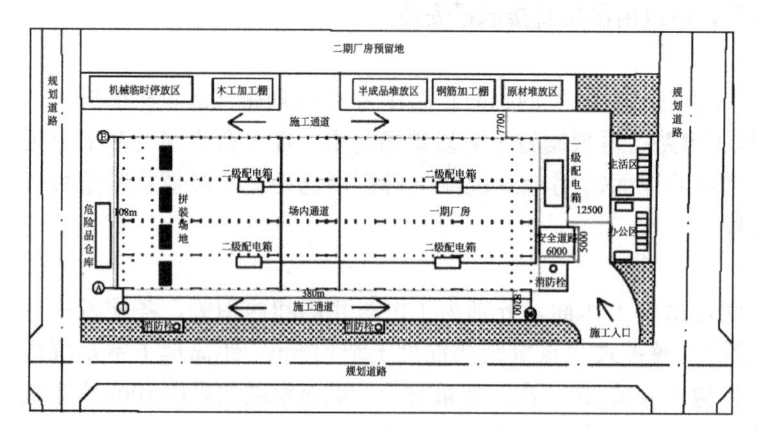

场地用途	场地尺寸	面积(m^2)
办公区	27m×20m	540
生活区	28m×20m	560
原材堆放区	5m×17m	85
半成品堆放区	5m×19m	95
钢筋加工棚	5m×15.6m	78
木工加工棚	5m×11.6m	58
机械暂时停放区	5m×22m	170
危险品仓库	6m×9m	54

说明：1. 现场布置如图所示，施工用电均从一级配电箱引出。
2. 测量永临结合及放大规范要求，施工现场共布设 3 个消防栓。
3. 拼装场地如图所示。
4. 现场各区域面积如表中所示：
绿化带　拼装场地

4.3.3-2　某厂房总承包项目钢结构施工平面布置图

2　具体布置说明

1）钢构件堆场布置

因厂房内空间较大，钢柱及钢梁在其安装位置就近堆放。

2）拼装场地布置

该工程需要进行钢梁的拼装，为了便于施工，拼装场地选在钢梁安装位置下方。单个拼装场地尺寸为 18m×6m。钢梁拼装好后直接进行吊装，随后移动拼装胎模支架，进行下一榀的拼装。

3）运输道路布置

根据永临结合的原则，将厂房东、南、北三侧厂内规划路施工至路基层，并设置临时车道，将南北道路连通。北侧道路宽 7.7m，南侧道路宽 8.2m，均满足运输及消防车道的要求。厂房内部地面均进行回填、夯实处理。

4）安装设备布置

钢结构采用汽车式起重机进行安装，汽车式起重机行走及站位空间大。钢柱最重 12.75t，钢梁最重 7.1t，总吊次 2135 次，分 4 个工作面同时进行。2 台 50t、2 台 25t 汽车式起重机进行安装。

5）危险品库布置

厂房西侧区域较为空旷，无其他设施且紧邻车辆通道，故将危险品仓库设置于此，面

积为 $54m^2$。

6）施工用电布置

厂房东侧为厂房设计的配电室位置，在其旁边布置1个一级配电箱，由此引出4个二级配电箱，三级配电箱随项目施工进度动态调整布置。钢结构施工期间，钢结构施工需用电焊机15台，每台功率19kW，共计285kW；钢筋加工棚、木工加工棚计划100kW；照明计划5kW，共计390kW。设置一个400kW一级箱，供现场施工使用。

7）安全通道布置

在厂房进出口处搭设封闭安全通道，长6m、宽5m、高5m。

8）消防设施布置

根据永临结合原则及施工现场防火要求，施工区布置了3个消火栓及消防箱。办公、生活区各布置20个灭火器，平均每间房一个灭火器。

4.3.4 示例四：某大跨度钢结构项目施工总平面布置

1 工程概况

该项目为某飞机维修库总承包工程。机库（图4.3.4-1）建筑面积为 $16741m^2$，东西宽76.88m，南北长140.6m、高度为32m；机库地上一层，附楼地下一层，地上三层（局部四层）；机库结构类型为型钢混凝土排架柱＋网架屋盖结构，附楼为钢筋混凝土框架结构；基础采用灌注桩承台基础。

网架屋盖（图4.3.4-2、图4.3.4-3）长138.6m、宽63.7m，采用三边支承三层斜放四角锥焊接球网架，结构找坡，网架下弦标高21m；机库大门门头采用四层焊接球网架，下弦标高16m。屋盖钢结构施工采用地面拼装整体提升施工方案。

本项目钢结构总量约1600t。局部楼承板面积约 $475m^2$，TPO柔性屋面面积约 $9100m^2$，墙面岩棉复合板面积约 $4000m^2$。

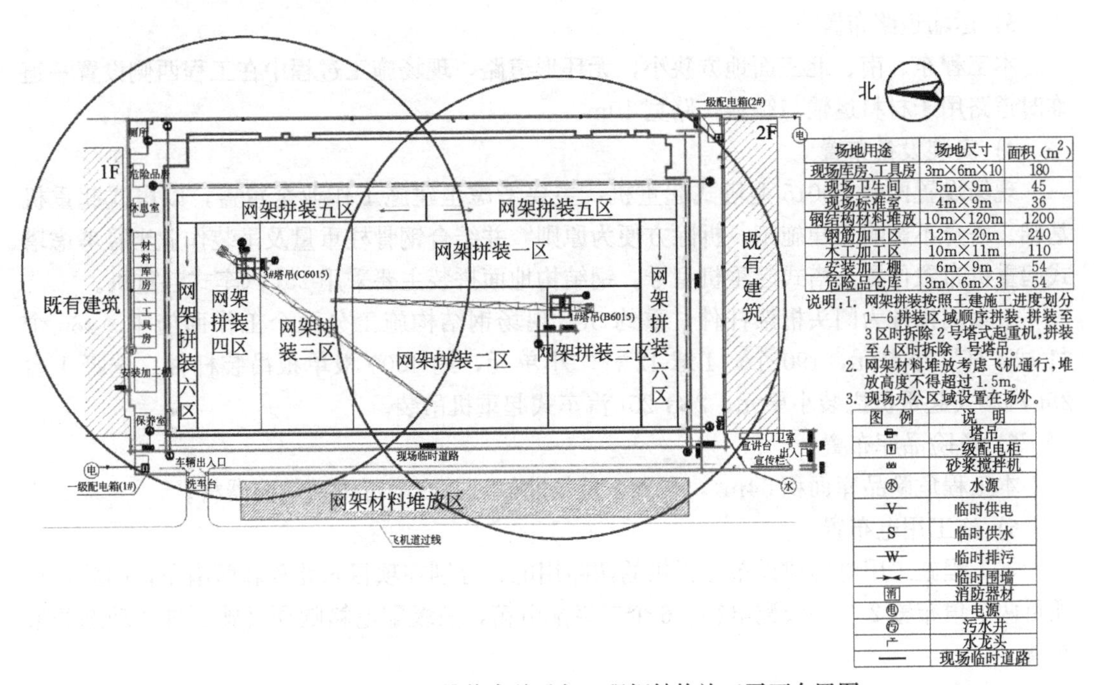

场地用途	场地尺寸	面积（m^2）
现场库房、工具房	3m×6m×10	180
现场卫生间	5m×9m	45
现场标准室	4m×9m	36
钢结构材料堆放	10m×120m	1200
钢筋加工区	12m×20m	240
木工加工区	10m×11m	110
安装加工棚	6m×9m	54
危险品仓库	3m×6m×3	54

图例	说明
	塔吊
	一级配电柜
	砂浆搅拌机
水	水源
V	临时供电
S	临时供水
W	临时排污
	临时围墙
消	消防器材
电	电源
污	污水井
	水龙头
	现场临时道路

图4.3.4-1 某飞机维修库总承包工程钢结构施工平面布置图

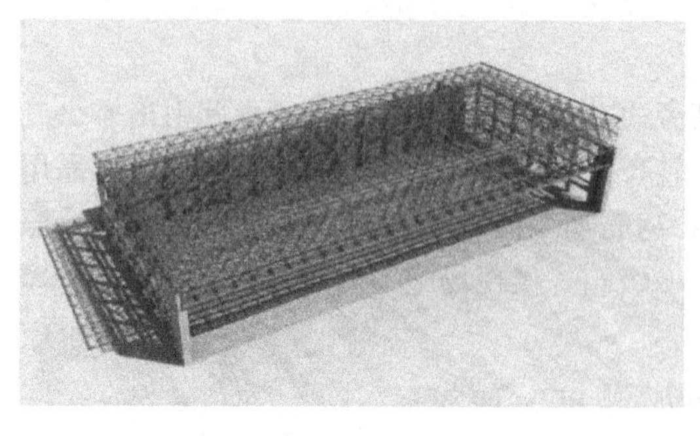

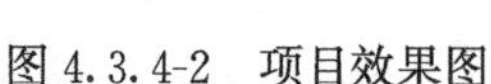
图 4.3.4-2 项目效果图

图 4.3.4-3 钢结构效果图

2 具体布置说明

1）钢构件堆场布置

现场钢构件主要是网架杆件及焊接球，现场场地狭小，场地内仅有可堆放构件的区域，故构件的加工及运输需严格按照拼装区域及拼装顺序进行加工及发货，1-4 区钢构件就近堆放于机库大厅对应拼装区域，5、6 区域及周边补空构件与建设单位协商堆放与场外的飞机道旁空地上，考虑飞机翅膀通过，堆放高度不超过 1.5m。

堆放场地需用量为：8400 根(网架杆件数量)×0.159m（杆件规格为 Φ159×8 的杆件居多，因杆件需摊开找料，按单层摊铺计算）×4.5m(杆件长度约 4.5m)×0.2(按料场最大堆放总杆件数量的 1/5 计算)＝1202m^2。现场规划 10m×120m 场地，可满足需要。

2）拼装场地布置

采用地面拼装整体提升施工方案，地面拼装场地为原位投影的地面拼装，投影面积为 8828.82m^2。

3）运输道路布置

本工程东、南、北三面地方狭小，无环形道路，现场施工过程中在工程西侧设置一道临时道路用于材料运输与卸料，路宽 10m。

4）安装设备布置

现场设置两台 C6015 型塔式起重机，主要考虑土建施工作业全覆盖，以塔式起重机基础、塔身不影响土建施工，拆除方便为原则，并结合钢骨柱重量及吊装作业半径考虑塔式起重机布置位置及塔式起重机型号。钢结构地面拼装主要采用 25t 汽车式起重机。

最重钢构件为门头桁架杆件，重约 5t，现场钢结构施工分两个工作面施工。480 个“1 球 4 杆”小单元，190 个“4 球 12 杆”小单元，约 4000 根单根吊装杆件。选择 1 台 25t 汽车式起重机拼装小单元，2 台 25t 汽车式起重机吊装。

5）危险品库布置

本工程危险品库面积 54m^2，布置于现场北侧，并在附近配备消防器材。

6）施工用电布置

本工程施工用电为建设单位提供的两路用电，分别在项目东北角和西南角，因此，在项目两个角布置 2 个一级配电箱、6 个二级配电箱，三级配电箱随项目施工进度动态调整布置。

本工程施工需用 10 台电焊机，每台焊接按照 19kW 计算，现场 2 台塔式起重机，每台塔式起重机按照 75kW 计算，现场钢筋加工、木工加工等土建施工考虑 100kW，合计 440kW。现场布置 300kW 和 200kW 两个一级配电室。300kW 配电室主要负荷塔式起重机和钢结构焊接，200kW 配电室主要负荷土建、安装及其他工程施工。

7） 安全通道布置

本工程主要设置两个出入口，将项目人、车进行分流。北侧出入口主要车辆出入，并在门口位置布置洗车台。南侧出入口布置电动门及人员出入实名制管理系统。通道宽均为 10m。

8） 消防设施布置

本工程四周无环形道路，故在四周布置消防与施工用水的结合管道，并在现场作业区域设置 20 个灭火器。

第 5 章　施工进度计划制定方法

钢结构施工总进度计划是施工现场各项与钢结构施工相关活动在时间、空间上先后顺序的体现，在满足工艺要求的条件下，通过合适的施工部署安排、确定的资源投入均衡、成本合理、工期满足合同要求的各分项工程先后施工顺序及逻辑关系的安排。将施工准备、材料采购、深化设计、钢构件制造、运输、钢构件安装、楼承板安装、涂装等合理规划，并以图表的形式表达出来，从而正确指导钢结构施工各工序插入、结束时间及工序先后关系，便于现场各专业、各工序协调，进行有组织、有计划的施工。

5.1　钢结构施工进度计划制定原则

5.1.1　施工进度计划编制依据

1　钢结构工程承包合同及招标投标书；

2　工程设计施工图纸及变更洽商文件；

3　施工组织总设计与钢结构施工有关规定及安排；

4　钢结构施工方案及措施、施工顺序、流水段划分等；

5　资源配置情况，如：钢结构施工需要的劳动力、施工机具和设备、材料、钢构件供应能力及来源情况等；

6　项目所在地的自然条件、施工现场条件和勘察资料；

7　建设单位及总承包可能提供的条件和水电供应情况；

8　现行规范、标准和技术经济指标等规定。

5.1.2　进度计划制定原则

1　响应合同、业主及项目总进度计划的所有节点工期要求；

2　符合总体部署安排，工序搭接、插入时间合理，分区、流水线路、流水方向清晰；

3　遵照工程施工图纸设计意图和要求；

4　资源投入均衡、连续、平稳，无突击抢工；

5　充分考虑必要的技术间歇时间，不同专业工序紧密衔接，确保各项工程实施目标的实现；

6　充分考虑供货、制作周期等施工准备工作所需时间；

7　考虑工序施工合理周期和工序衔接先后顺序，保证施工质量；通过科学、合理安排施工作业和采取必要安全防护措施，确保施工的安全生产。

5.1.3　施工进度计划的编制步骤

1　收集编制依据，分解目标，确定总工期及节点工期目标；

2　划分施工过程、施工段和施工层；

3　确定施工顺序；

4　计算工程量，分解任务；

5　计算劳动量或机械台班需用量；

6　确定持续时间；

7　绘制可行的施工进度计划图；

8　优化并绘制正式施工进度计划图。

5.1.4　目标分解原则

以合同总工期及里程碑节点为基础，将进度目标分解至钢结构工程各分部分项工程工期控制节点，确定里程碑节点和关键穿插点，确定钢结构施工总进度计划的框架。

5.1.5　施工过程、施工段、施工层划分原则

1　施工过程一般按深化设计、材料采购、加工制造、构件运输、现场安装、楼承板安装、涂装施工等划分，特殊工程可加入施工准备、前置条件、设备及临时措施施工内容等。

2　施工段的划分一般遵循下列原则：

1）同一工种在各施工段上的劳动力应大致相等，相差幅度不宜超过10％～15％；

2）每个施工段内要有足够的工作面，以保证工程的数量和主导施工机械的生产效率满足合理劳动组织的要求；

3）施工段的界限应尽可能与结构界限（如沉降缝、伸缩缝）相吻合，或设在对建筑结构整体性影响较小的部位，以保证建筑结构的整体性；

4）施工段的数目要满足合理组织流水施工的要求。施工段数目过多，会降低施工速度，延长工期；施工段过少，不利于充分利用工作面，可能造成窝工；

5）对于多层钢结构建筑或需分层施工的工程，应既分施工段，又分施工层，各工种依次完成第一施工层中各施工段任务后，再转入第二施工层的施工段上作业，以此类推，以确保相应工种在施工段与施工层之间，连续、均衡、有节奏地施工。

5.1.6　施工顺序安排原则

施工进度计划是施工现场各项施工活动在时间、空间上先后顺序的体现。合理编制钢结构施工进度计划，就必须遵循施工技术程序的规律、根据施工方案和工程开展程序去进行组织，保证各项施工活动的紧密衔接和互相促进，起到充分利用资源、降低工程成本、确保工程质量、加快施工速度、达到最佳工期目标的作用。

钢结构施工顺序基本原则如下：

1　安排施工程序的同时，首先安排其相应的准备工作；

2　先地下后地上和首先主结构、然后次结构、最后附属结构的原则；

3　既要考虑施工组织要求的空间顺序，又要考虑施工工艺要求的工种顺序；必须在满足施工工艺要求的条件下，尽可能地利用工作面，使相邻两个工种在时间上合理且最大限度地搭接起来。

5.1.7　任务分解与工程量计算原则

1　任务分解完整，所有工作按照图纸和清单逐项列项，不缺项、不漏项，尤其要注意夹层、夹段位置；

2　根据施工图纸进行工程任务划分，任务分解颗粒度适宜，总进度计划宜以主要分

项工程为基本单元，不宜细分到检验批；

3 按分区或分层逐项逐项分解；

4 按分区、分层或施工段分别计算工程量，包括构件重量和数量，焊接量、楼承板量、涂装量等。

5.1.8 劳动量或机械台班需用量计算原则

1 劳动量及机械设备符合施工方案要求；

2 劳动量及机械用量宜投入均衡、连续、平稳、无突击抢工；

3 劳动量及机械台班依据工程量及施工定额或企业定额进行综合测算，并考虑工程施工特点及环境影响；

4 无施工定额或企业定额可供参考的劳动量及机械台班可依据类似工程计算。

5.1.9 持续时间确定原则

1 充分参考类似工程、类似工序的施工效率，同时借鉴工期定额，确定施工进度计划中各类工序的持续时间。

2 宜优先选用各施工单位的企业定额。

3 标准层持续时间需与资源配套情况计算，一般钢结构主体结构：主体框架 3～4d/层、水平楼板结构 5～6d/层。

4 对于结构复杂，面积大、构件数量多、焊接量大等项目应按工作量、资源投入量、施工功效计算确定持续时间。

5.1.10 进度计划绘制与优化原则

1 按照初步选定的施工方案、工艺流程、流水方式进行进度计划编排，判断是否满足总工期要求，如不满足，则考虑调整总体施工安排或工期时间，再优化调整进度计划。

2 进度计划调整主要有以下方法：

1） 调整关键线路的长度；

2） 调整非关键工作时差；

3） 增、减工作项目；

4） 调整逻辑关系；

5） 重新估计某些工作的持续时间；

6） 对资源的投入作相应调整。

3 当计算工期不能满足计划工期时，可设法通过压缩关键工作的持续时间，满足计划工期要求。在选择缩短持续时间的关键工作时，应考虑下述因素：

1） 缩短持续时间而不影响质量和安全的工作；

2） 有充足备用的资源的工作；

3） 缩短持续时间所需增加的费用相对较少的工作等。

5.2 工程项目施工进度计划表达方式

5.2.1 进度计划表达方法

1 施工进度计划可采用网络图或横道图表示，并附必要说明，宜优先采用网络计划。小型钢结构项目或大型项目分部分项工程进度计划一般采用横道图表示即可，对于工程规模较大、工序比较复杂的钢结构工程宜采用网络图表示，通过对各类参数的计算，找出关键线路，选择最优方案；

2　横道图与网络图宜分别采用专业软件编制，颗粒度划分以主要分项工程为主，根据项目实际情况按“层”或“节”列述。进度计划应包含深化设计、材料采购、现场准备、安装、涂装等内容，并体现施工部署中确定的分区安排、流水方向及工序穿插，横道图与网络图中的工期安排应一致；

3　篇幅较大时，进度计划横道图与网络图应采用 A3 纸张绘制，作为附件附于施工组织设计结尾处，图形版面中应嵌入分区图，注明分区名称、单体名称及轮廓，篇幅较小时，可采用 A4 纸张绘制，以能清晰表达进度计划内容及时间刻度为准。

5.2.2　进度计划横道图

1　横道图的表头为工作及其简要说明，项目进展表示在时间表格上；

2　按照所表示工作的详细程度，时间单位可以为 h、d、周、月等。这些时间单位用日历表示，并表示出非工作时间，如：停工时间、公众假日、假期等；

3　可将工作简要说明直接放到横道图上，将最重要的逻辑关系标注在内。

5.2.3　进度计划网络图

1　网络图是以箭头及其两端节点的编号表示工作的网络图，每一条箭头表示一项工作，箭尾节点表示工作开始，箭头节点表示工作完成，不可出现无箭头或无箭尾节点的箭线，也不能出现双向箭头或无箭头的连线；

2　要正确表达工序逻辑关系，不允许出现回路；

3　工作名称可以标注在箭线的上方，完成该项工作所需要的持续时间可标注在箭线的下方；

4　一项工作需用一条箭线和其箭尾与箭头处两个圆圈中的号码来表示，任意一条实箭线都要占用时间；

5　虚箭线仅表示工作之间的逻辑关系，不占用时间、资源。

5.3　实际工程项目工程进度计划示例

5.3.1　示例一：某大跨度项目钢结构工程施工进度计划

1　项目概况

某大型航站楼建筑面积约 36 万 m^2，平面外轮廓尺寸 643m×295m，建筑高度约 43.5m，主楼屋盖跨度为 54m＋45m＋54m，柱距 36m，采用加强层（双层）网架结构和焊接空心球节点，钢屋盖（图 5.3.1-1、图 5.3.1-2）采用万向球铰支座与柱顶连接。北指廊钢屋盖跨度 26m，柱距为 18m，采用焊接球网架结构，其他登机桥固定端和北指廊吊桥采用钢桁架结构，杆件采用矩形管和 H 型钢。总用钢量约 1.2 万 t。

根据结构特点，主航站楼屋盖网架结构拟采用液压提升装置进行分片整体提升安装，北指廊屋盖网架结构拟采用两台 400t 履带式起重机进行分片整体吊装，登机桥及附属钢结构根据现场施工情况，使用 50t 汽车式起重机和 16t 汽车式起重机穿插完成安装。主航站楼屋盖网架结构安装时，首先在土建结构楼面上进行网架结构分块拼装，在支撑钢柱或混凝土柱顶设置液压提升装置，待网架结构焊接完成后，将网架结构依次分块提升就位，最后安装嵌补构件，完成屋盖网架结构合拢。施工段划分示意图见图 5.3.1-3。

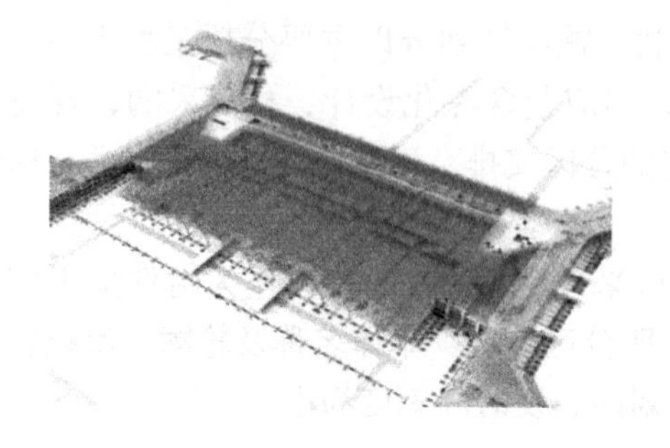

图 5.3.1-1　钢结构效果图

图 5.3.1-2　钢屋盖里面效果图

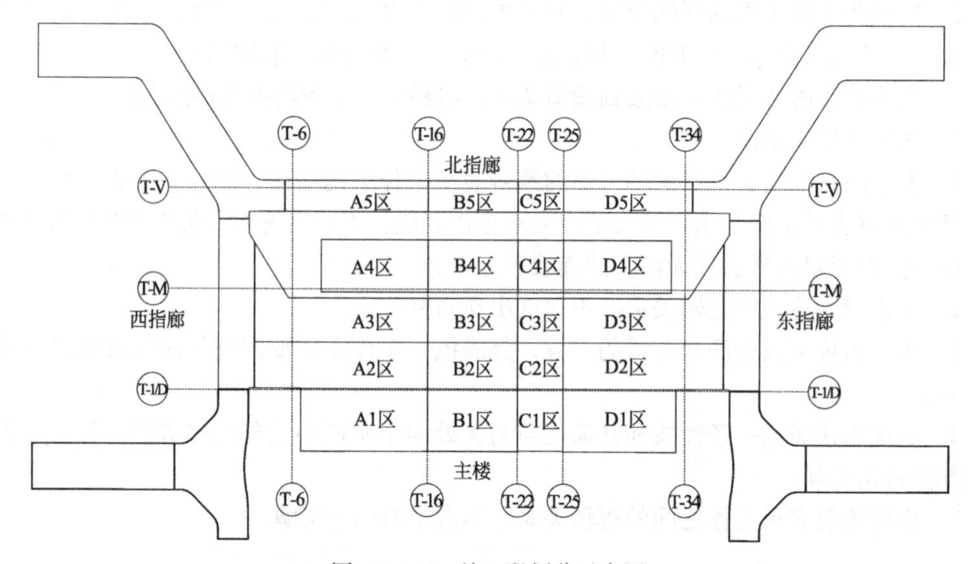

图 5.3.1-3　施工段划分示意图

2　具体编制说明

1）确定工期总目标及节点工期目标

计划 2014 年 11 月 6 日开始前期准备，2014 年 12 月 1 日开始网架安装，2015 年 12 月 20 日完成网架安装，2016 年 2 月 29 日通过中间验收，总工期 481d。响应招标及合同工期。进度计划如表 5.3.1-1 所示。

进度计划表　　表 5.3.1-1

序号	节点计划	招标及合同要求工期	施工计划工期
1	T-16～T-25 轴范围外区域网架结构拼装	2014 年 12 月	2014 年 12 月 01 日
2	T-16～T-25 轴范围外区域网架结构吊装	2015 年 02 月	2015 年 02 月 01 日
3	T-16～T-25 轴范围外区域网架结构完成安装	2015 年 09 月	2015 年 08 月 20 日
4	T-16～T-22 轴网架结构吊装	2015 年 06 月	2015 年 06 月 01 日
5	T-16～T-22 轴网架结构完成安装	2015 年 10 月	2015 年 10 月 31 日

续表

序号	节点计划	招标及合同要求工期	施工计划工期
6	T-22～T-25 轴网架结构吊装	2015 年 11 月初	2015 年 11 月 01 日
7	T-22～T-25 轴网架结构完成安装	2015 年 12 月底	2015 年 12 月 20 日
8	附属钢结构安装完成，通过中间验收	2016 年 04 月前	2016 年 02 月 29 日

2）划分施工过程、施工段和施工层

根据本工程单层面积大的特点，为确保施工进度且便于现场施工管理，结合土建楼板结构、屋面钢结构形式等多方面综合考虑将本工程划分为 A 区、B 区、C 区、D 区 4 个大区，A、D 区同时施工，待土建移交工作面后插入 B 区、C 区钢结构施工。待 B 区网架安装完之后插入室内钢结构、钢桥、登机桥等附属结构的施工。区块划分如图 5.3.1-3。为确保总工期目标的实现，根据进度计划中关键线路，将其分解为若干个工期控制点，以控制点目标的实现来保证总工期目标的完成。

3）确定施工顺序

施工顺序如图 5.3.1-4 所示。

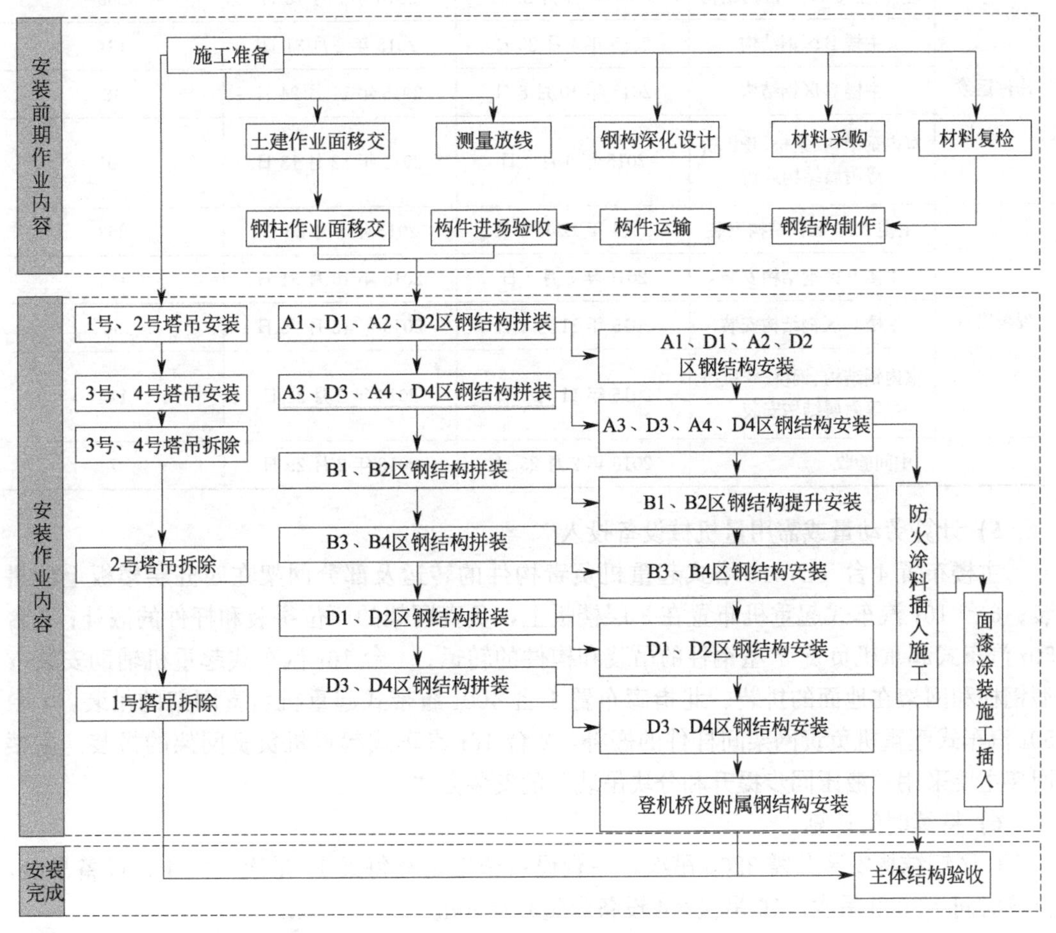

图 5.3.1-4　施工流程图

4）计算工程量、分解任务

为确保工期目标的实现，计算每个施工段的工程量，将总体施工进度计划分解为 6 个关键工期节点，以关键工期节点的分步实现来保证总进度计划目标的完成，如表 5.3.1-2 所示。

分步进度计划表 **表 5.3.1-2**

施工阶段		开始时间	完成时间	施工工期(日历天)
深化设计		2014 年 11 月 6 日	2015 年 1 月 25 日	81
材料采购		2014 年 11 月 11 日	2015 年 7 月 6 日	238
加工制作	埋件、主楼 A、D 区钢结构	2014 年 11 月 16 日	2015 年 7 月 1 日	228
	主楼 B 区钢结构	2015 年 3 月 20 日	2015 年 8 月 20 日	154
	主楼 C 区钢结构	2015 年 8 月 21 日	2015 年 11 月 10 日	82
	室内钢结构、钢桥、登机桥等附属结构加工制作	2015 年 7 月 7 日	2015 年 10 月 16 日	102
构件运输	埋件、主楼 A、D 区钢结构	2014 年 11 月 26 日	2015 年 7 月 18 日	235
	主楼 B 区钢结构	2015 年 4 月 20 日	2015 年 8 月 31 日	134
	主楼 C 区钢结构	2015 年 10 月 8 日	2015 年 11 月 24 日	48
	室内钢结构、钢桥、登机桥等附属结构运输	2015 年 9 月 4 日	2015 年 12 月 13 日	101
现场安装	主楼 A、D 区钢结构安装	2014 年 12 月 1 日	2015 年 8 月 20 日	263
	主楼 B 区钢结构安装	2015 年 5 月 1 日	2015 年 10 月 31 日	184
	主楼 C 区钢结构安装	2015 年 11 月 1 日	2015 年 12 月 20 日	50
	室内钢结构、钢桥、登机桥等附属结构安装	2015 年 11 月 1 日	2016 年 2 月 22 日	114
中间验收		2016 年 2 月 23 日	2016 年 2 月 29 日	7

5）计算劳动量或需用量机械设备投入

主楼布置 4 台 TC7013 塔式起重机负责构件的转运及部分网架在四五层楼板上的拼装；6 台 16t 汽车式起重机布置在 3 层楼板上，负责网架的原位拼装和杆件的嵌补；3 台 50t 汽车式起重机负责 Y 型钢柱的吊装和构件的转运；4 台 16t 汽车式起重机辅助安装 Y 型钢柱和网架在地面的拼装。北指廊布置 1 台 400t 履带式起重机负责网架的吊装，1 台 50t 汽车式起重机负责网架间杆件的嵌补，2 台 16t 汽车式起重机负责网架的拼装。主楼网架主要采用“液压同步提升和分块吊装”的安装方法。

6）持续时间计算

C 区钢结构安装共需 3200 吊次，一台设备施工定额每天 16 吊次，共 4 台设备吊装，持续时间=3000 吊次/(16 吊次×4 设备数量) =50d。

3 施工进度计划网络图与横道图

5.3.2 示例二：某超高层项目钢结构工程进度计划横道图与网络图

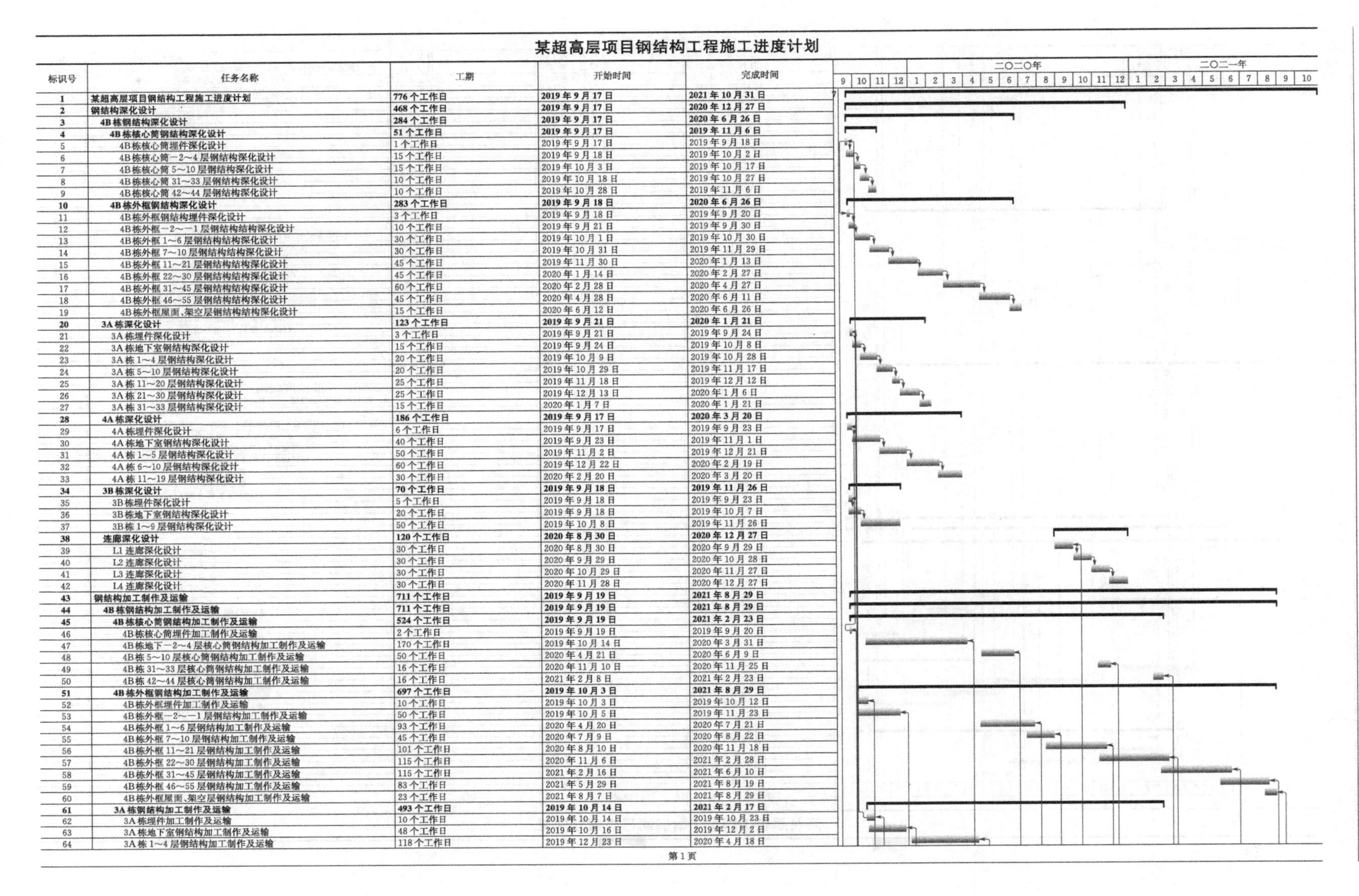

某超高层项目钢结构工程施工进度计划

标识号	任务名称	工期	开始时间	完成时间
1	**某超高层项目钢结构工程施工进度计划**	**776个工作日**	**2019年9月17日**	**2021年10月31日**
2	**钢结构深化设计**	**468个工作日**	**2019年9月17日**	**2020年12月27日**
3	**4B栋钢结构深化设计**	**284个工作日**	**2019年9月17日**	**2020年6月26日**
4	**4B栋核心筒钢结构深化设计**	**51个工作日**	**2019年9月17日**	**2019年11月6日**
5	4B栋核心筒埋件深化设计	1个工作日	2019年9月17日	2019年9月18日
6	4B栋核心筒一2～4层钢结构深化设计	15个工作日	2019年9月18日	2019年10月2日
7	4B栋核心筒5～10层钢结构深化设计	15个工作日	2019年10月3日	2019年10月17日
8	4B栋核心筒31～33层钢结构深化设计	10个工作日	2019年10月18日	2019年10月27日
9	4B栋核心筒42～44层钢结构深化设计	10个工作日	2019年10月28日	2019年11月6日
10	**4B栋外框钢结构深化设计**	**283个工作日**	**2019年9月18日**	**2020年6月26日**
11	4B栋外框钢结构埋件深化设计	3个工作日	2019年9月18日	2019年9月20日
12	4B栋外框一2～一1层钢结构结构深化设计	10个工作日	2019年9月21日	2019年9月30日
13	4B栋外框1～6层钢结构结构深化设计	30个工作日	2019年10月1日	2019年10月30日
14	4B栋外框7～10层钢结构结构深化设计	30个工作日	2019年10月31日	2019年11月29日
15	4B栋外框11～21层钢结构结构深化设计	45个工作日	2019年11月30日	2020年1月13日
16	4B栋外框22～30层钢结构结构深化设计	45个工作日	2020年1月14日	2020年2月27日
17	4B栋外框31～45层钢结构结构深化设计	60个工作日	2020年2月28日	2020年4月27日
18	4B栋外框46～55层钢结构结构深化设计	45个工作日	2020年4月28日	2020年6月11日
19	4B栋外框屋面、架空层钢结构结构深化设计	15个工作日	2020年6月12日	2020年6月26日
20	**3A栋深化设计**	**123个工作日**	**2019年9月21日**	**2020年1月21日**
21	3A栋埋件深化设计	3个工作日	2019年9月21日	2019年9月24日
22	3A栋地下室钢结构深化设计	15个工作日	2019年9月24日	2019年10月8日
23	3A栋1～4层钢结构深化设计	20个工作日	2019年10月9日	2019年10月28日
24	3A栋5～10层钢结构深化设计	20个工作日	2019年10月29日	2019年11月17日
25	3A栋11～20层钢结构深化设计	25个工作日	2019年11月18日	2019年12月12日
26	3A栋21～30层钢结构深化设计	25个工作日	2019年12月13日	2020年1月6日
27	3A栋31～33层钢结构深化设计	15个工作日	2020年1月7日	2020年1月21日
28	**4A栋深化设计**	**186个工作日**	**2019年9月17日**	**2020年3月20日**
29	4A栋埋件深化设计	6个工作日	2019年9月17日	2019年9月23日
30	4A栋地下室钢结构深化设计	40个工作日	2019年9月23日	2019年11月1日
31	4A栋1～5层钢结构深化设计	50个工作日	2019年11月2日	2019年12月21日
32	4A栋6～10层钢结构深化设计	60个工作日	2019年12月22日	2020年2月19日
33	4A栋11～19层钢结构深化设计	30个工作日	2020年2月20日	2020年3月20日
34	**3B栋深化设计**	**70个工作日**	**2019年9月18日**	**2019年11月26日**
35	3B栋埋件深化设计	5个工作日	2019年9月18日	2019年9月23日
36	3B栋地下室钢结构深化设计	20个工作日	2019年9月18日	2019年10月7日
37	3B栋1～9层钢结构深化设计	50个工作日	2019年10月8日	2019年11月26日
38	**连廊深化设计**	**120个工作日**	**2020年8月30日**	**2020年12月27日**
39	L1连廊深化设计	30个工作日	2020年8月30日	2020年9月29日
40	L2连廊深化设计	30个工作日	2020年9月29日	2020年10月28日
41	L3连廊深化设计	30个工作日	2020年10月29日	2020年11月27日
42	L4连廊深化设计	30个工作日	2020年11月28日	2020年12月27日
43	**钢结构加工制作及运输**	**711个工作日**	**2019年9月19日**	**2021年8月29日**
44	**4B栋钢结构加工制作及运输**	**711个工作日**	**2019年9月19日**	**2021年8月29日**
45	**4B栋核心筒钢结构加工制作及运输**	**524个工作日**	**2019年9月19日**	**2021年2月23日**
46	4B栋核心筒埋件加工制作及运输	2个工作日	2019年9月19日	2019年9月20日
47	4B栋地下一2～4层核心筒钢结构加工制作及运输	170个工作日	2019年10月14日	2020年3月31日
48	4B栋5～10层核心筒钢结构加工制作及运输	50个工作日	2020年4月21日	2020年6月9日
49	4B栋31～33层核心筒钢结构加工制作及运输	16个工作日	2020年11月10日	2020年11月25日
50	4B栋42～44层核心筒钢结构加工制作及运输	16个工作日	2021年2月8日	2021年2月23日
51	**4B栋外框钢结构加工制作及运输**	**697个工作日**	**2019年10月3日**	**2021年8月29日**
52	4B栋外框埋件加工制作及运输	10个工作日	2019年10月3日	2019年10月12日
53	4B栋外框一2～一1层钢结构加工制作及运输	50个工作日	2019年10月5日	2019年11月23日
54	4B栋外框1～6层钢结构加工制作及运输	93个工作日	2020年4月20日	2020年7月21日
55	4B栋外框7～10层钢结构加工制作及运输	45个工作日	2020年7月9日	2020年8月22日
56	4B栋外框11～21层钢结构加工制作及运输	101个工作日	2020年8月10日	2020年11月18日
57	4B栋外框22～30层钢结构加工制作及运输	115个工作日	2020年11月6日	2021年2月28日
58	4B栋外框31～45层钢结构加工制作及运输	115个工作日	2021年2月16日	2021年6月10日
59	4B栋外框46～55层钢结构加工制作及运输	83个工作日	2021年5月29日	2021年8月19日
60	4B栋外框屋面、架空层钢结构加工制作及运输	23个工作日	2021年8月7日	2021年8月29日
61	**3A栋钢结构加工制作及运输**	**493个工作日**	**2019年10月14日**	**2021年2月17日**
62	3A栋埋件加工制作及运输	10个工作日	2019年10月14日	2019年10月23日
63	3A栋地下室钢结构加工制作及运输	48个工作日	2019年10月16日	2019年12月2日
64	3A栋1～4层钢结构加工制作及运输	118个工作日	2019年12月23日	2020年4月18日

第1页

续表

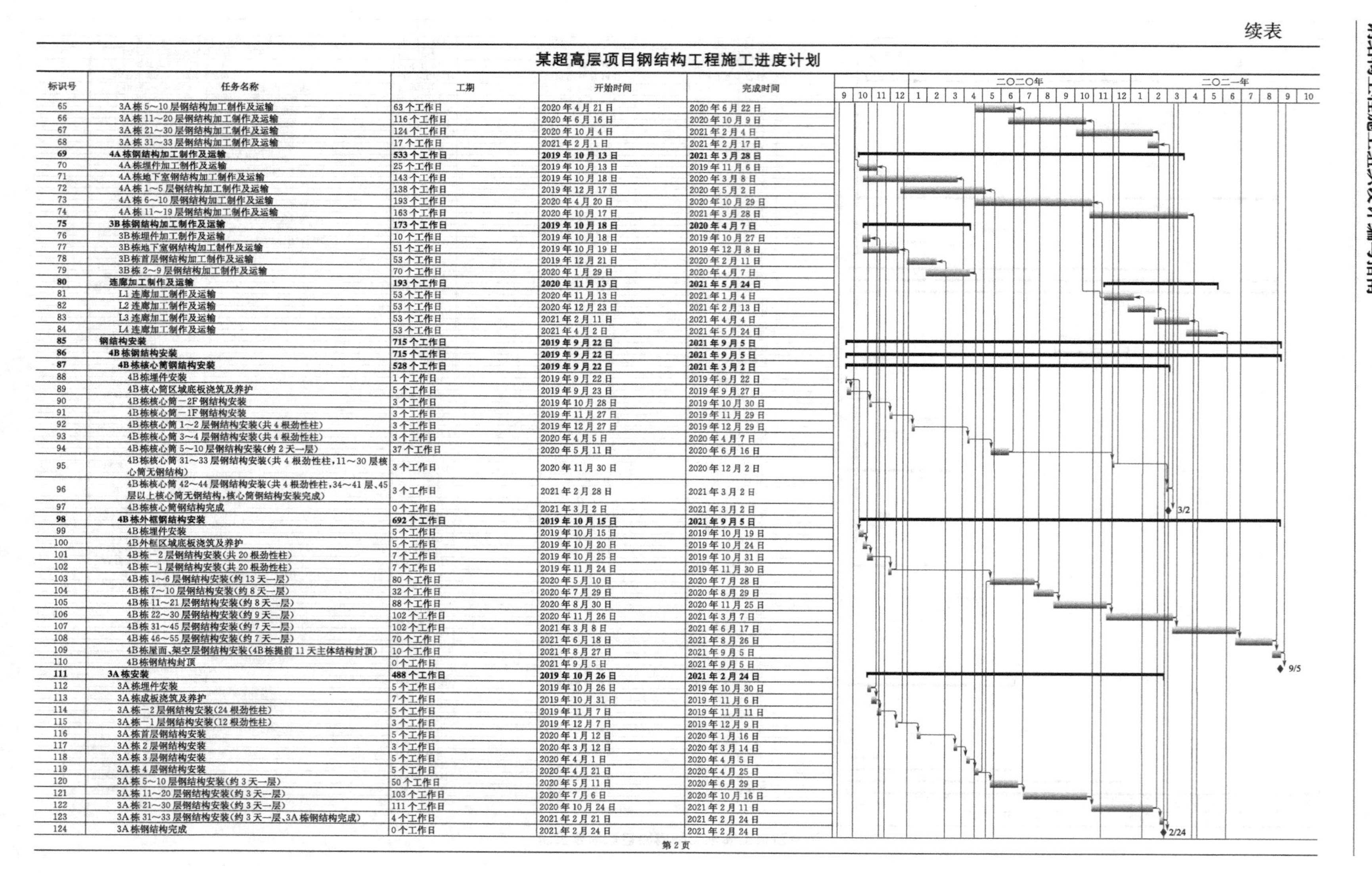

某超高层项目钢结构工程施工进度计划

标识号	任务名称	工期	开始时间	完成时间
65	3A 栋 5～10 层钢结构加工制作及运输	63 个工作日	2020 年 4 月 21 日	2020 年 6 月 22 日
66	3A 栋 11～20 层钢结构加工制作及运输	116 个工作日	2020 年 6 月 16 日	2020 年 10 月 9 日
67	3A 栋 21～30 层钢结构加工制作及运输	124 个工作日	2020 年 10 月 4 日	2021 年 2 月 4 日
68	3A 栋 31～33 层钢结构加工制作及运输	17 个工作日	2021 年 2 月 1 日	2021 年 2 月 17 日
69	**4A 栋钢结构加工制作及运输**	**533 个工作日**	**2019 年 10 月 13 日**	**2021 年 3 月 28 日**
70	4A 栋埋件加工制作及运输	25 个工作日	2019 年 10 月 13 日	2019 年 11 月 6 日
71	4A 栋地下室钢结构加工制作及运输	143 个工作日	2019 年 10 月 18 日	2020 年 3 月 8 日
72	4A 栋 1～5 层钢结构加工制作及运输	138 个工作日	2019 年 12 月 17 日	2020 年 5 月 2 日
73	4A 栋 6～10 层钢结构加工制作及运输	193 个工作日	2020 年 4 月 20 日	2020 年 10 月 29 日
74	4A 栋 11～19 层钢结构加工制作及运输	163 个工作日	2020 年 10 月 17 日	2021 年 3 月 28 日
75	**3B 栋钢结构加工制作及运输**	**173 个工作日**	**2019 年 10 月 18 日**	**2020 年 4 月 7 日**
76	3B 栋埋件加工制作及运输	10 个工作日	2019 年 10 月 18 日	2019 年 10 月 27 日
77	3B 栋地下室钢结构加工制作及运输	51 个工作日	2019 年 10 月 19 日	2019 年 12 月 8 日
78	3B 栋首层钢结构加工制作及运输	53 个工作日	2019 年 12 月 21 日	2020 年 2 月 11 日
79	3B 栋 2～9 层钢结构加工制作及运输	70 个工作日	2020 年 1 月 29 日	2020 年 4 月 7 日
80	**连廊加工制作及运输**	**193 个工作日**	**2020 年 11 月 13 日**	**2021 年 5 月 24 日**
81	L1 连廊加工制作及运输	53 个工作日	2020 年 11 月 13 日	2021 年 1 月 4 日
82	L2 连廊加工制作及运输	53 个工作日	2020 年 12 月 23 日	2021 年 2 月 13 日
83	L3 连廊加工制作及运输	53 个工作日	2021 年 2 月 11 日	2021 年 4 月 4 日
84	L4 连廊加工制作及运输	53 个工作日	2021 年 4 月 2 日	2021 年 5 月 24 日
85	**钢结构安装**	**715 个工作日**	**2019 年 9 月 22 日**	**2021 年 9 月 5 日**
86	**4B 栋钢结构安装**	**715 个工作日**	**2019 年 9 月 22 日**	**2021 年 9 月 5 日**
87	**4B 栋核心筒钢结构安装**	**528 个工作日**	**2019 年 9 月 22 日**	**2021 年 3 月 2 日**
88	4B 栋埋件安装	1 个工作日	2019 年 9 月 22 日	2019 年 9 月 22 日
89	4B 核心筒区域底板浇筑及养护	5 个工作日	2019 年 9 月 23 日	2019 年 9 月 27 日
90	4B 栋核心筒－2F 钢结构安装	3 个工作日	2019 年 10 月 28 日	2019 年 10 月 30 日
91	4B 栋核心筒－1F 钢结构安装	3 个工作日	2019 年 11 月 27 日	2019 年 11 月 29 日
92	4B 栋核心筒 1～2 层钢结构安装(共 4 根劲性柱)	3 个工作日	2019 年 12 月 27 日	2019 年 12 月 29 日
93	4B 栋核心筒 3～4 层钢结构安装(共 4 根劲性柱)	3 个工作日	2020 年 4 月 5 日	2020 年 4 月 7 日
94	4B 栋核心筒 5～10 层钢结构安装(约 2 天一层)	37 个工作日	2020 年 5 月 11 日	2020 年 6 月 16 日
95	4B 栋核心筒 31～33 层钢结构安装(共 4 根劲性柱，11～30 层核心筒无钢结构)	3 个工作日	2020 年 11 月 30 日	2020 年 12 月 2 日
96	4B 栋核心筒 42～44 层钢结构安装(共 4 根劲性柱，34～41 层、45 层以上核心筒无钢结构，核心筒钢结构安装完成)	3 个工作日	2021 年 2 月 28 日	2021 年 3 月 2 日
97	4B 栋核心筒钢结构完成	0 个工作日	2021 年 3 月 2 日	2021 年 3 月 2 日
98	**4B 栋外框钢结构安装**	**692 个工作日**	**2019 年 10 月 15 日**	**2021 年 9 月 5 日**
99	4B 栋埋件安装	5 个工作日	2019 年 10 月 15 日	2019 年 10 月 19 日
100	4B 外框区域底板浇筑及养护	5 个工作日	2019 年 10 月 20 日	2019 年 10 月 24 日
101	4B 栋－2 层钢结构安装(共 20 根劲性柱)	7 个工作日	2019 年 10 月 25 日	2019 年 10 月 31 日
102	4B 栋－1 层钢结构安装(共 20 根劲性柱)	7 个工作日	2019 年 11 月 24 日	2019 年 11 月 30 日
103	4B 栋 1～6 层钢结构安装(约 13 天一层)	80 个工作日	2020 年 5 月 10 日	2020 年 7 月 28 日
104	4B 栋 7～10 层钢结构安装(约 8 天一层)	32 个工作日	2020 年 7 月 29 日	2020 年 8 月 29 日
105	4B 栋 11～21 层钢结构安装(约 8 天一层)	88 个工作日	2020 年 8 月 30 日	2020 年 11 月 25 日
106	4B 栋 22～30 层钢结构安装(约 9 天一层)	102 个工作日	2020 年 11 月 26 日	2021 年 3 月 7 日
107	4B 栋 31～45 层钢结构安装(约 7 天一层)	102 个工作日	2021 年 3 月 8 日	2021 年 6 月 17 日
108	4B 栋 46～55 层钢结构安装(约 7 天一层)	70 个工作日	2021 年 6 月 18 日	2021 年 8 月 26 日
109	4B 栋屋面、架空层钢结构安装(4B 栋提前 11 天主体结构封顶)	10 个工作日	2021 年 8 月 27 日	2021 年 9 月 5 日
110	4B 栋钢结构封顶	0 个工作日	2021 年 9 月 5 日	2021 年 9 月 5 日
111	**3A 栋安装**	**488 个工作日**	**2019 年 10 月 26 日**	**2021 年 2 月 24 日**
112	3A 栋埋件安装	5 个工作日	2019 年 10 月 26 日	2019 年 10 月 30 日
113	3A 栋底板浇筑及养护	7 个工作日	2019 年 10 月 31 日	2019 年 11 月 6 日
114	3A 栋－2 层钢结构安装(24 根劲性柱)	5 个工作日	2019 年 11 月 7 日	2019 年 11 月 11 日
115	3A 栋－1 层钢结构安装(12 根劲性柱)	3 个工作日	2019 年 12 月 7 日	2019 年 12 月 9 日
116	3A 栋首层钢结构安装	5 个工作日	2020 年 1 月 12 日	2020 年 1 月 16 日
117	3A 栋 2 层钢结构安装	3 个工作日	2020 年 3 月 12 日	2020 年 3 月 14 日
118	3A 栋 3 层钢结构安装	5 个工作日	2020 年 4 月 1 日	2020 年 4 月 5 日
119	3A 栋 4 层钢结构安装	5 个工作日	2020 年 4 月 21 日	2020 年 4 月 25 日
120	3A 栋 5～10 层钢结构安装(约 3 天一层)	50 个工作日	2020 年 5 月 11 日	2020 年 6 月 29 日
121	3A 栋 11～20 层钢结构安装(约 3 天一层)	103 个工作日	2020 年 7 月 6 日	2020 年 10 月 16 日
122	3A 栋 21～30 层钢结构安装(约 3 天一层)	111 个工作日	2020 年 10 月 24 日	2021 年 2 月 11 日
123	3A 栋 31～33 层钢结构安装(约 3 天一层、3A 栋钢结构完成)	4 个工作日	2021 年 2 月 21 日	2021 年 2 月 24 日
124	3A 栋钢结构完成	0 个工作日	2021 年 2 月 24 日	2021 年 2 月 24 日

第 2 页

续表

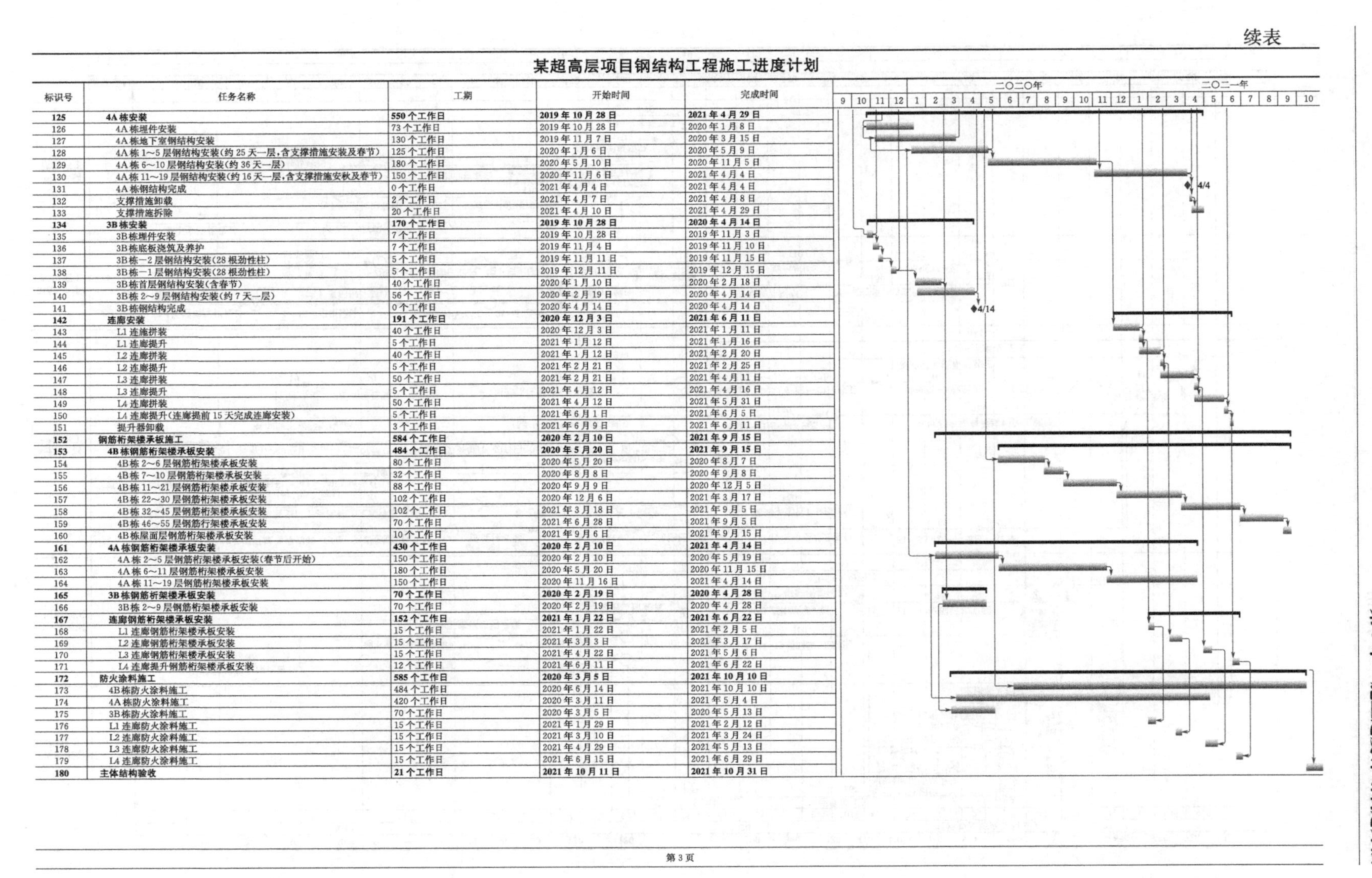

某超高层项目钢结构工程施工进度计划

标识号	任务名称	工期	开始时间	完成时间
125	**4A 栋安装**	**550 个工作日**	**2019 年 10 月 28 日**	**2021 年 4 月 29 日**
126	4A 栋埋件安装	73 个工作日	2019 年 10 月 28 日	2020 年 1 月 8 日
127	4A 栋地下室钢结构安装	130 个工作日	2019 年 11 月 7 日	2020 年 3 月 15 日
128	4A 栋 1～5 层钢结构安装(约 25 天一层，含支撑措施安装及春节)	125 个工作日	2020 年 1 月 6 日	2020 年 5 月 9 日
129	4A 栋 6～10 层钢结构安装(约 36 天一层)	180 个工作日	2020 年 5 月 10 日	2020 年 11 月 5 日
130	4A 栋 11～19 层钢结构安装(约 16 天一层，含支撑措施安秋及春节)	150 个工作日	2020 年 11 月 6 日	2021 年 4 月 4 日
131	4A 栋钢结构完成	0 个工作日	2021 年 4 月 4 日	2021 年 4 月 4 日
132	支撑措施卸载	2 个工作日	2021 年 4 月 7 日	2021 年 4 月 8 日
133	支撑措施拆除	20 个工作日	2021 年 4 月 10 日	2021 年 4 月 29 日
134	**3B 栋安装**	**170 个工作日**	**2019 年 10 月 28 日**	**2020 年 4 月 14 日**
135	3B 栋埋件安装	7 个工作日	2019 年 10 月 28 日	2019 年 11 月 3 日
136	3B 栋底板浇筑及养护	7 个工作日	2019 年 11 月 4 日	2019 年 11 月 10 日
137	3B 栋－2 层钢结构安装(28 根劲性柱)	5 个工作日	2019 年 11 月 11 日	2019 年 11 月 15 日
138	3B 栋－1 层钢结构安装(28 根劲性柱)	5 个工作日	2019 年 12 月 11 日	2019 年 12 月 15 日
139	3B 栋首层钢结构安装(含春节)	40 个工作日	2020 年 1 月 10 日	2020 年 2 月 18 日
140	3B 栋 2～9 层钢结构安装(约 7 天一层)	56 个工作日	2020 年 2 月 19 日	2020 年 4 月 14 日
141	3B 栋钢结构完成	0 个工作日	2020 年 4 月 14 日	2020 年 4 月 14 日
142	**连廊安装**	**191 个工作日**	**2020 年 12 月 3 日**	**2021 年 6 月 11 日**
143	L1 连施拼装	40 个工作日	2020 年 12 月 3 日	2021 年 1 月 11 日
144	L1 连廊提升	5 个工作日	2021 年 1 月 12 日	2021 年 1 月 16 日
145	L2 连廊拼装	40 个工作日	2021 年 1 月 12 日	2021 年 2 月 20 日
146	L2 连廊提升	5 个工作日	2021 年 2 月 21 日	2021 年 2 月 25 日
147	L3 连廊拼装	50 个工作日	2021 年 2 月 21 日	2021 年 4 月 11 日
148	L3 连廊提升	5 个工作日	2021 年 4 月 12 日	2021 年 4 月 16 日
149	L4 连廊拼装	50 个工作日	2021 年 4 月 12 日	2021 年 5 月 31 日
150	L4 连廊提升(连廊提前 15 天完成连廊安装)	5 个工作日	2021 年 6 月 1 日	2021 年 6 月 5 日
151	提升器卸载	3 个工作日	2021 年 6 月 9 日	2021 年 6 月 11 日
152	**钢筋桁架楼承板施工**	**584 个工作日**	**2020 年 2 月 10 日**	**2021 年 9 月 15 日**
153	**4B 栋钢筋桁架楼承板安装**	**484 个工作日**	**2020 年 5 月 20 日**	**2021 年 9 月 15 日**
154	4B 栋 2～6 层钢筋桁架楼承板安装	80 个工作日	2020 年 5 月 20 日	2020 年 8 月 7 日
155	4B 栋 7～10 层钢筋桁架楼承板安装	32 个工作日	2020 年 8 月 8 日	2020 年 9 月 8 日
156	4B 栋 11～21 层钢筋桁架楼承板安装	88 个工作日	2020 年 9 月 9 日	2020 年 12 月 5 日
157	4B 栋 22～30 层钢筋桁架楼承板安装	102 个工作日	2020 年 12 月 6 日	2021 年 3 月 17 日
158	4B 栋 32～45 层钢筋桁架楼承板安装	102 个工作日	2021 年 3 月 18 日	2021 年 9 月 5 日
159	4B 栋 46～55 层钢筋行架楼承板安装	70 个工作日	2021 年 6 月 28 日	2021 年 9 月 5 日
160	4B 栋屋面层钢筋桁架楼承板安装	10 个工作日	2021 年 9 月 6 日	2021 年 9 月 15 日
161	**4A 栋钢筋桁架楼承板安装**	**430 个工作日**	**2020 年 2 月 10 日**	**2021 年 4 月 14 日**
162	4A 栋 2～5 层钢筋桁架楼承板安装(春节后开始)	150 个工作日	2020 年 2 月 10 日	2020 年 5 月 19 日
163	4A 栋 6～11 层钢筋桁架楼承板安装	180 个工作日	2020 年 5 月 20 日	2020 年 11 月 15 日
164	4A 栋 11～19 层钢筋桁架楼承板安装	150 个工作日	2020 年 11 月 16 日	2021 年 4 月 14 日
165	**3B 栋钢筋桁架楼承板安装**	**70 个工作日**	**2020 年 2 月 19 日**	**2020 年 4 月 28 日**
166	3B 栋 2～9 层钢筋桁架楼承板安装	70 个工作日	2020 年 2 月 19 日	2020 年 4 月 28 日
167	**连廊钢筋桁架楼承板安装**	**152 个工作日**	**2021 年 1 月 22 日**	**2021 年 6 月 22 日**
168	L1 连廊钢筋桁架楼承板安装	15 个工作日	2021 年 1 月 22 日	2021 年 2 月 5 日
169	L2 连廊钢筋桁架楼承板安装	15 个工作日	2021 年 3 月 3 日	2021 年 3 月 17 日
170	L3 连廊钢筋桁架楼承板安装	15 个工作日	2021 年 4 月 22 日	2021 年 5 月 6 日
171	L4 连廊提升钢筋桁架楼承板安装	12 个工作日	2021 年 6 月 11 日	2021 年 6 月 22 日
172	**防火涂料施工**	**585 个工作日**	**2020 年 3 月 5 日**	**2021 年 10 月 10 日**
173	4B 栋防火涂料施工	484 个工作日	2020 年 6 月 14 日	2021 年 10 月 10 日
174	4A 栋防火涂料施工	420 个工作日	2020 年 3 月 11 日	2021 年 5 月 4 日
175	3B 栋防火涂料施工	70 个工作日	2020 年 3 月 5 日	2020 年 5 月 13 日
176	L1 连廊防火涂料施工	15 个工作日	2021 年 1 月 29 日	2021 年 2 月 12 日
177	L2 连廊防火涂料施工	15 个工作日	2021 年 3 月 10 日	2021 年 3 月 24 日
178	L3 连廊防火涂料施工	15 个工作日	2021 年 4 月 29 日	2021 年 5 月 13 日
179	L4 连廊防火涂料施工	15 个工作日	2021 年 6 月 15 日	2021 年 6 月 29 日
180	**主体结构验收**	**21 个工作日**	**2021 年 10 月 11 日**	**2021 年 10 月 31 日**

第 3 页

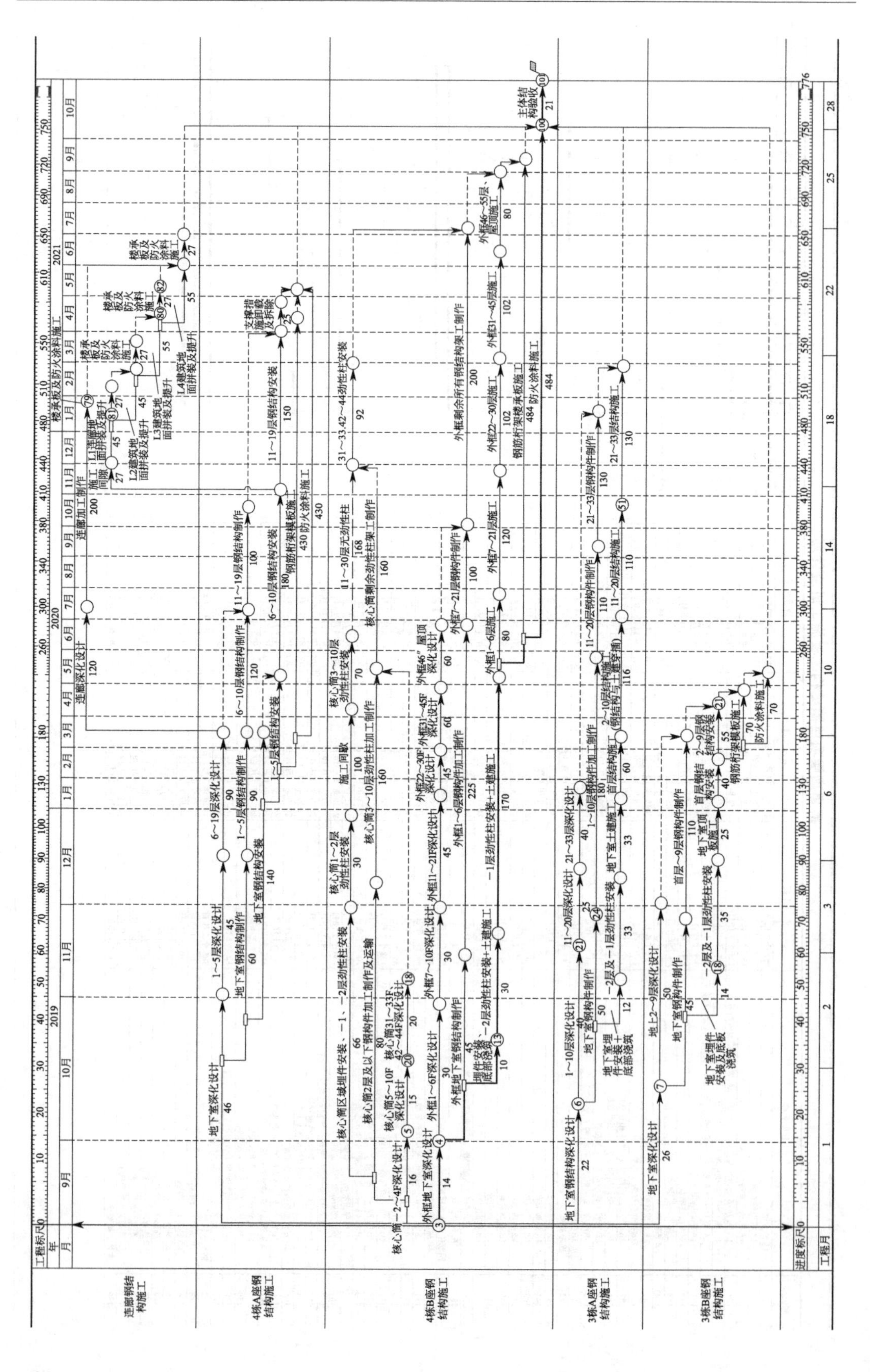

工程标尺
年
月
进度标尺
工程月
连廊钢结构施工
4栋A座钢结构施工
4栋B座钢结构施工
3栋A座钢结构施工
3栋B座钢结构施工
2019
2020
2021
主体结构验收

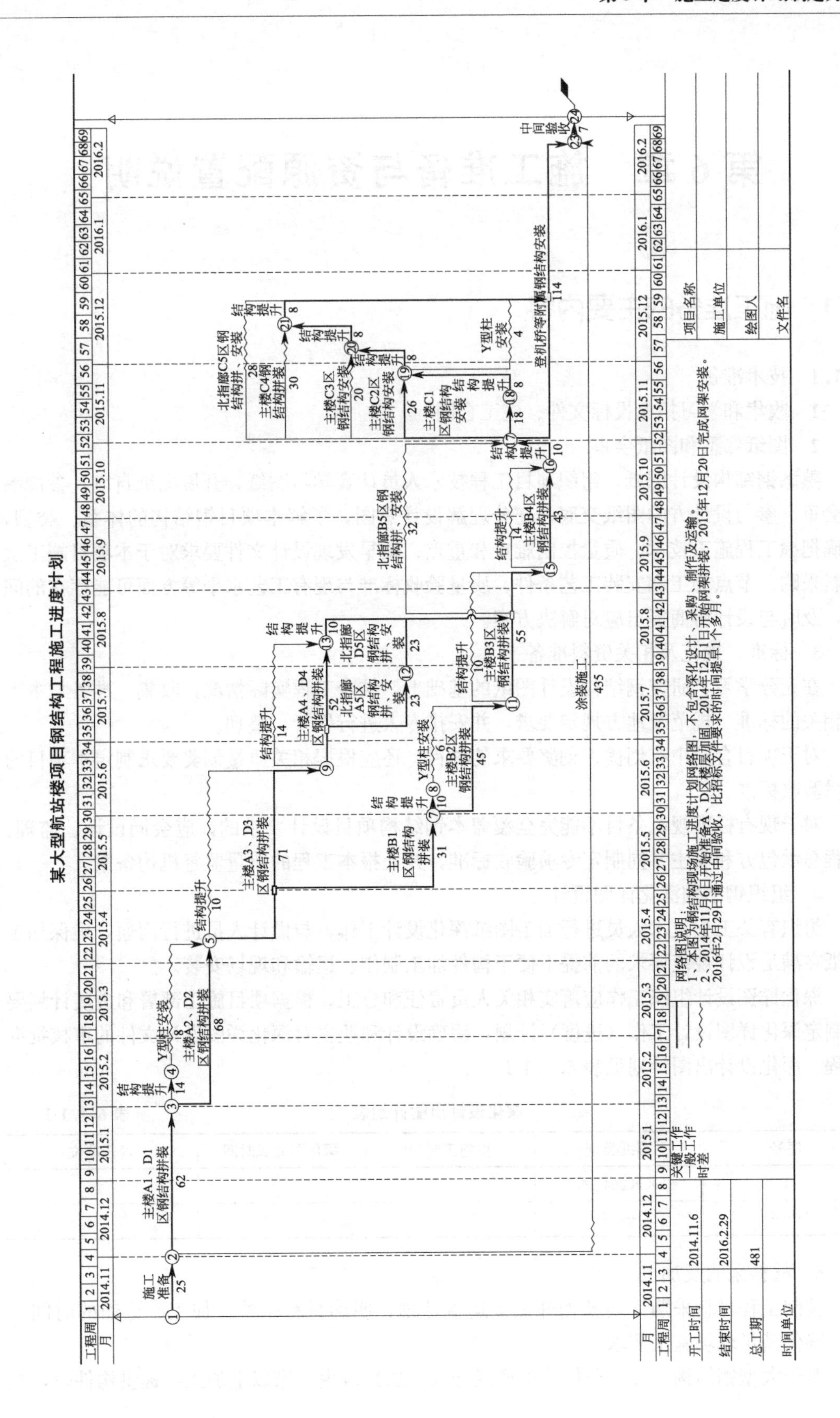
某大型航站楼项目钢结构工程施工进度计划
施工准备
主楼A1、D1区钢结构拼装
结构提升
Y型柱安装
主楼A2、D2区钢结构拼装
主楼A3、D3区钢结构拼装
主楼B1区钢结构拼装
主楼B2区钢结构拼装
主楼A4、D4区钢结构拼装
北指廊A5区钢结构拼、安装
北指廊D5区钢结构拼、安装
主楼B3区钢结构拼装
主楼B4区钢结构拼装
北指廊B5区钢结构拼、安装
主楼C1区钢结构安装
主楼C2区钢结构安装
主楼C3区钢结构安装
主楼C4钢结构拼装
北指廊C5区钢结构拼、安装
登机桥等附属钢结构安装
涂装施工
中间验收
关键工作
一般工作
时差
网络图说明
1、本图为钢结构现场施工进度计划网络图，不包含深化设计、采购、制作及运输。
2、2014年11月6日开始准备A、D区楼层加固，2014年12月1日开始网架拼装，2015年12月20日完成网架安装，2016年2月29日通过中间验收，比招标文件要求的时间提早1个多月。
开工时间
2014.11.6
结束时间
2016.2.29
总工期
481
时间单位
项目名称
施工单位
绘图人
文件名
工程周
月

第6章　施工准备与资源配置说明

6.1　施工准备的主要内容

6.1.1　技术准备

1　收集和学习招标投标文件、施工合同

2　图纸熟悉和图纸会审

熟悉钢结构设计图纸，组织项目工程技术人员认真学习图纸，开展图纸自审，参加图纸会审，参与设计方的图纸交底，充分理解设计意图，了解本项目钢结构的体系、类型，准确把握工程施工技术、质量控制难点和重点；提早发现设计文件要求对于本项目施工从材料采购、节点加工和安装工艺条件、质量验收标准与现有工艺水平等方面可能存在的问题，及时与设计协商提出应对解决方案。

3　标准、规范及相关资料准备

在充分学习、研究钢结构设计图纸的基础上，结合工程实际情况，收集、准备与本工程相关的标准、规范及地方规定要求，并安排专人进行保管、整理。

对于项目合同中有创优、创奖要求的项目，还应根据相关质量创奖要求制定本项目的质量验收标准。

对于现有标准规范条目不能完全覆盖本钢结构项目设计要求的，应会同设计、监理、工程总承包方和业主共同制定专项验收标准，并上报本工程的质量监督机构备案。

4　组织钢结构深化详图设计

组织有关工程技术人员进行加工图纸深化设计工作，与设计人员进行沟通，确保加工图纸在满足设计规范要求的前提下便于构件加工制作、运输和现场安装。

深化详图设计组织工作应落实相关人员责任和分工，根据项目施工部署和进度计划要求制定深化详图设计工作（进度）计划，明确设计和业主对深化详图设计文件的审核批准流程。深化设计出图计划见表6.1.1-1。

深化设计出图计划表　　**表6.1.1-1**

序号	图纸类别	拟施工时间	深化图完成时间	责任单位
1	××深化图			
……	……			

5　材料采购及加工

编制工程材料采购计划及构件加工运输计划，明确材料采购、加工、运输的时间要求，确保满足现场施工需求。

对于大型钢结构工程，分构件类型或分区（层）段由一家以上加工厂提供构件时，应

明确深化详图设计和质量标准以及质量保证技术资料内容格式的统一，细化构件进场计划。对于球节点、成品支座（含轴承、销轴）、铸钢节点、屈曲支撑、阻尼器、锚索夹具等零部件的采购，应注意在合同中明确设计技术参数要求、检验方法和质量验收标准。

6　检验试验计划编制

依据《钢结构工程施工质量验收标准》GB 50205的相关要求，针对本工程所需材料、成品零部件的规格、数量，编制材质复试（含监理见证取样）工作计划。

依据《钢结构焊接规范》GB 50661的相关要求，针对本工程所用钢材编制必要的焊接工艺评定工作计划。

编制按照设计、相关规范以及合同约定的要求检验试验工作计划，如节点承载力、滑动支座的摩擦系数、低温焊接工艺、涂料的相容性等。

7　钢结构施工方案编制

按照科学、合理、经济、适用的原则组织编制钢结构施工方案。复杂施工工艺或施工难度较大的施工部位还需编制专项施工方案，如大型构件的预拼装、多机抬吊、支撑体系的搭设和拆除、大跨度结构的分段或整体提（顶）升安装、滑移安装、钢结构受力状态的转换（由施工支撑受力状态到设计受力状态）—“卸载”等。应根据工程实际情况确定所需编制的专项方案，落实编制人员和完成时间计划。施工方案编制计划如表6.1.1-2所示。

施工方案编制计划表　　　　**表6.1.1-2**

序号	方案名称	方案类型	编制人	计划完成时间	备注
1					
……					

8　施工方案交底

向现场施工人员进行施工技术交底，把工程的设计内容、施工计划、施工方法和施工技术要求等，详尽地向施工人员讲解清楚。面向施工操作人员的技术交底书编制要简单、明了、有针对性。

9　施工设计及计算

针对施工过程中采取的施工方法和施工措施进行设计计算，例如支撑结构设计及验算、设备选型分析和吊装措施验算等。

6.1.2　现场准备

1　现场组织和平面布置

根据现场实际情况，按照构件材料和设备机具堆放场地合理，现场行驶道路平整、结实、畅通，设备作业位置科学合理，水源、电源位置距离合适的原则，对现场的道路、材料构件堆放和拼装场地、设备停放位置及材料和工具库房、电源位置等会同工程总包房共同进行平面布置规划，为钢结构进场施工做好准备。施工场地应办理移交手续，注明交接场地的具体情况，钢结构与土建结构穿插施工的，应注明插入施工的条件。

2　现场吊装施工作业安全隐患的消除与安全作业条件的建立

对于现场大型移动式起重机开行和吊装作业范围内的地下障碍物进行排查并加固处理（如原有地下管线管沟、基础施工后未经认真处理的泥浆坑、承载力不能满足起重设备安全作业要求的软弱填土层等）。

对于大型移动式起重机需在临近基坑边缘位置作业的，应对基坑支护措施允许的荷载情况进行核实，落实相应的加固措施。

对于吊装作业区域存在架空电线的，应予以移除。

对于吊装作业中可能发生现场多台吊机空中碰撞干涉的，应制定相应的防碰撞措施。

对于现场大型移动式起重机需在地下室顶板上方作业的，应对地下室顶板结构进行可靠回顶。

3 现场多工种、工序交叉作业的施工准备：

对于劲性钢筋混凝土结构，多、高层钢结构施工应在施工准备阶段与土建施工方就施工顺序流程、作业时间和作业空间区段及吊装机械的使用进行合理安排规划，避免立体交叉作业，避免钢结构夜间吊装施工。

4 测量及前置工序复核，例如：定位轴线检验、埋件或基坑质量、标高和中心线复核、几何尺寸和平整度复核等，做好施工工序交接。

5 城市内施工时，应了解现场周边道路对大型构件运输车辆的管理措施和规定，在施工准备阶段进行协调解决或制定相应解决措施。

6 临建设施准备

简述现场办公、生活及生产临时设施应达到的配置条件，食宿环境安全适宜，能保证水电使用，办公室及库房靠近施工现场，临建设施安排见表6.1.2。

临建设施表 **表6.1.2**

序号	临时设施	开始时间	完成时间	备注
1	办公、生活临建			
……	……			

6.2 资源配置的主要内容与原则

6.2.1 资源配置的原则

1 施工资源配置的前提是工程施工组织设计，根据工程施工内容、施工方法、施工工期等要求组织施工资源配置。

2 根据工程施工内容组织对人员、机械、材料进行有选择性的配置。

3 施工资源的配置需充分结合工程总量和工期要求，资源配置相对均衡，避免资源浪费，体现资源配置的经济性。

4 施工资源的配置需充分结合施工方法和现场实际，体现资源配置的科学性。

5 施工资源的配置需充分考虑所选资源的特性性能，满足施工需求，体现资源配置的适用性。

6 施工资源的配置需充分调研工程所在地的地域要求和市场情况，体现资源配置的合理性。

6.2.2 资源配置计划的编制方法

1 确定各分部分项工程的工程量；

2 套用国家、地方、企业定额，计算资源需求量；

3　根据施工进度计划安排，分解资源需求量；

4　汇总、整理，形成资源配置计划表。

6.2.3　劳动力配置计划

劳动力配置计划应按照项目工程量，依据施工总进度计划，参照预算定额或企业定额等有关资料确定，并绘制劳动力计划配置表。

6.2.4　材料配置计划

材料配置计划表见表 6.2.4-1。

材料配置计划表　　表 6.2.4-1

时间 / 工种	××××年				××××年					
	9 月	10 月	11 月	12 月	1 月	2 月	3 月	4 月	5 月	6 月
焊工										
……										
合　计										

根据施工图纸及施工进度计划确定工程材料、周转材料的计划用量及分批进场时间。

1　工程材料配置计划（表 6.2.4-2）

工程材料配置计划表　　表 6.2.4-2

序号	材料名称	部位	计划进场时间
1	预埋件	基础底板	
2	钢柱	地下三层	
3	钢梁	地下三层	
……	……		

2　辅助材料配置计划（表 6.2.4-3）

辅助材料配置计划表　　表 6.2.4-3

辅材名称	单位	辅材配置计划								
		2018 年			2019 年					
		10 月	11 月	12 月	1 月	2 月	3 月	4 月	5 月	6 月
焊条	t									
焊丝	t									
……										
合计										

3　周转材料配置计划（表 6.2.4-4）

周转材料配置计划表　　表 6.2.4-4

序号	材料名称	规格型号	数量	计划进场时间
1	拼装措施			
2	支撑措施			
3	安装操作平台			

续表

序号	材料名称	规格型号	数量	计划进场时间
4	水平安全网			
……	……			

6.2.5 施工机械设备配置计划（表 6.2.5）

施工机械设备配置计划表 **表 6.2.5**

序号	名称	规格型号	数量	用途	计划进出场时间
1	汽车式起重机				
2	二氧化碳焊机				
……	……				

6.2.6 计量检测器具配置计划（表 6.2.6）

计量检测器具配置计划表 **表 6.2.6**

序号	计量检测器具名称	型号规格	单位	数量	计划进场时间
1	超声波探伤仪				
2	漆膜仪				
……	……				

6.3 实际工程项目工程施工准备与资源配置示例

6.3.1 示例一：某办公楼项目 C 标段工程施工准备与资源配置示例

1 工程概况

本工程建筑面积 13.4 万 m^2，其中地上 9.3 万 m^2，地下 4.1 万 m^2，地上 12 层，檐高 63.3m，上部结构采用钢筋混凝土组合结构框架核心筒体系，标准层层高为 4.5m，入口大堂及空中大堂层层高为 7m 及 6.8m。

C 标段整体长 181m，宽 91m，结构高度 59.625m，C 标段钢结构为两个矩形，其东西对称、结构形式相同，结构主要由核心筒和框架结构组成。钢结构主要分为圆管柱、矩形柱、钢板剪力墙及钢梁。钢柱板厚度为 50mm、40mm、30mm，材质为 Q345GJC、Q345C；钢板墙板厚为 30mm，材质为 Q345C；钢梁主要最要钢板厚度为 48mm、32mm、28mm、25mm、20mm，材质为 Q345GJB、Q345B。见图 6.3.1-1、图 6.3.1-2。

2 施工准备与资源配置计划

（Ⅰ）施工准备

1） 施工准备

（1）组织深化人员根据结构蓝图进行钢结构深化图纸深化，结合构件制作工艺、运输条件、安装工况进行钢结构构件出图；

（2）深化建模完成后提取钢材需求计划，安排人员进行双定尺钢材的采购和工艺排

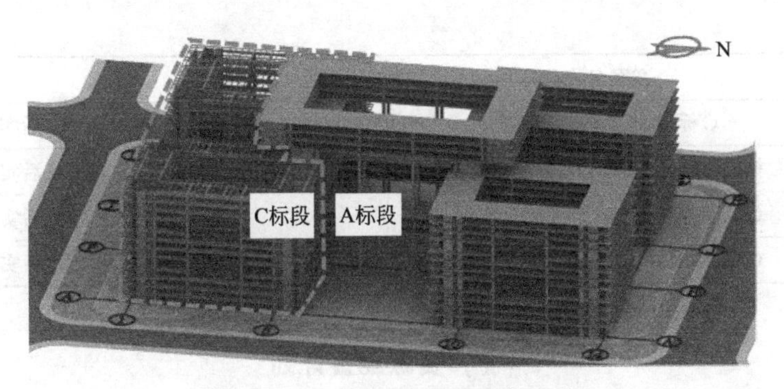

图 6.3.1-1 钢结构界面整体划分

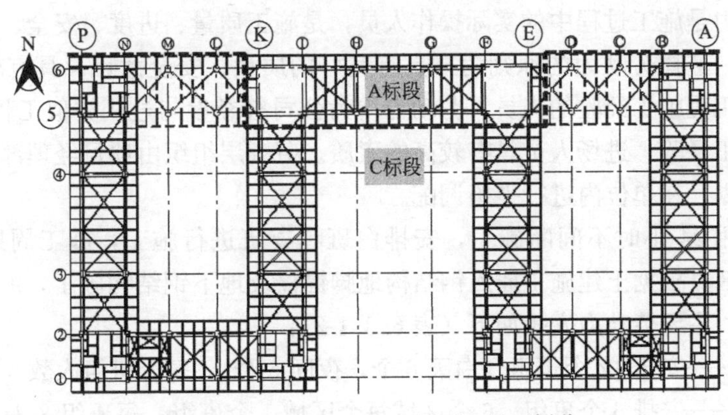

图 6.3.1-2 地上（F1～屋面）界面划分

版，进行钢构件加工前的准备工作；

（3）编制工艺策划书，进行制作工艺的评审；

（4）编制现场安装防护措施计划书，进行现场钢结构安装的安全标准化防护的制作加工；

（5）及时进行设计交底及图纸预审和会审；

（6）编制现场切实可行的钢结构专项施工方案（表 6.3.1-1）。

钢结构专项施工方案表 **表 6.3.1-1**

方案编号	方案名称	评审
FA-001	C标段钢结构施工方案	总包、监理审核审批后实施
FA-002	C标段钢结构加工制作方案	总包、监理审核审批后实施
FA-003	C标段钢结构锚栓施工方案	总包、监理审核审批后实施
FA-004	C标段钢结构安全防护专项方案	总包、监理审核审批后实施
FA-005	C标段吊装专项方案	总包、监理审核审批后实施
FA-006	C标段焊接专项方案	总包、监理审核审批后实施
FA-007	C标段焊接工艺评定专项方案	总包、监理审核审批后实施
FA-008	C标段临时用电施工方案	总包、监理审核审批后实施
FA-009	C标段钢结构测量施工专项方案	总包、监理审核审批后实施

续表

方案编号	方案名称	评审
FA-010	C标段钢结构质量计划	总包、监理审核审批后实施
FA-011	C标段钢结构特殊季节施工专项方案	总包、监理审核审批后实施
FA-012	C标段钢结构二次灌浆施工方案	总包、监理审核审批后实施
FA-013	C标段钢结构防火涂料施工方案	总包、监理审核审批后实施

（Ⅱ）资源配置计划

2） 劳动力投入计划

施工劳动力是施工过程中的实际操作人员，是施工质量、进度、安全、文明施工的最直接的保证者。选择劳动力的原则为：具有良好的质量、安全意识；具有较高的技术等级；具有类似工程施工经验的人员。劳动力均为公司曾经参与过相类似工程的施工人员，具有丰富的施工经验，进场人员具有较高的素质。劳务层组织由项目经理部根据项目部的每月劳动力计划，在单位内进行平衡调配。

本工程采用24小时不间断施工，安排白班和夜班进行施工，施工周期主要集中在7～12月，7～8月根据土建施工插入钢结构地脚锚栓及地下钢结构施工，9～12月开始地上钢结构施工。主要劳动力安排如下（表6.3.1-2）：

（1）吊装——安排12个班组（白天6个，夜间6个），每个班组人数6人，共72人；

（2）测量——安排6个班组，6个区域每个区域1个班组，每班组8人（夜班只负责校正），共48人；

（3）焊工——白班投入80人，夜间投入80人，共160人；

（4）安防——投入30人进行安防措施的搭设及现场文明施工；

（5）高强螺栓——施工班组投入40人；

（6）钢筋桁架板——铺设投入72人；

（7）卸车——投入20人；

（8）电工——4人；

（9）涂装工——20人。

现场施工拟投入劳动力统计表 **表6.3.1-2**

高峰期劳动力投入	吊装	测量	焊接	压型钢板	安防	汽车式起重机倒运卸车	高强螺栓	电工	涂装	劳务管理人员	总人数
	72	48	160	72	30	20	40	4	20	10	476

3） 主要设备资源投入计划

机械设备投入计划是机械管理的重要环节，合理的供应计划是保证施工生产顺利进行的保障之一。本工程机械设备投入计划是根据施工进度计划、施工段划分、施工工艺以及本公司多年类似工程施工经验和现有可调配机械编制而成的。

（1）主要吊装设备（表6.3.1-3）

主要吊装设备表 **表 6.3.1-3**

序号	机械设备名称	投入数量	规格型号	用途
1	塔式起重机	2	L800 型动臂塔式起重机(50m)	钢结构吊装、卸车
2	塔式起重机	1	TCR6055 型动臂塔式起重机(50m)	钢结构吊装、卸车
3	塔式起重机	1	L500 型动臂塔式起重机(50m)	钢结构吊装、卸车
4	塔式起重机	2	D800 型平臂塔式起重机	钢结构吊装、卸车
5	汽车式起重机	2	150t	地上钢结构卸车
6	汽车式起重机	1	100t	场外堆场钢结构倒运
7	汽车式起重机	2	50t	场外堆场钢结构倒运
8	板车	2	13m	钢构件倒运

(2) 主要焊接设备(表 6.3.1-4)

主要焊接设备表 **表 6.3.1-4**

序号	机械或设备名称	型号规格	数量	产地	备注
1	二氧化碳焊机	NBC-500	80 台	中国	自备
2	手工焊机	ZX7-500	20 台	中国	自备
3	焊缝量规	/	10 把	中国	自备
4	电焊条烘箱	HF72-YCH-200	4 台	中国	自备
5	电热焊条保温筒	TRB 系列(5kg)	4 个	中国	自备
6	气割设备		20 套	中国	自备
7	空压机	$3m^3$	12 台	中国	自备
8	碳弧气刨	ZX7-800	20 台	中国	自备
9	红外线测温仪	/	16 个	中国	自备
10	超声波探伤仪	/	6 台	中国	自备
11	熔焊栓钉机	SS-250	8 台	中国	自备

(3) 主要测量设备(表 6.3.1-5)

主要测量设备表 **表 6.3.1-5**

序号	设备名称	拟投入数量	规格型号	精度	用途
1	全站仪	6	托普康 GTS-601/OP	0.5″/1mm+2ppm	钢结构测量
2	精密经纬仪	6	J2	/	钢结构测量
3	精密水准仪	4	拓普康 AT-G2	0.3mm/km 读数精度 0.1mm 估读至 0.01mm	水平标高钢结构测量
4	激光铅直仪	4	J2JD	/	钢结构测量
5	手持式激光测距仪	2	/	/	钢结构测量
6	磁力线坠	10	/	0.25kg	钢结构测量
7	反射接收靶	10	100×100	/	接收反射点
8	塔尺	4	苏一光	5m/3m	钢结构测量

续表

序号	设备名称	拟投入数量	规格型号	精度	用途
9	卷尺	20	7.5m	/	钢结构测量
10	游标卡尺	2	0～200		钢结构检测
11	塞尺	10	0.02～0.50		钢结构检测
12	万能角度尺	2	0～320		钢结构检测
13	直角尺	2	150×300		钢结构检测

（4）钢结构安装其他小型设备及物资（表 6.3.1-6）

其他小型设备及物资表 **表 6.3.1-6**

序号	机械设备名称	拟投入数量	规格型号	用途
1	等离子切割机	4	/	钢筋桁架板切割
2	高强螺栓枪	20	/	高强螺栓施工
3	角向磨光机	20	ϕ100	焊缝打磨
4	摇臂式钻孔机	2	Z3080	开孔
5	风速测定仪	10		风速测量
6	半自动切割机	2	CG1-30	措施板材切割
7	对讲机	50	MOTORALA	钢结构安装指挥
8	电动扳手	10	/	螺栓安装
9	手动扳手	20	/	钢结构安装、校正
10	套筒扳手	10	/	钢结构安装、校正
11	扭矩扳手	10	NBS60D	高强螺栓施工
12	螺旋千斤顶	20/20/10/10	8t/16t/20t/40t	钢结构安装、校正
13	加长捯链	20/30/10/10	3t/5t/20t/20t	钢结构安装、校正
14	卡环	30/30	10t//20t	钢结构吊装
15	喷涂机	2	6C	油漆补涂
16	干漆膜测厚仪	6	A-3410	钢结构检测
17	放大镜	10	/	钢结构焊缝检测
18	测力扳手	3	/	钢结构检测
19	轴力计	5	RMZL-40	钢结构检测
20	红外线测温仪	30		钢结构检测
21	超声波探伤仪	2	CTS-2000PLUS	钢结构检测
22	钢丝绳	100m/150m/100m/150m	ϕ21.5/ϕ17.5、ϕ15/ϕ13	钢结构吊装

（5）钢结构安全物资投入计划（表 6.3.1-7）

安全物资投入计划表 **表 6.3.1-7**

序号	材料名称	规格	需求数量
1	外框操作平台	截面 1.5×1.5	32 个
2	核心筒操作平台	截面 1.4×1.4	12 个

续表

序号	材料名称	规格	需求数量
3	核心筒操作平台	截面 1.4×1.0	6个
4	核心筒操作平台	截面 1.4×0.7	6个
5	核心筒操作平台	截面 1.1×0.7	18个
6	核心筒操作平台	截面 0.7×0.7	18个
7	水平通道	/	200部
8	直爬梯	/	600部
9	安全立杆	/	3000根
10	下挂网夹具	/	6400个
11	挂篮	/	20个
12	钢斜梯	6.5m	2个
13	钢斜梯	4.5m	6个

6.3.2 示例二：某铁路站房工程施工准备与资源配置示例

1 工程概况

本工程建筑面总建筑面积47.2万m^2，一标段建筑面积224109m^2（地上178941m^2、地下45168m^2），共5层，其中地上3层，地下2层，南北长度606m，东西长度356m。

主要工程内容及数量见表6.3.2-1。

工程内容表 **表6.3.2-1**

项目	部位	用量	单位	备注
钢结构	承轨层以下劲性结构	43911	t	图纸不全，工程量暂估
	高架层钢结构	6147	t	
	屋盖钢结构	10965	t	
	雨棚钢结构	11392	t	
防火涂料		213160	m^2	
钢筋桁架楼承板		23000	m^2	

根据设计图纸（图6.3.2-1、图6.3.2-2），承轨层以下结构分为A、B、C、D、E共5个区；屋盖（含高架层）、雨棚分为B1、B2、B3共3个区。

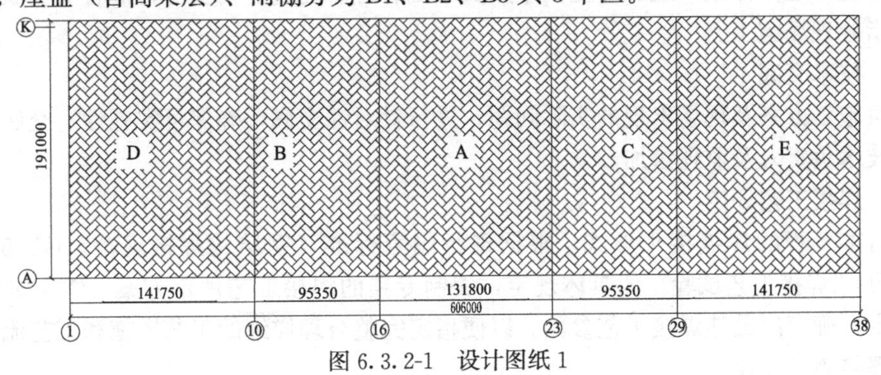

图6.3.2-1 设计图纸1

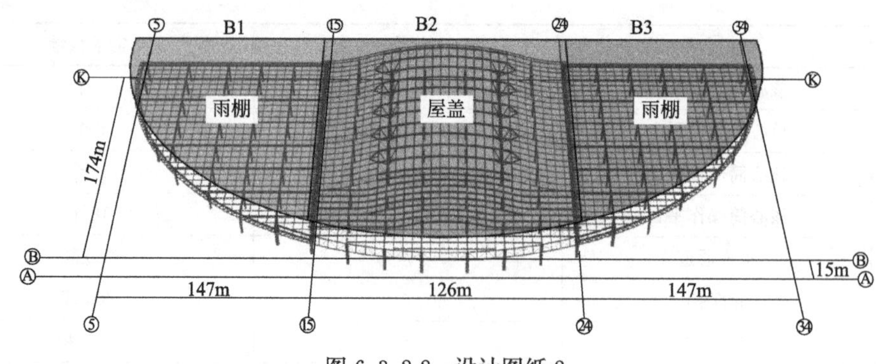

图 6.3.2-2 设计图纸 2

2 施工准备与资源配置计划

（Ⅰ）施工准备

1）技术准备

（1）图纸熟悉和图纸会审

技术人员熟悉图纸及相关规范，参加图纸会审，并做好施工现场调查记录，尤其是设计院交底，充分理解设计意图，严格遵守图纸设计。在图纸设计的基础上尽可能地优化施工方案，其程序为：

①由项目总工程师组织有关人员认真学习图纸，并进行图纸自审、会审工作，以便正确无误地施工。

②通过学习，熟悉图纸内容，了解设计要求施工所应达到的技术标准，明确工艺流程。

③进行自审，组织各工种的施工管理人员对本工种的有关图纸进行审查，掌握和了解图纸中的细节。

④参加图纸会审，由设计方进行交底，理解设计意图及施工质量标准，准确掌握设计图纸中的细节。

（2）规范、规程和有关资料准备

根据本工程的实际情况，收集、准备相关的规范、规程和有关资料，并安排专人进行保管、整理。

（3）编制专项施工方案

根据施工总体方案，组织专业技术人员编制合理、先进、切实可行的各类专项施工方案，以指导现场施工。

（4）技术交底

针对施工方案及现场出现的实际问题，进行针对性交底，确保可实施性。交底要求劳务单位技术负责人及监理参加。

（5）焊接工艺评定

针对本工程的焊缝接头形式，根据现行国家标准《钢结构焊接规范》GB 50661—2011 关于“焊接工艺试验”的具体规定，编制专项的焊接工艺评定方案，组织进行焊接工艺评定，确定出最佳焊接工艺参数。以便指定完整合理详细的工艺措施和工艺流程，指导现场焊接施工作业。

(6) 轴线的交接及复测

对提供的定位轴线，会同建设单位、监理单位及其他有关单位一起对定位轴线进行交接检验，做好记录，对定位轴线进行标记，并做好保护工作。

根据提供的控制点（二级以上），用全站仪进行闭合测量，并将控制点测设到附近建筑物不易损坏的地方，也可测设到建筑物内部，但要保持视线畅通，同时应加以保护。

复测完成后，测放相应钢柱的轴线位置与标高及钢柱和钢梁定位轴线和定位标高。

2）现场准备

(1) 构件进场验收

钢构件、材料验收的主要目的是清点构件的数量并将可能存在部分少量损坏的构件在地面进行处理，使得存在质量问题的构件不进入安装流程。

钢构件进场后，按货运单检查所到构件的数量及编号是否相符，发现问题应及时在回单上说明并反馈制作工厂，以便工厂更换补齐构件。

按设计图纸、规范及制作厂质检报告单，对构件的质量进行验收检查，做好检查记录。

为使不合格构件能在厂内及时修改，确保施工进度，也可直接进厂检查。检查用计量器具和标准应事先统一，经核对无误，并对构件质量检查合格后，方可确认签字，并做好检查记录。

现场构件验收主要是焊缝质量、构件外观和尺寸检查，质量控制重点在构件制作。

(2) 构件堆放

构件堆放按照钢柱、钢梁及其他构件分类进行堆放。

构件堆放时按照便于安装的顺序进行堆放，根据本工程构件特点，施工现场合理规划钢构件堆放场地，确保钢梁与钢柱均采用单层堆放。

构件堆放时一定注意把构件编号或者标识露在外面或者便于查看的方向。

所有构件堆放场地均按现场实际情况进行安排，按规范规定进行平整和支垫，不得直接置于地上，要垫高200mm以上，以便减少构件堆放变形；钢构件堆放场地按照施工区作业进展情况进行分阶段布置调整。

每堆构件与构件处，应留一定距离，供构件预检及装卸操作用，每隔一定堆数，还应留出装卸机械翻堆用的空地。

构件堆场应尽量靠近现场拼装场地，以便于满足现场拼装、倒运的需要。

3）大型机械设备的准备

(1) 施工过程中使用到的大型机械设备有25t汽车式起重机、50t汽车式起重机、130t汽车式起重机、80t履带式起重机、260t履带式起重机等，需合理安排进场顺序。

(2) 项目部将制定各种机械设备的调试、维护与保养计划。机械设备进场后，对各种机械设备进行调试、验收及养护，以保证机械设备的正常运转，同时在施工过程中根据机械设备的使用情况定期对设备进行维护和保养。

4）临水临电准备

按照施工进度计划，向总包上报工程各阶段主要用电设备数量、总用电量及用水需求，确报水电引入工程满足现场施工要求。

5）安装辅助材料的准备

本工程钢结构连接主要为焊接，主材为焊接材料、油漆等，所有的结构用材，都必须在材料进场前做好必要的材料复验和技术参数确认工作。钢结构安装工程辅材为氧气、乙炔、临时连接螺栓、动力用料、安全维护设施及吊装索具等。

(1) 氧气、乙炔准备：氧气、乙炔或者丙烷、液化石油气是工厂和现场气割的必须材料，由于本工程中钢梁及钢柱较长，超过一般道路的运输范围，因此可以在工厂进行分段，在现场进行拼装工作。根据总体的钢结构工作量分析和进料计划，需要一定的气割材料，因此在钢结构进场前应该根据供应情况，确定质量优良，供货有保障的供应商，确保整个工程的施工质量和进度。

(2) 动力用料准备：动力用料主要是指所采用的各类安装设备的燃料和维护用料，将有专职的机械员配合材料部门做好设备用料的采购，确保机械设备的完好率，确保整个工程的进度。

(3) 安全维护设施准备：安全维护主要包括操作平台、爬梯、安全脚手架，安全维护网，安全警戒线等，将根据现场实际施工的需要和安装施工措施的要求，确定用量，按统一的行业标准进行准备和采购。

(4) 吊索具准备：根据各个主要吊装的工艺，确定吊索具的规格和数量，在吊装设备进场前做好准备，严格按照安装审核制度，对吊索具进行检查，确保吊装的安全。

(Ⅱ) 资源配置计划

6) 主要机械设备使用计划（表 6.3.2-2）

机械设备计划表 **表 6.3.2-2**

机械设备	型号	数量	备注
塔式起重机	STT2200	4	A 区全部，B 区、C 区部分(15 轴-24 轴)吊装
履带式起重机	260t	5	塔式起重机覆盖范围外劲型结构吊装；雨棚区域喂料
汽车式起重机	150t	1	E 区劲型结构吊装
汽车式起重机	25t	4	地下施工配合；高架层房中房结构吊装，预计 30 天
汽车式起重机	50t	4	雨棚及屋盖吊装、拼装
汽车式起重机	130t	4	雨棚吊装
履带式起重机	80t	4	堆场内装卸料；履带式起重机安拆
平板车	13m	5(8)	倒料
垂直升降车	15m	6	防火涂料施工
举人车	25m	12	防火涂料施工

7) 主要施工器具使用计划（表 6.3.2-3）

施工器具计划表 **表 6.3.2-3**

机械设备名称	型号规格	数量	额定功率(kW)	生产能力
交直流电焊机	ZX-400	120	14.4kW	良好
二氧化碳焊机	OTC-XD600G	10	36kW	良好
空气压缩机	YJ600WS	10	3.3kW	良好

续表

机械设备名称	型号规格	数量	额定功率(kW)	生产能力
碳弧气刨	/	6	18.4kW	良好
高强螺栓枪	TONE	6	0.75kW	良好
电焊条烘箱	YGCH-X-400	3	6kW	良好
熔焊栓钉机	SS-250	2	80kW	良好
角向磨光机	Φ150	10	0.75kW	良好
半自动切割机	CG1-30	2	1kW	良好
对讲机	/	60	/	良好
手拉葫芦	5t/10t/20t	50/30/12	/	良好
超声波探伤仪	CTS-22	2	/	良好
全站仪	Leica TC2003	2	/	良好
经纬仪	TDG2E	4	/	良好
电子水准仪	ZeissDini10	4	/	良好

8）主要施工措施材料投入计划（表6.3.2-4）

材料投入计划表 **表6.3.2-4**

措施项	截面(mm)	材质	用量	单位	用途	备注
定位套架	L90×10	Q235	6.144	t	支撑、定位柱脚地脚锚栓	
	L80×10	Q235	41.988	t		
	L80×6	Q235	79.44	t		
	20mm钢板	Q345	4.608	t		
拼装胎架	H300×300×10×15	Q345	23.43	t	钢梁拼装	初步核算总量
光谷栈桥	HN650×300×11×17	Q345	4.62	t	光谷区域首层楼板加固,用作运输通道	
	HN400×200×8×13	Q345	416.128	t		
	20mm钢板	Q345	1321.1	t		
钢栈桥	□300×300×14×14	Q345	785.85	t	用于机械上13.85m楼板	2个钢栈桥总用量
	20mm钢板	Q345	332.81			
支承架	2m×2m公司标准	Q345	302.16	t	劲性结构、高架层及屋盖梁分段吊装支撑用	
转换梁	H300×300×10×15	Q345	120	t	支承架下部受力转换	
支承架连系梁	H300×300×10×15	Q345	118.39	t	临时支承结构间联系拉梁	
钢板	20mm	Q345	190.5	t	地面机械行走路面铺设	
构件堆场硬化	20cm碎石、钢渣		13000	m^2	我方高峰堆场用量	
临时堆场硬化	20cm碎石		3000	m^2	A区外侧塔式起重机临时堆场	
土体处理	25cm钢板,宽2m		517.315	t	履带式起重机下基坑吊装,原状土压实后铺设钢板	

9）劳动力使用计划（表6.3.2-5）

劳动力计划表　　表 6.3.2-5

劳动力使用计划(考虑标准台班,两班倒)										
工种	2019年									2020年
	3月	4月	5月	6月	7月	8月	9月	10月	11月	12月	1月
信号工		46	48	48	24	24	60	60	68	68	5
安装工		150	160	160	64	64	236	236	260	260	20
校正工		72	80	80	32	32	160	160	160	160	10
测量工		6	6	6	6	6	9	9	9	9	2
架子安防工		36	40	40	16	16	80	80	80	80	
焊工		84	151	151	50	78	90	66	66	66	10
探伤工		4	4	4	4	4	4	4	4	4	1
电工		3	3	3	3	3	3	3	3	3	1
压板工									16	16	
涂装工								24	42	42	40
普工		28	30	30	18	18	53	53	53	53	20
总计		429	522	522	217	245	695	695	761	761	109

6.3.3 示例三：某机场航站楼工程施工准备与资源配置示例

1 工程概况

T1航站楼钢结构主要由网架及下部支撑钢管柱组成，总用钢量约2.6万t。其中钢管柱共164根，网架平面投影面积约17.85万m^2。钢管柱分为变截面柱和等截面柱两类，变截面柱共146根，最大截面尺寸为Φ1200～2200～1000×55；等截面柱18根，最大截面尺寸为Φ2300×55。网架采用标准高度为4m的正放四角锥焊接球网架，局部通过抽空杆件形成三条折板空腹天窗带。大厅与指廊的网架间通过300mm的防震缝隔开，形成四个基本独立的结构单元。见图6.3.3-1、图6.3.3-2。

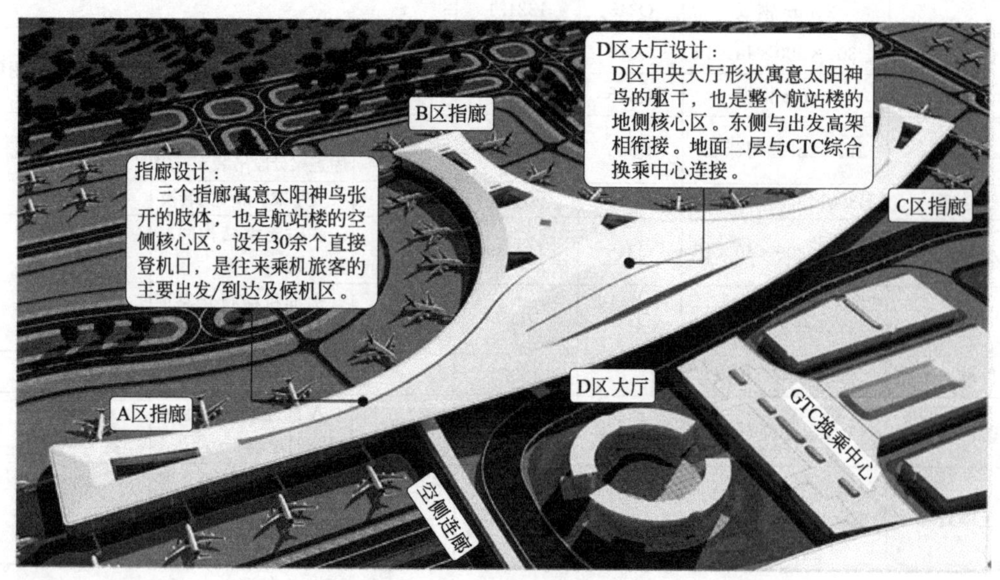

图 6.3.3-1　T1航站楼建筑效果图

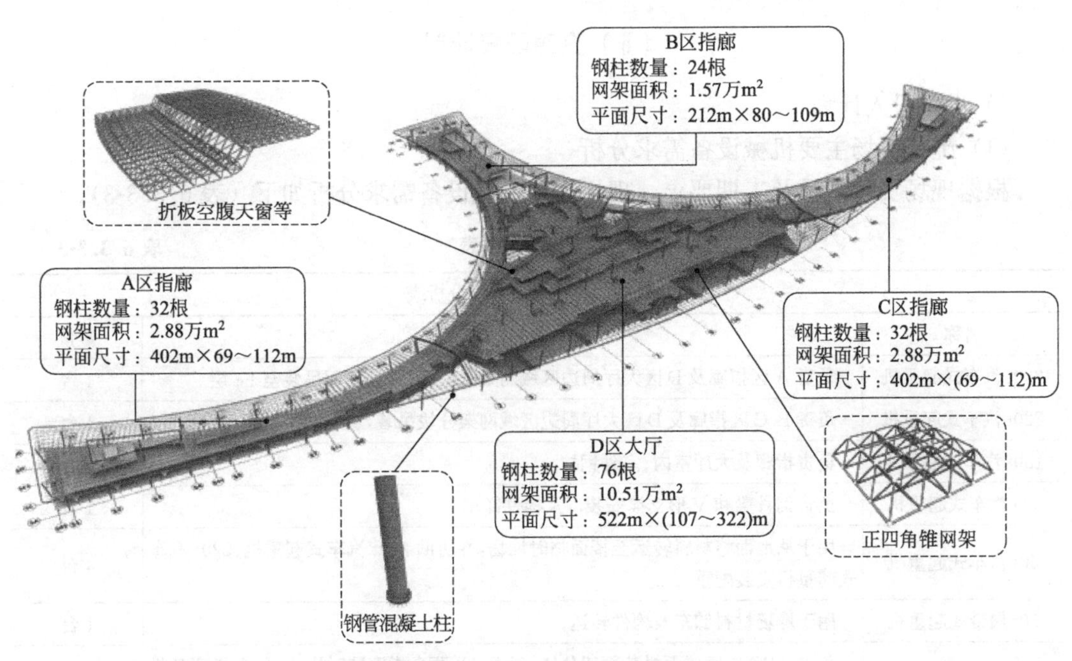

图 6.3.3-2　T1 航站楼钢结构图

2　施工准备和主要资源配置计划

（Ⅰ）施工准备

1）现场准备（表 6.3.3-1）

现场准备项　　　　表 6.3.3-1

序号	名称	内容
1	施工机械准备	为生产机械设备提供进场条件；对进场的机械设备进行检修和调试；组织大型机械设备进场；大型设备基础施工
2	建立测量控制网	与总包单位交接轴线控制点和标高基准点，测放预埋定位轴线和定位标高。建立钢结构测量控制网：根据总包单位移交的测量控制点，在工程施工前引测控制点，布设钢结构测量控制网，将各控制点做成永久性的坐标桩和水平基准点桩，并采取保护措施，以防破坏。根据总包单位提供的基准点，测放钢结构基准线和轴线的标高控制点
3	场地准备	进入现场之后，做好地面的硬化及堆场的规划工作，严格按照部署及总包业主要求布置堆场，拼装场地

2）资源准备（表 6.3.3-2）

资源准备项　　　　表 6.3.3-2

序号	名称	内容
1	劳动力准备	制定劳动力进场计划；选择类似工程施工经验的施工班组；选择经验丰富的管理人员
2	物资准备	编制物资材料总体需用计划；编制物资材料进场计划；确定物资材料供应商；明确物资堆放场地及仓库；督促各种物资进场
3	机械设备准备	大型设备安装方案编制；大型设备基础施工；制定机械设备进场计划；制定机械设备维护及使用计划

（Ⅱ）资源配置计划

3）设备投入计划

（1）施工现场主要机械设备需求分析

根据现场实际情况及工期要求，现场主要机械设备需求分析如下（表 6.3.3-3）。

设备投入需求表　　表 6.3.3-3

现场施工机械设备需求分析表		
名称	用途分析	数量
260t 汽车式起重机	负责 A 区指廊及 D 区大厅周边区域网架分块吊装，从地面吊装至 F4 层	1 台
220t 汽车式起重机	负责 B、C 区指廊及 D 区大厅周边区域网架分块吊装，从地面吊装至 F3 层	1 台
150t 汽车式起重机	负责指廊及大厅室内、室外钢柱	1 台
70t 汽车式起重机	负责钢骨梁和 V 形支撑安装以及构件卸车	1 台
50t 汽车式起重机	用于从地面将材料转运至楼面临时堆场，并协助 260t 汽车式起重机、220t 汽车式起重机安装配重	4 台
50t 履带式起重机	用于堆场材料卸车及构件转运	1 台
16t 汽车式起重机	负责 ABC 指廊楼面拼装网架分块，考虑 AB 两个指廊同时施工，每个指廊各投入 2 台	4 台
25t 汽车式起重机	其中 6 台负责 D 大厅拼装网架分块，6 台负责 ABC 指廊在地面拼装网架提升分块，4 台负责卸车及补杆等吊装作业	16 台
20t 平板车	4 台平板车负责将散件构件运至安装作业区附近，以便进行吊装单元的拼装	4 台
10t 叉车	主要负责楼板上网架拼装区域构件转运	2 台
5t 叉车	主要负责楼板上网架拼装区域构件转运	2 台

（2）投入本标段的主要设备（表 6.3.3-4）

设备投入表　　表 6.3.3-4

序号	设备名称	型号规格	数量	国别产地	制造年份	额定功率(kW)	生产能力	用于施工部位	备注
1	汽车式起重机	SAC2600	1 台	中国	2013	/	260t	网架吊装	租赁
2	汽车式起重机	QY220V	1 台	中国	2013	/	220t	网架吊装	租赁
3	汽车式起重机	QY25K-1	16 台	中国	2012	/	25t	网架拼装	租赁
4	汽车式起重机	QY150V	1 台	中国	2013	/	150t	钢柱吊装	租赁
5	汽车式起重机	QY70V	1 台	中国	2013	/	70t	钢柱 V 撑	租赁
6	汽车式起重机	QY50V	4 台	中国	2014	/	50t	构件中转	租赁
7	履带式起重机	SCC500C	1 台	中国	2009		50t	构件中转	租赁
8	平板车	/	4 台	中国	2013	/	20t	构件中转	租赁
9	叉车	A100	2 台	中国	2015	/	10t	网架	租赁
10	叉车	R50	2 台	中国	2015	/	5t	网架	租赁
11	直流电焊机	ZX7-400	10 台	中国	2013	18.4kW	/	次要构件	自有
12	二氧化碳焊机	CPXS-600	50 台	中国	2014	36kW	/	网架及钢柱	自有
13	砂轮切割机	400 型	4 台	中国	2015	2.0kW	/	/	自有

续表

序号	设备名称	型号规格	数量	国别产地	制造年份	额定功率(kW)	生产能力	用于施工部位	备注
14	空气压缩机	YJ600WS	6台	中国	2015	3.3kW	/	/	自有
15	角向磨光机	Φ100	30台	中国	2015	0.75kW	/	/	自有
16	半自动切割机	CG1-30	1台	中国	2014	1kW	/	/	自有
17	涂料喷枪	SLTZ050	2台	中国	2014	/	/	/	自有
18	电焊条烘箱	YGCH-X-400	10台	中国	2014	9kW	/	/	自有
19	焊条保温筒	TRB	10台	中国	2015	/	/	/	自有
20	碳弧气刨枪	TH-10	10把	中国	2015	/	/	/	自有
21	气割枪	CG1-30K	20把	中国	2015	/	/	/	自有
22	卷扬机	JM5	6台	中国	2016	/	5t	/	自有
23	卷扬机	JM2	6台	中国	2016	/	2t	/	自有
24	倒链	25t	10个	中国	2016	/	25t	/	自有
25	倒链	20t	12个	中国	2016	/	20t	/	自有
26	倒链	10t	20个	中国	2016	/	10t	/	自有
27	倒链	5t	20个	中国	2016	/	5t	/	自有
28	液压提升器	TLJ-2000	61个	中国	2015	/	200t	网架提升	自有
29	液压提升器	TLJ-600	24个	中国	2015	/	60t	网架提升	自有
30	液压泵源系统	TL-HPS-60	6台	中国	2015	60kW	/	网架提升	自有
31	同步控制系统	TLC-1.3	2套	中国	2015	/	/	网架提升	自有

（3）拟配备本标段的试验和检测仪器设备表（表6.3.3-5）

试验和检测仪器设备表 **表6.3.3-5**

序号	仪器设备名称	型号规格	数量	国别产地	制造年份	已使用台时数	用途	备注
1	全站仪	索佳SET250RK	4	中国	2015	/	现场测量	自有
2	全站仪	索佳SET1130R3	2	中国	2015	/	现场测量	自有
3	水准仪	索佳B20	10	中国	2015	/	现场测量	自有
4	激光铅直仪	JDA95	5	中国	2015	/	现场测量	自有
5	激光测距仪	PD40	5	中国	2014	/	现场测量	自有
6	钢卷尺	50m	50	中国	2013	/	现场测量	自有
7	超声波探伤仪	CTS2000PLUS	6	中国	2015	/	焊缝检测	自有
8	数字式测温仪	HY-302	5	中国	2015	/	焊接测温	自有
9	漆膜测厚仪	9C	5	中国	2015	/	构件验收	自有
10	焊接量规	HJC60	5	中国	2015	/	焊缝验收	自有
11	塞尺	0.02-0.5	10	中国	2015	/	构件验收	自有
12	游标卡尺	0-200	10	中国	2015	/	构件验收	自有
13	对讲机	健伍	40	中国	2015	/	现场安装	自有

（4）设备投入保证措施

机械设备投入计划是机械管理的重要环节，良好的设备投入保证措施是施工顺利进行的有力保障。

①现场所投入的大型机械设备中大部分属租用较新设备，租用时需经设备人员检查，确保性能优良，安全可靠。

②所有起重机均采用足够的吊运重量和吊运距离，除满足安全使用规范外，还对起重机本身的材料强度进行必要的疲劳检测，使其安全可靠，性能优良稳定，确保施工期间能长时间使用都不会出现较大的机械故障和安全隐患。

③实行人机固定，要求操作人员必须遵守安全操作规程，积极为施工服务。降低消耗，将机械的使用效益与操作人员的经济利益联系起来。

④遵守技术试验规定，凡进入现场的施工机械设备，必须测定其技术性能、工作性能和安全性能，确认合格后才能验收。

⑤为施工机械使用创造良好的现场环境，如交通、照明设施、施工平面布置等要适合机械作业要求。加强机械设备的安全作业，作业前必须向操作人员进行安全操作交底，严禁违章作业和机械带病作业。

⑥由操作人员每日班前、工作中和工作后进行例行保养，防止有问题的施工设备继续使用，并及时维修，同时对一些小型机具设有备用机械，确保现场施工的顺利进行。

（5）劳动力投入计划

本工程体量大、质量要求高，为了按期保质完成本工程，项目部配备施工经验丰富、组织能力强的项目班子，高效充足的施工力量作为保证，项目管理人员、专业技术人员由有同类工程施工经验的人员担任。高峰期 535 人，需要由总包提供 8 人间宿舍 67 间。劳动力计划如表 6.3.3-6 所示。

劳动力计划表 **表 6.3.3-6**

工种	按工程施工阶段投入劳动力情况						
	2018年2月	2018年3月～12月	2019年1月	2019年2月～5月	2019年6月	2019年7月	2019年8月
焊工	2	12	34	120	72	24	0
起重工	0	6	17	58	34	12	0
铆工	0	6	17	58	34	12	0
安装工	0	6	17	58	34	12	0
测量工	2	3	7	22	14	5	2
架子工	0	4	14	48	24	10	0
电工	2	4	5	12	7	3	0
普工	6	12	34	96	60	24	2
司机	0	4	14	36	24	8	0
涂装工	0	4	12	19	19	16	2
安全员	1	2	5	10	7	2	1
总计	13	63	175	535	329	128	7

第7章　钢结构施工方法与技术说明原则

钢结构施工方法与技术是施工组织设计的核心内容，一般应包括钢结构材料的检测与管理、加工工艺方案、现场安装方案、焊接工艺方案以及相关检测、监测、检验方案等内容，其中焊接工艺方案可独立成章，也可分别在加工方案和现场安装方案中说明。

7.1　钢结构材料检验与管理

7.1.1　钢结构材料检验与管理的主要内容

钢结构用材料主要包括：主体结构用钢材，铸钢件等节点材料，焊接材料，连接用紧固件材料，钢拉索、锚具、销轴等材料，金属压型板等围护结构材料及防腐防火涂装材料等。施工组织设计中应对钢结构用材料进行分析，给出具体采购方案和采购计划，同时，还应编制材料入场检验和管理要求。

7.1.2　钢结构材料检验与管理的编制原则

钢结构用材料检验与验收是钢结构施工组织设计中材料章节的重要内容，国家相关标准、规范均有具体规定，有些地方政府也根据当地实际情况制定了具体要求，因此，需对所有规定全面了解后制订工程的钢材验收要求。材料检验应符合以下原则：

1　国家现行钢结构施工验收标准及施工技术标准对不同安全等级、应用于不同部位的不同材料，分别有相关复验内容和复验抽样比例要求，施工组织设计应根据工程建筑等级、材料种类和规格，列出需要复验的材料种类、规格及取样原则；

2　政府相关部门规定的检测，应由建设方委托有资质的第三方进行检测，钢结构施工组织设计中应对此进行说明与规定，明确取样、委托、送检的责任方和责任人；

3　地方政府有监理进行平行检测和/或政府管理部门有指定检测机构进行一定比例抽检的要求时，施工组织设计中应明确相应的取样数量和抽样原则方式；

4　施工组织设计应明确所有检测取样必须在监理工程师见证下进行；

5　施工组织设计中应明确材料台账格式，对进厂材料从质保书编号、日期、规格、数量、炉（批）号、复验炉（批）号及报告编号等均应明确标注。

7.1.3　钢材的检验与管理编制应符合以下规定：

1　钢材应按现行国家标准《钢结构工程施工质量验收标准》GB 50205 的规定进行抽样复验，复验结果应符合现行国家产品标准和设计要求。

2　当设计文件无特殊要求时，钢结构工程中常用牌号钢材的抽样复验检验批宜按现行国家标准《钢结构工程施工规范》GB 50755 的规定确定。

7.1.4　焊接材料的检验与管理编制应符合以下规定：

1　钢结构施工组织设计对焊接材料采购应进行规定，应根据焊接工艺评定报告指定的焊接工艺所选用的焊接材料种类、牌号和规格进行采购；

2 施工组织设计应规定所有焊接材料进厂（场）检测内容，包括：焊接材料的品种、规格、性能等，检验方法为检查焊接材料的质量合格证明文件、中文标志及检验报告等，验收要求应符合现行国家产品标准和设计要求；

3 施工组织设计应明确重要钢结构采用的焊接材料应进行抽样复验，复验结果应符合现行国家产品标准和设计要求，且应有符合规范要求的复验报告。

4 焊接材料的复验应以焊接材料的出厂批次为复试批。对于手工电弧焊焊条、埋弧焊，应复试熔敷金属的化学成分和力学性能；对于气保焊，则直接进行焊丝化学成分和力学性能复试。施工组织设计中应明确需要进行复验的焊接材料，并报监理审批；

5 施工组织设计应明确焊条、焊剂的保管、使用要求。

7.1.5 连接用紧固标准件的检验与管理应符合以下规定：

1 钢结构连接用紧固标准件主要包括普通螺栓和高强度螺栓，高强度螺栓可分为高强度大六角头螺栓连接副和扭剪型高强度螺栓连接副，其尺寸、机械性能应满足现行国家标准要求；

2 普通螺栓作为永久性连接螺栓时，若设计文件要求或对其质量有疑义，应进行螺栓实物最小拉力荷载试验；

3 高强度大六角头螺栓连接副进场后，应对连接副扭矩系数进行检验；扭剪型高强度螺栓连接副，应对连接副紧固轴力进行检验；

4 连接用紧固标准件应按批配套供应，并应提供该批次产品质量检验报告书。每个包装箱内需按连接副组合进行包装，不同批号的连接副不能混装。包装箱除能满足储运要求外，还应具备防潮、密封的要求，同时箱外应注明批号、规格、数量、制造厂和标准编号等信息；

5 连接用紧固标准件应按包装箱上注明的批号、规格分类保管，保管使用中不得混批；室内仓库保管时，地面应有防止生锈、潮湿及沾染脏物等措施；

6 连接用紧固标准件在安装使用前严禁随意开箱，以免破坏包装的密封性，开箱后剩余螺栓应原封包装好，避免灰尘沾染和锈蚀；

7 连接用紧固标准件在安装使用时，施工现场应按当日计划所需规格和数量进行领取，当天剩余的高强度螺栓应妥善保管或送回仓库；

8 高强度螺栓连接副的保管时间不应超过 6 个月。当由于停工、缓建等原因，保管时间超过 6 个月时，必须按要求重新进行扭矩系数或紧固轴力试验，检验合格后方可使用；

9 连接用紧固标准件进场前，应对其品种、规格、性能等进行验收，检验结果应符合国家现行产品标准和设计要求。检验方法：检查产品的质保书、质量合格证明文件、中文标志及检验报告等。

7.1.6 球节点、铸钢件、锚具和销轴的检验与管理应符合以下规定：

1 球节点的检验与管理

1）球节点主要包括螺栓球节点和焊接空心球节点；

2）球节点检验主要包括材料、规格及性能检验。球节点原材料的品种、规格、性能等应符合现行国家标准《钢网架螺栓球节点》JG/T 10 和《钢网架焊接空心球节点》JG/T 11 的规定，并应按现行国家标准《钢结构工程施工质量验收标准》GB 50205 的规定进行检验；

3） 焊接球焊缝应进行无损检验，质量应符合设计要求，当设计无要求时，应符合现行国家标准《钢结构工程施工质量验收标准》GB 50205 中规定的二级焊缝质量标准；

4） 球节点进场前应对品种、规格、性能等进行验收，检验结果应符合现行产品标准和设计要求。检验方法包括检查产品的质保书、质量合格证明文件、中文标志及检验报告等。

2　铸钢件的检验与管理

1） 焊接结构用铸钢件性能应符合现行国家标准《焊接结构用铸钢件》GB/T 7659 的规定，非焊接结构用铸钢件应符合现行国家标准《一般工程用铸造碳钢件》GB/T 11352 的规定；

2） 铸钢件应全数进行外观质量检查，其外观质量和几何形状与尺寸偏差应符合国家现行标准《铸钢节点应用技术规程》CECS 235 规定；

3） 铸钢件应进行化学成分和力学性能的抽样复验；

4） 外观检查合格的铸钢件应逐个进行无损探伤检测，无损检测应在最终热处理后进行；

5） 铸钢件应组批提交验收，组批规则、验收的检验项目、取样数量、取样部位和试样方法，应符合国家现行标准《铸钢节点应用技术规程》CECS 235 和相关订货技术要求的规定。

3　锚具的检验与管理

1） 锚具的材料、质量、性能、检验和验收应符合现行国家标准《预应力筋用锚具、夹具和连接器》GB/T 14370、《预应力筋用锚具、夹具和连接器应用技术规程》JGJ 85 的规定。且应按下列规定的项目进行进场检验：

(1) 外观检查，其外形尺寸应符合产品质量保证书所示的尺寸范围，且表面不得有裂纹及锈蚀。

(2) 硬度检验。对有硬度要求的锚具零件，硬度值应符合产品质量保证书的规定。

(3) 静载锚固性能试验。应在外观检查和硬度检验均合格的锚具中抽取样品，进行静载锚固性能试验。

(4) 对于锚具用量较少的一般工程，可由锚具供应商提供有效的锚具静载锚固性能试验合格证明文件，可仅进行外观检查和硬度检验。

2） 锚具产品进场验收时，除应按合同核对锚具的型号、规格、数量及适用的预应力筋品种、规格和强度等级外，还应核对产品质量保证书、锚固区传力性能检验报告、产品技术手册等。

4　销轴的检验与管理

1） 销轴性能和规格应符合设计要求，并应按国家现行标准《销轴》GB/T 882 的规定进行检验。

2） 销轴产品进场验收时，应查验原材料材质单、质量保证书、检验报告等。

7.1.7　金属压型钢板的检验与管理编制应符合以下规定：

1　金属压型板应根据工程所用材料类型对相关项目进行检验，主要包括原材料检验及经辊压成型后压型板检验。

2 工程用金属压型板原材料应进行化学成分和力学性能检验，主要原材料应符合如下规定：

1） 压型钢板性能应符合现行国家标准《连续热镀锌和锌合金镀层钢板及钢带》GB/T 2518、《彩色涂层钢板及钢带》GB/T 12754 和《建筑用压型钢板》GB/T 12755 的规定。压型钢板的化学成分与力学性能应符合相关现行国家标准要求。

2） 压型铝合金板性能应符合现行国家标准《变形铝及铝合金化学成分》GB/T 3190、《一般工业用铝及铝合金板、带材》GB/T 3880 和《铝及铝合金彩色涂层板、带材》YS/T 431 的规定。压型铝合金板的化学成分与力学性能应符合相关现行国家标准要求。

3） 不锈钢板性能应符合现行国家标准《不锈钢冷轧钢板和钢带》GB/T 3280、《不锈钢热轧钢板和钢带》GB/T 4237 的规定。不锈钢板的化学成分与力学性能应符合国家现行有关标准要求。

3 金属压型板加工成型后检验应包括表面质量、尺寸偏差、检查数量、检验方法等。具体可参见现行国家标准《建筑用压型钢板》GB/T 12755、《钢结构工程施工质量验收标准》GB 50205、《铝合金结构工程施工质量验收规范》GB 50576、《建筑用不锈钢压型板》GB/T 36145 等的要求。

4 施工组织设计应根据工程用压型金属板的特点确定合理的运输方案，压型金属板可捆装运输，也可装箱运输，运输过程中需做好成品保护措施。

5 金属压型板进场前应对以下内容进行验收：金属压型板及制造金属压型板所采用原材料的品种、规格、性能等，检验结果应符合国家现行产品标准和设计要求。主要检查产品的质量合格证明文件、中文标志及检验报告等，具体内容如下：

1） 原材料产品质量证明、性能检测报告、进场复试报告、进场验收记录、构配件出厂合格证。

2） 进口材料、构配件应提供报关单、商检证明、中文标志和中文说明书。

3） 压型金属板性能检测报告。

4） 构件加工制作质量记录。

7.1.8 涂装材料的检验与管理编制应符合以下规定：

1 涂装材料检验

1） 防腐材料检验内容主要包括：容器中状态、施工性、漆膜外观、细度、附着力、耐弯曲性、耐冲击性、干燥时间、遮盖力等。

2） 防腐涂料外观检验。防腐涂料在开启后，应对有无异物、结块、胶冻等不良现象进行检验。

3） 施工性检验。按国家现行标准《涂料产品的大面积刷涂试验》GB 6753.6 的规定进行检验。

4） 漆膜外观检验。应在施工性检验结束、试板放置 24h 后，目视观察有无针孔、流挂，涂膜是否均匀等。

5） 附着力检验。应按现行国家标准《色漆和清漆　漆膜的划格试验》GB/T 9286 规定进行检验。

6） 耐盐雾性检验。应按现行国家标准《色漆和清漆　耐中性盐雾试验的测定》GB/T 1771 规定进行检验。

7）其他检验项目均应按照国家现行标准规定进行检验。

2　防火涂料检验

1）防火涂料检验分为常规项目和抽检项目两类。常规项目应至少包括：在容器中的状态、外观与颜色、干燥时间、初期干燥抗裂性和 pH 值，且应按批检验。抽检项目应至少包括：干密度、隔热效率偏差、耐水性、耐酸性、耐碱性等。

2）在容器中状态检验。应对搅拌后的试样进行观察，涂料是否均匀，有无结块。

3）干燥时间检验。应按现行国家标准《漆膜·腻子膜干燥时间测定法》GB/T 1728 规定的指触法进行检验。

4）初期干燥抗裂性检验。应按现行国家标准《复层建筑涂料》GB/T 9779 的规定进行检验，用目测检测有无裂纹出现或用适当的器具测量裂纹宽度。

5）耐火性检验。应按现行国家标准《建筑构件耐火试验方法》GB/T 9978 的规定进行检验。

6）其他理化性能检验均应按现行国家标准《钢结构防火涂料》GB 14907 的规定执行。

3　涂装材料贮存管理，应根据涂装材料易燃、易爆、易挥发的特点，针对性制定相应的贮存方案，储存时应远离火源、高压电线，并且要安排专门人员负责巡查；对库房内的消防设施要提出相应的要求。

4　涂装材料进场前应对以下内容进行验收：原材料的品种、规格、性能等，检验结果应符合国家现行产品标准和设计要求，检查产品的质保书、质量合格证明文件、中文标志及检验报告等。

7.1.9

1　保温材料检验及管理应符合以下规定：

1）材料进场前应检查出厂合格证、质量检验报告和现场抽样复验报告等；

2）外观检验主要包括：表面平整度、伤痕、污迹、破损、覆层与基材粘贴质量等。物理性能检验主要包括：表观密度、导热系数、燃烧性能等。具体参数应参照相关现行国家标准的规定；

3）保温材料进场前，应根据设计要求及国家相关标准对材料的外观质量、物理性能进行检验。

2　防水材料检验及管理应符合以下规定：

1）防水材料主要为各类卷材防水材料，应根据工程用卷材类型，对卷材及其配套材料的质量进行检验；

2）外观检验主要包括：卷材表面有无气泡、裂纹、孔洞、疙瘩等；

3）尺寸检验主要包括：卷材厚度、单位面积重量、幅宽等；

4）物理性能检验主要包括：力学性能、不透水性、吸水性等；

5）材料进场前应检查出厂合格证、质量检验报告和现场抽样复验报告等。

3　膜材检验及管理应符合以下规定：

1）膜材进场前，应根据设计要求对相关技术参数、外观等进行检验；

2）外观检验主要包括：膜材表面平整度、观感色差等；

3）尺寸检验主要包括：膜材厚度、单位面积重量、幅宽等；

4）物理性能检验主要包括：力学性能、燃烧性能、透光率等；

5）材料进场前应检查出厂合格证、质量检验报告和现场抽样复验报告等。

7.2 钢构件加工制造技术

7.2.1 钢结构加工制造技术方案编制内容

钢构件加工制造指在加工制造厂对钢构件进行放样和号料、切割、成形加工、制孔、矫正、组装、焊接或栓接、涂装、检验、包装、运输等。加工制造厂应建立完整的技术质量管理体系，对生产过程进行严格管控，确保钢结构产品及其生产过程符合设计和规范要求；同时，应在加工制造前编制用于指导和组织生产活动的加工工艺方案等技术文件，该工艺方案为钢结构施工组织设计的一部分。

7.2.2 零部件加工技术文件编制应符合以下规定：

1 加工工艺方案中应对施工详图和标准中对放样和号料的要求进行说明，并给出预留焊接收缩、切割和端铣余量的具体数值；同时明确号料后钢零件和钢部件按施工详图进行标识的要求。

2 加工工艺方案应给出零件下料加工的下列要求：

1）钢结构零部件切割，应根据零部件板厚、外形尺寸及使用部位要求，合理选择切割方法；

2）工艺方案中应明确不同切割方法对应的具体要求及切割加工的允许偏差，相应的允许偏差应符合设计和现行国家标准《钢结构工程施工质量验收标准》GB 50205的规定。

3 加工工艺方案应明确原材料和零部件矫正及钢材和零部件成型加工的下列要求：

1）原材料、零部件在下料、加工过程中产生变形时，应及时进行校正，工艺方案中应明确矫正采用的具体矫正工艺方法及矫正后钢材表面的质量要求、允许偏差、检验标准。

2）钢材和零部件成型加工应根据材质、零部件截面形状尺寸和曲率选择加工方法。

4 当零部件外形尺寸加工有精度要求时，宜采用机械刨边或铣边进行零部件边缘加工。加工工艺方案应明确零部件边缘加工的位置、方法，预留刨（铣）削余量及检验要求；

5 加工工艺方案中应明确制孔方法的选用、制孔、扩孔和补孔的要求以及相应的允许偏差。工艺方案中应明确各种孔的定位方法及孔径允许偏差。

7.2.3 钢构件组装及加工技术编制应符合以下要求：

1 钢构件组装及加工技术包括部件拼接、部件组装、构件矫正和构件端部加工等内容。加工工艺方案中除对钢构件组装和加工要求进行说明外，还应对工程典型构件、重点构件和节点加工和组装过程给出详细描述，必要时辅以流程图和装配顺序图进行说明；

2 部件拼接要求包括：拼接位置、最小拼接长度、拼接接头形式、焊接要求及焊缝质量等级等，均应符合现行国家标准《钢结构工程施工规范》GB 50755的要求；

3 构件组装工艺应明确组装用平台和胎架、组装方式（卧式、立式、正装或倒装等）、组装顺序以及构件组装允许偏差等内容，且应符合下列要求：

1）构件组装应根据构件的结构特性和技术要求、制造厂的加工能力、机械设备等选择能有效控制组装质量、生产效率高的方法；

2）构件组装应在组装平台、组装胎架或专用设备上进行，组装平台及组装胎架应有足够的强度和刚度，并应便于构件的装卸、定位。组装平台或组装胎架上，应画出构件中心线、端面位置线、轮廓线和标高线等基准线。

3）构件组装间隙应符合设计和工艺文件要求。焊接构件组装时，应预留焊接收缩量，并应对各部件进行合理的焊接收缩量分配。重要或复杂构件，宜通过工艺性试验确定焊接收缩量；

4）构件组装的尺寸偏差，应符合设计文件和现行国家标准《钢结构工程施工质量验收标准》GB 50205的规定；

5）构件组装完成后，应按照施工详图要求对安装定位进行标记；

6）应注明构件起拱要求。

4 钢构件在组装和焊接完成后，构件局部或整体会出现不同程度的变形，对超过设计和标准规定的变形，应矫正合格后再进行下一道工序加工。加工工艺方案中应对矫正方法（冷矫正、热矫正）、矫正工艺（温度、时间等）、矫正顺序及矫正后的允许偏差进行说明；

5 加工工艺方案中，应对构件端部机加工的工序时间、加工方法、加工用设备及加工后的允许偏差进行说明。

6 典型构件组装加工工艺方案中应给出典型构件的详细组装工艺，典型构件一般包括工程的主要柱、梁、桁架、支撑以及典型节点。组装工艺应包括胎架设置、装配顺序及与焊接配合等要求，并可辅以相应图示说明。工艺方案中应说明构件组装后对首件（或首批）构件进行检查的要求，并说明在批量组装中，应随时检查构件组装质量，复查定位装置的准确性。

7.2.4 焊接技术方案编制应符合以下要求：

1 钢构件加工前应根据工程的结构特点编制焊接工艺方案，以指导工厂焊接。焊接工艺方案中，应明确对焊接从业人员、焊接材料、焊接工艺及焊接质量检验等的要求。制定焊接工艺的主要基础和依据是工程项目钢材使用情况，编制焊接工艺方案前，应收集钢构件用材料信息，主要包括：钢材材质、主要规格及其使用数量、最大板厚、焊缝接头形式、焊缝质量等级要求等，可以表格形式汇总列出。

2 焊接从业人员主要包括焊工、焊接技术负责人、焊接检验人员等，应符合以下要求：

1）从事钢结构工程焊接的焊工必须经考试合格，并取得资格证书，证书中包括焊工身份、施焊条件、焊接位置和有效期限等信息，焊工从事焊接工作的范围不应超出资格证书规定的范围；焊工应严格按照焊接工艺文件规定的焊接接头形式和接头准备条件、焊接方法、焊接材料、焊接工艺参数、施焊温度及施焊措施进行焊接。

根据工程项目特点及所用钢材材质、厚度、节点形式等要求，包括按照业主要求，部分工程项目的焊工在上岗前要进行专门的焊工培训和考试，需要另行编制焊工考试方案。

2）焊接技术责任人应接受过专门的焊接技术培训并取得中级或中级以上的技术职称，应具有1年以上焊接生产或施工实践经验。

3）焊接质检人员应接受专门的焊接检验技术培训，并应经岗位培训取得质量检验资格证书。无损检测人员必须经国家授权的专业考核机构考核合格，其相应的等级证书应在有效期内，并应按考核合格项目及权限从事无损检测和审核工作。

3 实际生产前，应按照设计、标准及合同要求，针对工程各接头形式、母材、焊材、焊接方法等特征，进行焊接工艺评定试验，并通过焊接工艺评定确定工程使用的焊接方法、焊接材料。焊接工艺方案中应对引用的免于工艺评定和拟进行焊接工艺评定试验予以说明，必要时应另行编制焊接工艺评定方案，具体要求如下：

1） 当焊接工艺的各项条件满足现行国家标准《钢结构焊接规范》GB 50661 的规定时，可免予进行焊接工艺评定。免予评定的焊接工艺必须有施工单位焊接工程师和单位技术负责人签发的免予评定的焊接工艺书面文件。免予评定的焊接工艺文件宜采用现行国家标准《钢结构焊接规范》GB 50661 的格式，并报相关单位审查备案。

2） 需要进行焊接工艺评定试验时，应根据工程使用的钢材及板厚范围、接头形式及坡口形式、焊接方法，制定详细的焊接工艺评定试验计划，具体应包括：

（1） 明确焊接方法、母材材质、母材厚度、坡口形式及使用的焊材等。

（2） 明确焊接工艺评定试验件的检验要求，具体包括焊缝无损检测质量标准、理化试验项目和数量以及试验标准等。

（3） 焊接工艺评定试验合格后，按照现行国家标准《钢结构焊接规范》GB 50661 的格式要求，整理焊接工艺评定报告。

（4） 焊接工艺评定试验的试验标准、内容及结果应得到监理或相关单位认可。

4 根据评定合格的焊接工艺评定报告或免于评定的焊接工艺、焊接方法，确定工程所用焊材的型号/牌号、主要规格。

焊材选用应符合设计要求和现行国家标准《钢结构焊接规范》GB 50661 的规定，当所用焊接材料超出设计要求范围时，应经设计单位同意。工艺方案中应明确给出不同焊接材料的入库检验、复验、存储要求，焊条和焊剂的烘焙温度、保温温度和时间、发放等应按相关标准的规定执行，并以表格形式列出。

5 焊接工艺方案中应包括详细的焊接工艺或另行编制的焊接工艺卡。焊接工艺应以合格的焊接工艺评定试验结果或现行国家标准《钢结构焊接规范》GB 50661 规定的免予评定工艺参数为依据，结合企业的设备和资源状况进行编制。

1） 焊接工艺的通用要求包括以下内容：

（1） 应按设计图纸要求给出典型焊接接头的坡口形式，当设计未明确时，应按现行国家标准《钢结构焊接规范》GB 50661 规定执行。

（2） 应明确定位焊、引出弧板、焊接环境、预热和道间温度及焊缝返修等工艺要求。

（3） 当合同或设计文件有焊后消氢或消除应力处理要求时，应明确具体方法和要求。

（4） 对焊接应力较大、复杂的焊缝及节点，焊接工艺中应明确焊接变形的控制措施。

（5） 当焊接接头中存在厚板角接坡口焊接接头或 T 字接头时，应明确预防和控制层状撕裂的工艺措施。

（6） 当工程项目有栓钉焊接时，应明确栓钉焊接工艺要求。

2） 焊接工艺方案中应给出典型构件的详细焊接工艺，焊接工艺应包括不同焊缝的焊接方法、焊接顺序、焊接工艺参数以及整体焊接顺序等，并辅以相应图示说明。

6 焊接工艺方案中应明确焊接质量检验的要求，具体应包括本工程焊接质量的总体要求，不同位置、不同区域焊缝的质量等级，焊接质量检验的标准和方法，焊接质量检查的内容（包括焊缝外观质量和内部无损检测要求）等。具体要求如下：

1） 焊接质量检验应根据合同文件规定的质量要求、技术规范要求、钢结构所承受的荷载性质以及施工图规定的焊缝质量等级要求，确定工程所用的焊接质量检验的标准、方法和详细要求。

2） 应对所用钢材及焊接材料进行检查，其规格、型号、材质以及外观应符合图纸和相关标准的要求；应对焊工合格证书及认可的施焊范围进行检查；焊工应按照焊接工艺技术文件及焊接程序要求进行施焊；焊缝尺寸、焊缝外观质量和焊缝内在质量的检测和验收应按设计规定的质量等级要求进行检验。

3） 焊缝应冷却到环境温度后进行外观检查。外观检查可采用目测方式，裂纹检查应辅以 5 倍放大镜，也可采用磁粉探伤或渗透探伤，尺寸测量应采用焊缝量规、卡规。

4） 设计要求为一级和二级的全熔透焊缝，应按要求进行超声波探伤检测，应明确超声波检测的比例、数量、检测标准和评价等级。

根据合同或设计文件要求，有时还需要对焊缝进行射线检测或磁粉检测，应分别明确相关检测要求，对射线检测还应明确检测的具体时间、地点以及安全防护措施。

5） 栓钉焊接接头的外观质量应符合现行国家标准《钢结构焊接规范》GB 50661 的要求。外观质量检验合格后，进行打弯抽样检查。

7.2.5 钢结构预拼装方案编制应符合以下要求：

1 根据合同要求、设计文件规定或工程项目实际情况，需要进行预拼装的构件，应在制作厂进行预拼装，并编制预拼装方案。预拼装方法可采取实体预拼装或计算机模拟预拼装，可根据工程特点、设计要求、合同要求确定，应尽量采用计算机模拟预拼装。

2 参与预拼装的构件应制作完成并经验收合格，当相同构件批量制作时，可选择首批或 1%～10%的代表性构件进行预拼装。

3 预拼装可采用整体预拼装、分片/分段预拼装或累积连续预拼装。当采用累积连续预拼装时，两相邻单元连接的构件应分别参与两个单元的预拼装。

4 实体预拼装方案中应明确预拼装的范围、构件数量及加工时间要求，同时应明确预拼装的形态（平面预装、立体预装、竖向拼装或卧式拼装等），对预拼装用胎架及其定位尺寸（必要时给出各定位点的三维坐标）、拼装顺序及连接要求应具体说明。

5 预拼装时，应合理选择基准面和预拼装几何形态，预拼装场地应平整、坚实，预拼装用支承胎架应经测量准确定位，并应符合工艺文件要求。重型构件预拼装所用胎架应进行验算，应具有足够的承载强度。

6 预拼装构件应按设计尺寸进行定位，对有预起拱、焊缝收缩等要求的构件，应按预起拱值或收缩量的大小对定位尺寸进行调整。

7 预拼装检验合格后，宜在构件上标注中心线、控制基准线等标记，现场安装定位难度大的可设置定位器。

8 预拼装结束拆除构件时，应采用砂轮磨光机打磨定位焊缝。

9 预拼装方案中，应按照现场安装条件、设计图纸及相关标准要求，明确预拼装的检查验收要求，具体包括主要接头的连接尺寸偏差、构件轴线定位尺寸要求及整体组装的尺寸要求，并用图示说明。具体预拼装检验要求如下：

1）预拼装应在自由状态下进行检查验收。

2）预拼装检查时，应拆除与构件相关的临时固定和拉紧装置。

3）高强度螺栓或普通螺栓连接的多层板叠，应采用试孔器检查。

10 计算机模拟预拼装的允许偏差应与实体预拼装要求相同。

7.2.6 钢结构防腐方案编制应符合以下要求：

1 钢结构防腐涂装的施工工艺和技术应符合设计文件、涂装产品说明书和有关产品现行国家标准的规定。钢结构防腐涂装施工宜在构件组装和预拼装工程检验批的施工质量验收合格后进行，构件表面的涂装系统应相互兼容。

2 钢材及钢构件表面处理应严格按照设计规定的除锈方式进行除锈，并达到规定的除锈等级。钢结构在除锈处理前，应清除焊渣、毛刺和飞溅等附着物，对边角进行钝化处理，并应清除基体表面可见的油脂和其他污物。

钢构件除锈方式根据技术要求不同可采用手工或动力工具清理、喷射清理和酸洗清理等方法。喷射处理为钢结构的主要除锈方式，常用的两种方式为喷砂除锈和抛丸除锈。热镀锌、热喷锌（或铝）的钢材表面宜采用酸洗除锈。

3 采用高强度螺栓连接的部位，应按照现行国家标准《钢结构工程施工质量验收标准》GB 50205 的要求进行摩擦面抗滑移系数试验，试验分工厂和现场两组，其中现场试验用试板应由工厂统一加工。

4 钢结构防腐的涂装，应根据防腐涂层特点及施工条件合理选择涂装方法。钢结构防腐涂装施工工艺，应根据所用涂料的物理性能和施工环境条件选择，并符合产品说明书的规定。对二次涂装的构件，应清理干净其表面后才可进行现场涂装。进行二次涂装前，应对损坏部位进行补涂，其基层处理和涂刷道数、厚度均应符合设计要求。

5 钢构件金属热喷涂方法宜采用无气喷涂工艺，也可采用有气喷涂或电喷涂工艺。各项热喷涂施工作业指导书应对工艺参数（热源参数、雾化参数、操作参数、基表参数等）、喷涂环境条件及间隔时限等作出规定。构件表面单位面积的热浸镀锌质量，应符合设计文件的规定。钢构件进行热浸镀锌前，可采用除油和酸洗除锈的方法清理表面，同时应避免过度酸洗。

7.2.7 钢构件标识、包装及运输方案编制应符合以下要求：

1 传统钢构件的标识有：主标记（构件编号）、方向标记、安装标记（柱安装中心线、1m 标高线、底板中心线）、重心点及吊运标记等。各类标记应采用醒目的油漆在构件上标出，并应明确标记位置、标记方法等。

2 随着二维码技术的推广普及，钢结构生产企业所生产的每个构件可在显著位置使用二维码进行唯一性标识。采用二维码标识时，应确保粘贴牢固、图像清晰，并应有防雨、防锈和防损坏措施。二维码信息应完整、准确。

3 钢构件应在涂层干燥后包装，并应保护构件涂层不受损伤，保证构件不变形、不破损、不散失。包装方式应符合运输要求，包装的外形尺寸、重量等必须符合运输方式的规定。钢构件包装方法应根据运输形式、构件形式确定，并应满足设计或合同要求。

4 钢构件运输时，应根据钢构件长度、重量选用车辆。钢构件可否采用整体制造、拆单元运输或分段制造、分段运输，应根据钢构件形状、重量及运输条件和现场安装条件确定。

5 对超长、超高、超宽、超重构件，应有专门的运输方案。制订方案时应详细规划运输路线、运输方式和运输时间，并及时与公路管理等相关部门协商解决。

7.2.8 桥梁钢结构加工方案编制除应符合7.2.1～7.2.6条要求外，还应符合以下要求：

1 制作分段的原则，应根据结构形式、制作工艺、吊装能力、运输方案、安装方案等确定加工分段位置和形式，确保分段科学合理，分段位置相邻焊缝间距应符合相关标准要求。

2 组装胎架设计应综合考虑组装场地、结构形式、吊装设备能力、桥梁线型要求、预拼装要求、装车运输要求、安装顺序等，按照施工方便、安全可靠、经济合理等要求进行设计。胎架搭设高度应考虑底板焊接和防腐及装车的要求。

3 桥梁钢结构的零件制造应满足以下要求：

1）对形状复杂、在图中不易确定尺寸的零件，应通过放样或利用计算机作图等方法确定。

2）切割下料应明确底板、腹板、隔板、面板、肋板等零件下料工艺（包括焊接坡口形式）及质量标准要求，重点应明确冷、热矫正或弯曲的温度要求和弯曲的最小半径。

3）应明确U形肋、人孔等需要压制、弯曲零件的成型工艺及质量标准。

4）样板（样条）制作及零件尺寸允许偏差应符合现行行业标准《公路桥涵施工技术规范》JTGT F050和《铁路钢桥制造规范》Q/CR 9211的规定。

4 桥梁制孔的孔径允许偏差应符合行业现行标准《公路桥涵施工技术规范》JTGT F050和《铁路钢桥制造规范》Q/CR 9211的规定。应明确桥梁底板、腹板、翼板及连接板等制孔工艺（桥梁底板、腹板、翼板应与对应连接板配钻）要求和质量标准等，明确配钻工序的实施时间节点。

5 组装前应明确在胎架上组装的板单元和杆件，组装前均应对胎架进行检查，确认合格后方可组装，组装时应将相邻焊缝错开；明确组装工艺，重点叙述组装方法、组装顺序（用图表示）及质量标准；板单元、杆件和箱形梁的组装尺寸允许偏差应符合行业现行标准《公路桥涵施工技术规范》JTGT F050、《铁路钢桥制造规范》Q/CR 9211的规定；大型钢箱梁的梁段应在胎架上组装，梁段宜采用连续匹配组装的工艺，每次组装的梁段数量不应少于3段。梁段组装尺寸允许偏差应符合行业现行标准《公路桥涵施工技术规范》JTGT F050和《铁路钢桥制造规范》Q/CR 9211的规定。

6 桥梁钢结构的焊缝外观检查标准及焊缝无损检测的质量分级、检验方法、检验部位和等级应符合设计和现行国家标准《公路桥涵施工技术规范》JTGT F050及《铁路钢桥制造规范》Q/CR 9211的规定。

7 构件矫正的允许偏差应符合现行行业标准《公路桥涵施工技术规范》JTGT F050和《铁路钢桥制造规范》Q/CR 9211的规定。

8 应明确试拼装主要检查尺寸，其允许偏差应符合行业现行标准《公路桥涵施工技术规范》JTGT F050和《铁路钢桥制造规范》Q/CR 9211的规定。

9 应明确桥梁钢结构除锈涂装工艺及质量要求，并说明除锈涂装采用的设备设施、除锈等级要求、除锈工艺（先除锈后组装、先组装后除锈）、环境要求、摩擦面处理、不涂装位置说明、防腐体系说明（底漆、中间漆、面漆）及质量要求等。

10 钢桥制造完成后，应按设计图和相关标准的规定进行验收。质量应符合现行国家标准《钢结构工程施工质量验收标准》GB 50205 及《公路桥涵施工技术规范》JTGT F050 和《铁路钢桥制造规范》Q/CR 9211 的规定。

11 对超长、超宽、超高、超重梁段应编制专门的运输方案，并会同公路管理等部门一起制定切实可行的运输方案，确保运输安全。

7.3 钢结构安装技术

7.3.1 钢结构安装技术编制概述

钢结构安装技术编制是在施工总体部署、施工技术路线确定的基础上，对钢结构工程中涉及的分项工程中关键施工工艺进行说明。钢结构安装技术包括：单层钢结构安装技术、多高层钢结构安装技术、高耸钢结构安装技术、大跨度空间钢结构安装技术、钢桥梁安装技术等。

7.3.2 钢结构安装技术编制原则如下：

1 构件分段尺寸须满足构件运输要求，构件分段重量须在起重设备的额定起重量范围内；

2 起重设备对基础承载力的要求须明确；起重设备附着或支承在结构上时，应得到设计单位同意，并应进行结构安全计算；

3 主要构件安装应绘制吊索具配置图，选用的钢丝绳、吊带、卸扣、分配梁应在其额定许用荷载范围内使用，并应进行吊索具选用安全计算；

4 主要构件的吊点、专用吊具应绘制详图，并进行安全计算；

5 钢结构安装应绘制安装工况图纸（平面工况图、立面工况图），工况图应包括既有建筑物、起重设备停机位置、安装构件起吊位置、安装构件设计位置等，应复核安装工况中起重设备起重半径、起重能力、安装高度等关键参数是否满足要求；

6 钢结构安装应根据结构特点按照合理顺序进行施工，构件安装后应形成稳固的空间刚度单元，必要时应增设临时支承结构或临时措施；

7 钢结构安装技术编制应表述构件安装校正措施、临时固定措施以及验收标准；

8 钢结构安装技术编制还应表述测量工程、焊接工程、紧固件连接工程、压型金属板工程、涂装工程等分项工程的施工工艺。

7.3.3 单层钢结构安装技术编制应符合以下规定：

1 单层钢结构安装技术应包括：基础和地脚螺栓（锚栓）施工、钢构件分段、钢结构安装流程、钢构件吊装工艺等；

2 锚栓及预埋件安装应说明：锚栓定位支架、定位板等辅助固定措施、防止损坏、锈蚀和污染的保护措施、灌浆工艺、验收标准等；

3 钢构件分段应说明：钢柱、钢屋（托）架、钢梁（桁架）等主要构件分段形式、主要截面尺寸、分段长度、构件重量等；

4 钢结构安装流程应说明：钢结构安装顺序、起重设备开行路线、钢结构安装工况（平面工况、立面工况）等；

5 钢构件吊装工艺应说明：钢柱、钢屋（托）架、钢梁（桁架）等主要构件吊索具配置、钢构件安装校正措施、钢构件临时固定措施、验收标准等；

6 单跨结构安装宜从跨端一侧向另一侧、或中间向两端、或两端向中间的顺序进行吊装。多跨结构安装宜先吊主跨、后吊副跨，当有多台起重设备共同作业时，也可多跨同时吊装；

7 单层钢结构在安装过程中，应及时安装柱间支撑或稳定缆风绳，应在形成空间结构稳定体系后再扩展安装。

7.3.4 多层、高层钢结构安装技术编制应符合以下规定：

1 多层、高层钢结构安装应结合混凝土结构施工划分成不同的施工阶段，主要包括：地下钢结构安装、标准层钢结构安装、桁架层钢结构安装、塔冠安装等。

2 地下钢结构安装技术编制应满足如下要求：

1) 应结合地下围护系统特点编制，可采用行走式起重设备下至坑内或上栈桥板安装，也可采用塔式起重机直接安装；

2) 起重设备在栈桥板或地下室底板上安装时，应得到设计单位同意，并应进行结构安全计算；

3) 应说明地下钢结构安装与混凝土结构施工工序的相互关系、可能存在的相互影响以及所采取的措施；

4) 应绘制不同施工分区主要构件的安装工况图（平面工况、立面工况），复核起重设备起重性能是否满足要求；

5) 应说明主要构件（如劲性柱、劲性梁、钢板剪力墙、支撑等）的吊索具配置、钢构件安装校正措施、钢构件临时固定措施、验收标准等。

3 标准层钢结构安装技术编制应满足如下要求：

1) 应结合结构特点、混凝土结构施工工序编制，可采用自立外附塔式起重机或内爬塔式起重机自下而上逐层施工；

2) 塔式起重机附着或支承在结构上时，应得到设计单位的同意，并应进行结构安全计算；

3) 应说明标准层钢结构安装与混凝土结构施工工序的相互关系，通过绘制竖向施工工序图表述核心筒施工、外框筒施工、压型金属板施工、防火涂装施工、幕墙施工等工序的相互关系，校核塔式起重机爬升工况与混凝土模板系统顶升工况的相互关系；

4) 应绘制标准层主要构件的安装工况图（平面工况、立面工况），复核起重设备起重性能是否满足要求；

5) 应根据不同起重设备施工分区，分别设置构件堆放场地，构件堆放场地应满足起重设备起重性能要求，避免构件二次驳运；

6) 应说明主要构件（如劲性柱、外框柱、钢梁、桁架、支撑等）的吊索具配置、钢构件安装校正措施、钢构件临时固定措施、验收标准等。

7) 标准层钢结构安装宜先施工内筒钢结构，再施工外框架结构，外框架结构吊装可采用整个流水段内先柱后梁、或局部先柱后梁的顺序，单柱不得长时间处于悬臂状态；

8) 钢楼板及压型金属板安装应与构件吊装进度同步。

4 桁架层钢结构安装技术编制应满足如下要求：

1) 桁架层钢结构主要包括伸臂桁架、环带桁架，桁架通常跨过多个楼层，高度高、重量大，可采用高空散装法施工；

2）桁架通常分成弦杆、腹杆、斜腹杆等部件，应采用图表形式表述桁架分段形式、各部件重量；

3）应绘制桁架层安装工况图（平面工况、立面工况），说明桁架各部件安装顺序，复核起重设备的起重性能是否满足要求；

4）桁架部件安装后，应及时形成空间稳定体系，必要时应增设临时固定措施。

5）伸臂桁架层安装，应分析结构竖向变形差异对伸臂桁架内力的影响，制定对应措施。

5　塔冠安装技术编制应满足如下要求：

1）塔冠位于建筑物顶层最高处，通常在楼面布置自立式塔式起重机分段分片安装。

2）塔式起重机附着或支承在结构上时，应得到设计单位同意，并应进行结构安全计算；

3）应绘制塔冠主要构件的安装工况图（平面工况、立面工况），复核起重设备的起重性能是否满足要求；

4）塔冠施工宜自下而上逐环安装，塔冠竖向构件不得长时间处于悬臂状态，必要时应采取临时固定措施。

7.3.5　高耸钢结构安装技术编制应符合以下规定：

1　高耸钢结构可采用高空散件（单元）法、整体起扳法和整体提升（顶升）法等安装方法。

2　高空散件（单元）法安装应说明构件分段形式、吊装工艺等；

3　整体起扳法安装应说明结构拼装工艺、整体起扳法施工工艺等；

4　整体起扳法应对起扳桅杆、牵引点布置进行专项设计，并对整体起扳过程中结构不同施工倾斜角度或倾斜状态进行结构安全验算；

5　整体提升（顶升）法安装应说明结构拼装工艺、整体提升（顶升）工艺等；

6　整体提升（顶升）法应对提升支架、顶升支架、提升（顶升）点布置进行专项设计，并对整体提升（顶升）过程中的结构安全进行验算；

7　高耸结构安装校正应考虑风荷载、环境因素、日照等对结构变形的影响。

7.3.6　大跨度空间钢结构安装技术编制应符合以下规定：

1　大跨度空间钢结构可根据结构特点和现场施工条件，采用高空散装法、分条分块吊装法、滑移法、单元或整体提升（顶升）法等。

2　高空散装法编制应满足如下要求：

1）高空散装法通常采用满堂脚手架作为支承胎架进行施工，应说明满堂脚手架搭设范围、搭设高度、纵距、横距、步距等相关参数，并对满堂脚手架体系进行安全验算；

2）高空散装法应说明散件吊装工艺、构件临时堆放要求、拼装整体流程、整体卸载要求等；

3）悬挑法施工时，应先拼装可承受自重的稳定结构体系，然后逐步扩展。

3　分条分块吊装法编制应满足如下要求：

1）采用分条分块吊装法时，通常将屋盖划分成若干分条（分段）或分块以满足选用起重设备的起重能力，屋盖的分条或分块采用临时支撑承载并控制安装精度；

2）分条分块吊装法应说明屋盖分条或分块的形式、外形尺寸、重量等，构件外形尺寸应满足运输要求，重量应满足起重设备的起重能力。分条分块进行现场拼装或扩大组拼时，还应说明构件拼装工艺；

3）分条分块吊装法应说明总体安装流程、主要构件的安装工况（平面工况、立面工况）、分条分块间单元安装工况；

4）分条分块吊装法中采用的临时支撑系统应进行专项设计并进行安全验算；

5）分条分块吊装法应说明屋盖预变形方案和支撑卸载方案，必要时应采用施工工况分析进行确定。

4　滑移法是指先将构件分条拼装完毕，然后将各分条的单元通过滑轨滑移到设计位置并拼装成整体的施工安装方法。滑移法施工编制应满足如下要求：

1）按照每次滑移的单元数量可分为单条滑移法与逐条累积滑移法，应说明滑移单元的划分及拼装工艺。

2）滑移法施工应说明总体施工流程、滑移单元间构件安装工况等；

3）滑移法施工应说明滑移轨道布置、顶推或牵引点的布置、设备的选择、滑移单元加固等，滑移法施工工艺应进行专项设计并进行相关验算；

4）滑移法施工应说明结构体系转换的措施；

5　提升法是钢结构在地面或楼面组装成整体或单元分块，利用计算机同步控制，采用液压提升器（穿心式液压千斤顶）作为提升机具，柔性钢绞线作为承重索具，与液压提升器的锚具配合传递提升力，实现提升过程中结构件的上升（下降）和锁定。提升法施工编制应满足如下要求：

1）提升法施工应说明提升单元划分、外形尺寸、重量，采用整体提升时，应编制提升单元拼装方案。提升单元在结构楼板上拼装时，应得到设计单位同意，并应进行结构安全计算，必要时应采取加固措施；

2）提升法施工应说明总体施工流程、提升过程中的防护措施、提升到位后的校正措施、补缺构件吊装工况等；

3）提升法施工应说明提升支架布置、提升点的布置、设备的选择、提升单元加固等，提升法施工工艺应进行专项设计并进行相关验算。

4）当采用液压千斤顶提升时，各提升点的额定负荷能力应不小于使用负荷能力的 1.25 倍，宜为使用负荷能力的 1.5 倍以上；

5）利用原有结构作为提升支承系统进行提升时，应由原结构设计单位确认，并应进行结构安全计算，必要时应采取加固措施；

6）提升法施工应综合考虑恶劣天气下提升作业应急预案。

6　顶升法指在地面将结构拼装完成，再使用结构底部的顶升设备将结构顶升到设计位置的方法。顶升法施工编制应满足如下要求：

1）顶升法施工应说明顶升单元划分、外形尺寸、重量，并编制顶升单元拼装方案；

2）顶升法施工应说明总体施工流程、顶升过程中的防护措施、顶升到位后的校正措施、补缺构件吊装工况等；

3）顶升法施工应说明顶升支架布置、顶升点的布置、设备的选择、顶升单元加固等，顶升法施工工艺应进行专项设计并进行相关验算；

4）顶升支撑结构应满足顶升工况下的承载能力、结构的稳定性，并应对基础的承载力应进行验算；

5）顶升法施工应综合考虑恶劣天气下顶升作业应急预案。

7 大跨度空间钢结构中拉索（预应力）施工应编制拉索（预应力）施工专项方案，在拉索（预应力）结构施工张拉前，应进行全过程施工阶段结构分析，并应以分析结果为依据确定张拉顺序。

8 大跨度空间钢结构施工应分析环境温度变化对结构的影响，必要时，施工过程中应留设温度缝。

7.3.7 钢桥梁安装技术编制应符合以下规定：

1 钢桥梁安装技术方案中应说明钢桥结构形式、总体长度、跨度、截面形式、周边环境等。

2 钢桥梁安装技术方案中应明确分段（分块）形式，可以图表形式统计分段（分块）单元尺寸、重量、数量等技术参数。

3 钢桥梁分段（分块）应满足构件运输要求。现场扩大组拼时，应设置现场拼装场地，并编制拼装方案。

4 钢桥梁现场安装时，应考虑现场构件驳运、吊装对交通的影响，必要时，应编制交通组织专项方案。

5 钢桥梁可根据结构特点和现场施工条件，采用支架法、悬臂拼装法、顶推法、滑移法、整体安装法、提升法、转体法等。

6 采用支架法安装时，应对临时支架进行专项设计，明确基础承载力要求，并应对临时支架的强度、刚度、稳定性进行计算分析。临时支架应具备钢构件就位后平面位置、高程及纵横坡调整的功能。

7 悬臂拼装法通常采用悬臂吊机、缆索吊或浮吊分段安装。悬臂吊机或缆索吊机应进行专项设计，浮吊应具备船舶证书，符合船舶管理规定。悬臂拼装法安装时，应说明钢桥梁总体安装流程、施工工况、预变形方案、拉索安装方案等。

8 采用顶推法安装时，应对拼装胎架、临时支撑墩、导梁进行专项设计并进行相关验算。顶推法安装时，应说明钢桥梁拼装方案、钢桥梁顶推施工流程及工况、液压千斤顶选型及布置、校正措施、落梁等。

9 采用滑移法安装时，应对滑移支架、滑道梁、滑道等进行专项设计并进行相关验算。滑移安装时，应说明桥梁拼装方案、滑移施工流程工况、液压千斤顶或卷扬机选型及布置、校正措施、落梁等。

10 整体安装法适用于采用架桥机、起重机、浮吊或液压模块车进行整孔钢梁或大节段钢梁的安装。

11 提升安装法适用于悬索桥加劲梁、钢塔、大节段钢构件的安装。跨缆吊机、缆索吊机、提升架及提升机构应进行专项设计，总体安全系数不小于1.5。

12 转体安装法适用于拱桥钢拱肋平转及竖转安装、钢塔竖转安装。转体安装法根据其转动方位的不同可分为平面转体、竖向转体和平竖结合转体三种，应根据结构特点和周边环境进行专项设计。

7.3.8 测量方案编制应符合以下规定：

1 测量准备内容主要包括：测量仪器、测量人员及测量技术路线等。

2　测量依据内容主要包括：业主提供的平面控制点与水准点、结构设计图及有关技术标准等。

3　控制网设置内容主要包括：平面控制网、高程布置网布设。

4　结构施工测量控制主要包括：构件预检、构件拼装验收、构件安装定位及校正、构件控制验收标准等。

7.3.9　焊接方案编制应符合以下规定：

1　焊接施工内容主要包括：焊接前准备、焊工进场考试、制定焊接工艺、焊接工艺评定试验、焊接施工作业、焊后处理、焊接质量检验等。

2　焊接前，应编制焊接工艺方案或焊接工艺文件，焊接工艺文件应以合格的焊接工艺评定实验结果或现行国家标准《钢结构焊接规范》GB 50661规定的免于评定工艺参数为依据，结合企业的设备和资源状况进行编制。

3　焊接方案应制定现场焊接工艺流程以及现场焊缝焊接顺序。

4　焊接方案应制定控制焊接变形、减少焊接应力的措施。

7.3.10　紧固件连接方案编制应符合以下规定：

1　普通螺栓连接施工内容主要包括：螺栓副选用、紧固力确定、螺栓拧紧施工、连接质量检验等。

2　高强度螺栓连接施工内容主要包括：连接板摩擦面处理、螺栓副选用与准备、施工机具选用、紧固力确定、组合部件装配、螺栓拧紧施工（初拧、过程检查、终拧）、连接质量检验等。

7.3.11　压型钢板施工方案编制应符合以下规定：

1　压型钢板施工内容主要包括：压型钢板型号规格、压型钢板施工总体流程、压型钢板施工工艺、施工质量控制等。

2　压型钢板施工工艺内容主要包括：排版、进场验收及成品保护、材料吊运、压型钢板铺设、边模施工等。

7.3.12　栓钉施工方案编制内容主要包括：栓钉型号规格、栓钉施工总体流程、栓钉施工工艺、施工质量控制等。

7.3.13　涂装方案编制应符合以下规定：

1　钢结构现场涂装包括防腐涂装和防火涂装，应明确现场涂装的范围、内容、总体顺序和时间节点以及涂装方法。

2　防腐涂装施工内容主要包括：防腐要求与配套方案、施工准备、涂装工艺等。涂装工艺流程一般为：基底处理——底漆涂装——中间漆涂装——面漆涂装——检查验收。

3　防火涂装施工内容主要包括：防火要求与配套方案、施工准备、施工方法、施工要点等。防火涂料施工可采用喷涂、抹涂或滚涂等方法，应综合考虑结构特点、构件截面尺寸、高空施工难度、环境保护及外观质量要求综合选择施工方法。

第8章　钢结构施工管理计划制定

8.1　钢结构施工管理的内容

钢结构施工管理是通过制订相应的管理措施，确保钢结构项目建造全过程的质量、安全、环境保护等满足相应的国家标准及业主合同约定的目标，确保施工进度计划满足合同约定的节点目标，施工成本满足项目成本策划的目标，同时满足其他业主或施工企业在施工管理上的相关规定。

钢结构施工管理计划是一个全面集成、综合协调项目各方面影响和要求的整体计划，是指导整个项目实施和管理的依据，内容包括钢结构的详图转化、制造、安装、检验及施工监测等的进度管理计划、质量管理计划、安全管理计划、环境管理计划、成本管理计划以及其他管理计划。

钢结构施工管理计划中，要确定项目管理目标、组织结构、管理制度及各项保障措施以及项目成本分解目标及相关控制措施，并应根据钢结构工程项目特点、类型、业主等相关方需求确定重点施工管理计划。

8.2　施工进度管理计划制定原则

8.2.1　施工进度管理计划编制概述

钢结构施工进度管理计划制定，应根据钢结构施工采用的技术、物资及资源供应、自然环境等实际施工条件，对钢结构工程从开始施工到竣工验收全过程的各个分项（或工序、流程），按照施工技术规律和合理的施工顺序，确定其在时间上和空间上的安排和相互之间的衔接。

8.2.2　施工进度管理计划编制原则

施工进度管理计划编制应遵循分级控制原则，对项目施工进度计划进行逐级分解，通过阶段性目标的实现保证最终工期目标的完成。施工进度计划可按以下分级分解：

1　一级总体控制计划（总计划），表述出钢结构工程各分部分项（工序、流程）的进度目标，并由此组成整体工期目标，形成总控制计划；

2　二级进度控制计划（阶段计划），以总进度计划为基础，主要分部分项工程（工序、流程）的进度为目标，以专业阶段划分为基础，分解出每个阶段具体实施时所需完成的工作；

3　三级控制计划（月进度计划），以二级进度计划为依据，进行流水施工和交叉施工间的工作安排，进一步加强控制范围和力度，月进度计划的安排，要考虑到每个参与工程施工的单位，具体控制到每一个过程上所需的时间，充分考到各专业间在具体操作时要控制的时间。

8.2.3　施工进度管理计划编制内容

施工进度管理计划编制的主要内容包括：

1　施工进度目标要求；

2　施工总体进度计划；

3　施工进度管理体系；

4　施工进度保证措施等。

8.2.4　施工进度目标要点为：明确合同约定的总体工期要求和关键节点目标。

8.2.5　施工总体进度计划要点

1　根据施工总体技术路线，编制施工总体进度计划；

2　施工总体进度计划包括：深化设计出图计划、材料采购计划、构件加工制作及供货计划、特殊材料供货计划、主要设备进出场计划、现场拼装计划、现场安装计划等；

3　施工总体进度计划应清晰表述相互工序间的搭接关系，确定关键路线，确定关键工期节点。

8.2.6　施工进度管理体系要点

1　建立施工进度管理组织架构。施工进度管理的组织机构是实现进度计划的组织保证，既是施工进度计划的实施组织，又是施工进度计划的控制组织，既要承担进度计划实施赋予的生产管理和施工任务，又要承担进度控制目标，对进度控制负责。

2　明确施工进度协调总负责职责，明确施工总体进度计划中各分项计划的对应人员及职责。进度管理人员职责应包含：项目经理职责、生产经理职责、计划工程师职责、质量管理人员职责、施工员职责、资金成本管理人员职责、机械设备管理人员职责、分包单位进度管理与控制职责。其中，项目经理是项目进度管理和控制的总负责人，生产经理是进度管理和控制的直接责任人。可根据项目规模与实际情况设置相应管理机构，进行人员的优化与合并。

3　制定施工进度管理制度及工期目标奖惩措施等。进度管理制度的制定能促进进度管理工作的科学化、规范化、精细化、信息化，可以采用制度、规定、办法等方式体现，如例会制度、进度审批制度、监督制度、进度计划奖罚制度、预警制度、物资采购计划管理规定、进度计划报告制度。

8.2.7　施工进度保证措施要点

1　技术管理保证措施。在技术管理保证措施中，要求在保证安全、质量的前提下，对设计技术或施工技术与工程进度的关系进行分析比较，选用对实现进度目标有利的技术措施。细化分析各施工工序、施工部位，使施工现场与设计少出偏差。如遇不可避免的因素出现，应及时会同有关单位到现场处理，及时出具变更。

2　原材料管理保证措施。在原材料管理保证措施中，要求根据不同施工阶段明确原材料供货计划、特殊材料供货计划等，材料管理部门根据以上计划，制定出材料用量需求及采购计划，并及时锁定重合同、守信用、有实力的材料供应商，保证工程所需材料及时进场。

3　设备管理保证措施。在设备管理保证措施中，要根据不同施工阶段明确设备进出场计划、设备转场计划、塔式起重机自爬计划等。设备管理部门根据以上计划，制定出设备用量需求及租赁计划，并及时锁定重合同、守信用、有实力的设备供应商（或租赁商），保证工程所需设备及时进场，满足工程进度需求。

4 劳动力管理保证措施。在劳动力管理保证措施中，要根据不同施工阶段明确劳动力计划，分析不同工种每月劳动力需求，劳动力需求高峰，配置充足的劳动力，以保证各项工作保质、保量、按时完成。

5 施工管理保证措施等。在施工管理保证措施中，要求进度管理人员建立施工进度动态管理机制，定期检查工程实际进度，并与计划比较，找出进度偏差并分析产生原因，研究解决措施；加强相关专业工序搭接协调工作，确保各道工序顺利进行；加强与业主、监理、设计单位的合作与协调，对出现的问题及时达成共识；根据项目周边环境特点，制定相应的协调措施，减少外部因素对施工进度的影响等。

8.3 施工质量管理计划制定原则

8.3.1 施工质量管理计划编制内容

施工质量管理计划编制的主要内容应包括：

1 施工质量目标；

2 施工质量管理体系及管理制度；

3 施工质量保证措施；

4 检验试验计划等。

可以独立编制质量计划，也可以在施工组织设计中合并编制质量计划的内容。质量管理应按照PDCA（即Plan（计划）、Do（执行）、Check（检查）和Action（处理））循环模式，加强过程控制，通过持续改进提高工程质量。

8.3.2 施工质量目标要点

1 明确合同要求的施工质量目标；

2 按照施工质量目标要求进行目标分解，并制定具体的项目质量目标，质量目标应不低于工程合同明示的要求，质量目标应尽可能地量化和层层分解到最基层，建立阶段性目标。

8.3.3 施工质量管理体系及管理制度要点

1 确定施工质量管理组织架构，明确各组织质量管理职能。应明确质量管理组织机构中各重要岗位的职责，与质量有关的各岗位人员应具备与职责要求匹配的相应知识、能力和经验。

2 制定质量管理制度，主要包括以下内容：

技术交底制度、质量预检制度、质量自检制度、质量交接检查制度、质量专检制度、单位工程质量验收制度、质量否决制度、奖罚惩治制度等。

按质量管理八项原则中的过程方法要求，将各项活动和相关资源作为过程进行管理，建立质量过程检查、验收以及质量责任制等相关制度，对质量检查和验收标准做出规定，采取有效的纠正和预防措施，保障各工序和过程的质量，并对质量事故的处理做出相应规定。

8.3.4 施工质量保证措施要点

制定符合项目特点的技术保障和资源保障措施，通过可靠的预防控制措施，保证质量目标的实现。应采取各种有效措施，确保项目质量目标的实现，这些措施主要包括：

1 原材料质量保证措施；

2 加工制作质量保证措施；

3 现场安装质量保证措施；

4 关键过程、特殊过程、重点工序的质量保证措施；

5 焊接质量保证措施；

6 成品保护措施；

7 恶劣气候、特殊环境质量保证措施等。

8.3.5 施工质量保证措施的主要内容

1 加工制作质量控制。加工制作质量控制的重点在于原材料进场、下料、组装、拼接、制孔、除锈涂装、摩擦面处理过程质量，以及构件包装、运输的成品保护。

2 现场测量质量控制。进行测量仪器的选定和检定，检校专用仪器，准备测量资料和表格；建立定位依据的坐标控制点、场地平面控制网、标高控制网和平面设计图之间的对应关系，进行核算；测设场地平面控制网和标高控制网点在基坑外围稳固地点和围墙边，做好控制桩并做出明显标记，妥善保护。

3 预埋件安装质量控制。控制好地脚螺栓（群）等预埋件的位置、垂直度、长度和标高，提高结构安装质量。基础混凝土浇筑前，必须严格检查预埋施工方法的合理性、可靠性，以及各项实测指标是否在规范规定范围内。

4 焊接质量控制。必须从预先准备、施焊过程和成品检验各个环节，切实控制焊接工程的质量。主要包括以下内容：

1）检查焊接原材料出厂质量证明书；

2）检查焊工上岗证；

3）进行必要的焊接工艺试验；

4）施焊过程中加强巡视检查，监督落实各项技术措施；

5）严格进行焊缝质量外观检查和焊缝尺寸实测；

6）严格进行无损检测工作。

5 高强度螺栓连接质量控制。高强度螺栓连接工程，也是施工质量的薄弱环节之一，因此，必须严格按照施工工序检验，杜绝气割扩孔，使高强度螺栓连接施工质量受控。

6 除锈及涂装质量控制。钢结构的除锈和涂装质量直接影响钢结构使用期间的维护费用，还影响钢结构工程的使用寿命、结构安全及发生火灾时的耐火时间（防火涂装），因此，应对各个工序进行严格的检查验收。具体措施包括：

1）对钢构件的除锈质量，按照设计要求的等级进行验收；

2）检查涂装原材料的出厂质量证明书，防火涂料还要检查消防部门的认可证明；

3）涂装前彻底清除构件表面的泥土、油污等杂物；

4）涂装施工应在无尘、干燥的环境中进行，且温度、湿度符合规范要求；

5）涂刷遍数及涂层厚度要符合设计要求；

6）对涂层损坏处要做细致处理，保证该处涂装质量；

7）认真检查涂层附着力；

8）严格进行外观检查验收，保证涂装质量符合规范及标准要求。

8.3.6 检验试验计划内容

1 原材料复试计划；

2 检验批计划。

8.4 施工安全管理计划制定原则

8.4.1 施工安全管理计划编制内容

施工安全管理计划编制的主要内容应包括：

1 施工安全目标；

2 施工安全管理体系及管理制度；

3 施工安全技术保证措施；

4 施工安全作业设施的规划和设计；

5 应急预案等。

8.4.2 施工安全目标要点

明确合同要求的施工安全目标，包括但不限于以下内容：

1 杜绝重伤及死亡事故；

2 工伤事故月度额率控制在1‰以内；

3 无重大工程结构事故；

4 无重大机械设备事故；

5 无重大火灾事故；

6 无危险品爆炸事故；

7 无中毒事故。

8.4.3 施工安全管理体系及管理制度要点

1 确定施工安全管理组织架构，明确各组织安全管理职能；建立以项目经理为首的安全生产领导小组。主要职责包括：

1）明确项目经理为项目安全生产目标管理计划制定与实施的第一责任人；

2）项目经理与本企业签订项目安全生产目标管理责任书；

3）建立、实施、考核全员、全方位、全过程安全生产责任目标管理；

4）提供安全生产所需的资源，实现安全管理目标。

依据有关规定和施工项目规模，现场安全管理机构应由项目经理、技术负责人、技术员、材料员、设备员、专职安全生产管理人员及劳务队伍负责人等成员组成，并应编制施工现场安全管理机构网络图。

2 制定安全管理制度，主要包括以下内容：

1）安全生产责任制度；

2）安全生产教育培训制度；

3）特种作业持证上岗制度；

4）专项方案管理制度；

5）起重机械安全监管制度；

6）危及施工安全的工艺、设备、材料淘汰制度；

7）施工现场消防安全制度；

8）生产安全事故应急救援制度；

9）企业管理体系所要求的制度。

8.4.4　施工安全技术保证措施要点

1　起重设备安全技术保证措施；

2　起重吊装安全技术保证措施；

3　结构临时稳定技术保证措施；

4　安全操作设施技术保证措施；

5　消防技术保证措施；

6　恶劣气候施工技术保证措施；

7　安全用电技术保证措施等。

8.4.5　施工安全作业设施的规划和设计要点

1　垂直登高；

2　水平通道；

3　作业平台；

4　临边洞口；

5　防坠隔离等。

施工安全作业设施规划和设计要点中，应包含施工安全设施总体布置图、立面图、剖面图、相关安全设施详图、节点详图等相关图纸。相关安全设施应说明材料、截面，并附相关计算书。

8.4.6　应急预案要点

1　危险源辨识。在危险源评估的基础上，对其可能发生事故类型、季节、部位、严重程度进行确定。

2　应急预案组织架构，主要包括应急组织架构，应明确应急组织形式、构成单位和人员；

3　指挥机构及职责为，确定总指挥、副总指挥、各成员单位及人员，明确应急救援工作小组、工作任务及主要负责人职责。

4　针对危险源的应急措施，主要包括：

1）事故应急处置程序；

2）现场应急处置措施；

3）报警电话及上级管理部门、相关应急救援单位和人员联系方式；

4）事故报告内容和基本要求等。

5　应急物资设备准备。明确应急物资和装备的类型、数量、性能、存放位置、管理责任人及联系方式等。

6　应急救援道路平面布置图、应急医疗急救路线图、救援联系电话等。

8.5 施工环境管理计划制定原则

8.5.1 施工环境管理计划编制内容

施工环境管理计划编制的主要内容应包括：

1 施工环境管理目标；

2 施工环境管理体系及管理制度；

3 环境因素识别；

4 施工环境保证措施；

5 绿色施工等。

8.5.2 施工环境管理目标要点

明确合同要求的施工环境管理目标、绿色施工目标，按层级分解管理指标。

8.5.3 施工环境管理体系及管理制度要点

1 确定施工环境管理组织架构；

2 明确各组织施工环境管理职能；

3 制定施工环境管理制度。

8.5.4 施工环境因素识别

识别环境因素时，应考虑三种时态、三种状态和七种类型。

1 环境因素的三种时态如下：

1) 过去时：以往遗留的环境问题。

2) 现在时：现有污染及环境问题。

3) 将来时：将来可能产生的环境问题。

2 环境因素的三种状态如下：

1) 正常状态：在正常施工条件下，可能产生的环境问题。

2) 异常状态：在可以预见的情况下产生的与正常状态有较大不同的环境问题。

3) 紧急状态：突发事件带来的环境因素。

3 环境因素的七种类型如下：

1) 大气排放：如扬尘、粉末、废气等；

2) 水体排放：如生活污水、施工废水排放；

3) 废弃物处置：如有毒有害废弃物的处置；

4) 土地污染：如油品、化学品的泄漏；

5) 对居民的影响：如噪声等；

6) 原材料与自然资源的消耗；

7) 其他环境污染：如光污染、电磁污染等。

将识别的潜在的重大环境影响因素编制成《环境因素识别及应对措施表》，作为文件信息发布告知相关方和施工作业人员，并保留更新后的文件信息。

8.5.5 施工环境保证措施要点

1 水体环境保护措施内容如下：

1) 生活污水处理措施；

2）施工废水处理措施。

2　大气污染控制措施内容如下：

1）施工粉尘防治措施；

2）废气排放控制措施

3　噪声污染防治措施内容如下：

1）工程施工噪声源主要包括：施工机械、运输车辆、施工作业等。

2）施工机械噪声的控制措施；

3）运输车辆噪声的控制措施；

4）施工作业噪声的控制措施；

5）工程施工噪声的监测措施。

4　固体废弃物处理措施内容如下：

1）施工垃圾、生活垃圾处理措施；

2）施工废渣、废料处理措施。

5　危险化学品控制措施内容如下：

1）采购及验收管理；

2）装卸及运输管理；

3）储存管理；

4）使用管理。

6　光污染控制措施。

7　现场环境卫生保持措施。

8　施工现场防扰民措施等。

8.5.6　绿色施工保证措施要点

1　节水保证措施；

2　节地保证措施；

3　节材保证措施；

4　节能保证措施等。

8.6　施工成本管理计划制定原则

8.6.1　施工成本管理计划编制内容

施工成本管理计划编制的主要内容应包括：

1　施工成本管理目标；

2　施工成本管理体系及管理制度；

3　施工成本保证措施等。

8.6.2　施工成本管理目标要点

明确项目施工成本管理目标。

8.6.3　施工成本管理体系及管理制度

1　确定施工成本管理组织架构；

2　明确各组织施工成本管理职能；

3 制定施工成本管理制度。

8.6.4 施工成本保证措施要点

1 原材料采购成本保证措施；

2 特殊材料采购成本保证措施；

3 劳动力成本保证措施；

4 机械设备成本保证措施；

5 主要措施材料机具成本保证措施等。

8.7 施工其他管理计划制定原则

根据项目实际需求，针对性编制其他管理计划内容。

8.8 实际工程项目工程施工管理计划说明示例

8.8.1 示例一：某项目施工质量管理计划

为了本项目施工质量达到优良标准，必须对整个施工项目实行全面质量管理，建立行之有效的质量保证体系，按 ISO9000—GB/T 19000 系列标准和质量保证体系文件成立以项目经理为首的质量管理机构，通过全面、综合的质量管理以预控钢结构材料、制作、运输、安装、钢结构防腐等流水过程中各种不相同的质量要求和工艺标准。

1 质量指导思想

牢固树立"用户至上"的思想，创优质工程、让业主满意。严格按照《质量管理体系要求》GB/T 19001，建立和完善质量保证体系，依法承担施工企业对工程质量的控制保证责任。

2 质量方针

坚决贯彻执行"精吊细筑、顾客满意、持续发展"的质量方针。

3 质量目标

工程合格率100%，顾客投诉处置率100%，顾客满意率大于75%。

4 质量管理体系及管理制度

1）质量管理体系（图 8.8.1）

（1）成立以项目经理为首的质量保证组织机构，定期开展质量统计分析，掌握工程质量动态，全面控制各分部分项工程质量。项目上配备专职质检员，对质量实行全过程控制。

（2）树立全员质量意识，贯彻"谁管生产，谁管理质量；谁施工，谁负责质量；谁操作，谁保证质量"的原则，实行工程质量岗位责任制，并采用经济手段来辅助质量岗位责任制的落实。

2）质量管理制度

（1）技术交底制度

坚持以技术进步来保证施工质量的原则，技术部门编制有针对性的施工组织设计。

（2）质量预检制度

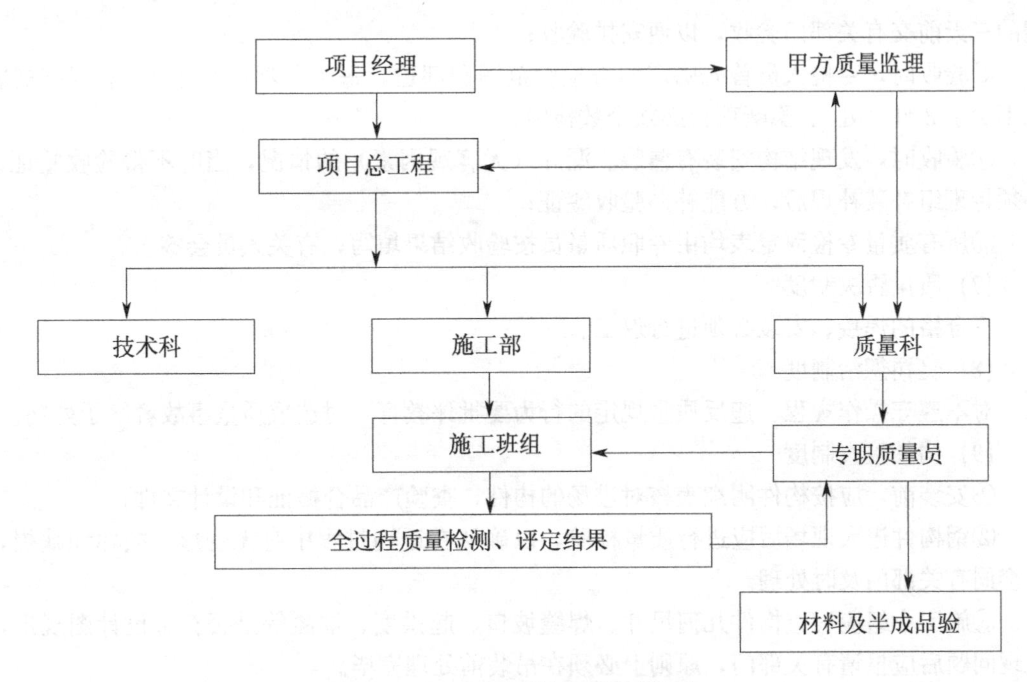

图 8.8.1 项目质量组织管理体系

①结构安装前，由校正工对轴线、标高和各类主要分项构件进行预检，并按规定做好原始记录，且由施工负责人提供必要的上道工序质量资料，作为下道工序可以施工的质量依据；

②一般构件由起重班组负责目测检查，对构件型号不符、扭曲变形或埋件遗漏、错位等质量问题应立即向施工负责人反映，由施工负责人及时通知有关技术部门研究处理，同时签办好技术核定单。

(3) 质量自检制度

①每个操作岗位应对完成的部位随时进行自检，凡质量不符合标准的，要及时修正；

②自检记录表中，校正资料由校正工记录，焊接资料由电焊工记录。切角工序检验记录表、螺栓摩擦面处理质量检验记录由施工负责人对实物检查并记录。

(4) 质量交接检查制度

班组或工种工序间交接时，应由施工负责人组织各工种负责人进行交接检查，认真检查上道工序质量，上道工序质量合格后，方能进行下道工序施工。

(5) 质量专检制度

①质量专检人员应对单位工程进行质量抽查，若发现问题及时督促施工现场整改；

②结构安装工程中的隐蔽工程分项，必须在隐蔽前由施工负责人组织专职质量人员共同检查验收，并签办隐蔽工程验收单。

(6) 单位工程质量验收制度

①结构安装工程全部结束后（包括电焊收尾），应由施工负责人组织有关工种人员进行质量检查，确认各分项质量合格，现场技术资料齐全后，方可申报工程验收；

②验收前施工负责人负责检查并整理好全套交工技术资料，在与有关方面约定验收日

期的三天前交有关部门验收，以便安排验收；

③验收时，专检人员首先确定抽查检验范围和部位，每个分项不小于10%，特殊情况不少于3件（处）。隐蔽项目必须全数检验；

④验收时，发现结构安装有漏装、漏焊（无客观因素）的情况，当时不得验收签证，必须待班组补装补焊后，方能补办验收签证；

⑤所有质量专检评定表均由专职质量员按验收结果填写，有关人员会签。

(7) 质量否决制度

不合格的焊接、安装必须进行返工。

(8) 奖罚惩治制度

对不遵守操作规程、违反质量规定的行为要批评教育，对造成质量事故者给予处罚。

(9) 构件检查制度

①安装前，应按构件明细表核对进场的构件，查验产品合格证和设计文件；

②钢构件进入现场后应进行质量检验，以确认在运输过程中有无变形、损坏和缺损，并会同有关部门及时处理。

③施工小组应检查构件几何尺寸、焊缝坡口、起拱度、油漆等是否符合设计图规定，发现问题后应报请有关部门，原则上必须在吊装前处理完毕。

(10) 提高工作质量，保证产品质量，坚持“五步到位”。在各项分部工程施工中，施工管理人员要做到：

①操作要点交底到位；

②上下工序交接到位；

③上下班交接到位；

④关键部位的检查、验收到位；

⑤各种材料、设备和加工构件进场验收到位。

(11) 严格工序交接验收管理。对每一个工作环节进行层层监控，确保每一个工作环节的质量有可靠的保障，决不把某个环节的质量隐患带到下一个工作环节中去。做到工作有目标、检验有标准、操作有规范，一切工作都按质量要求进行。

(12) 实现目标管理，进行目标分解，把工程质量责任落实到各部门及人员，从项目的各部门到班组，层层落实，明确责任，制定措施，从上到下层层展开，使全体职工在生产的全过程中用从严求实的工作质量，精心操作工序，实现质量目标。

(13) 开展质量管理小组活动，攻关解决质量问题，同时做好质量管理总结工作，建立质量小组与各工序小组的质量控制网络。

(14) 制定工程的质量控制程序，建立信息反馈系统，定期开展质量统计分析，掌握质量动态，全面控制工程质量。

(15) 采取各种不同的途径，用全面质量管理的思想，观点和方法，使全体职工树立起“安全第一”和“为用户服务”的观点，以员工的工作质量保证工程的产品质量。

(16) 严格遵循现行的施工验收规范和质量标准、施工图纸及设计说明、油漆厂商提供的施工要领书等有关标准。

(17) 把好材料采购、检验（复检）、试验关，所有材料做到质保资料齐全，具有可追溯性。

5 装配件割除与打磨

为了顺利完成安装，在施工中运用了一些临时固定措施，有一部分是焊接在构件上的，诸如临时固定耳板等。

在割除这些装配件时，应当按规定打磨，打磨后的要求应当符合有关规定，严防损伤母材，打磨后一定要满足构件的外观和质量以及下道涂装工序的要求。

6 减少结构误差的保证措施

(1) 为防止阳光对钢结构照射产生偏差，放线工作要安排在早晨与傍晚进行；

(2) 钢尺要统一，使用时要进行温度、拉力校正；

(3) 在构件加工厂的监督加工中，监督员认真复核构件外形尺寸，特别对螺孔进行严格复查，确保构件按图加工；

(4) 柱标高调整采用垫片或地脚螺栓。由于制作的累计误差都集中在吊装工作上，为控制楼层标高，在钢柱加工时，柱长做负偏差，标高可用插片调整；

(5) 在构件加工厂的监督加工中，监督员认真复核构件外形尺寸，特别对螺孔进行严格复查，确保构件按图加工。

7 焊接质量的保证措施

(1) 为减少焊缝中扩散氢含量，防止冷裂和热影响区延迟裂纹的产生，在坡口的尖部均采用超低氢型焊条打底，然后，用低氢型焊条或气体保护焊丝施焊。

(2) 每条焊缝在施焊时要连续一次完成，大于4小时的焊接量的焊缝，其焊缝必须完成2/3以上才能停止施焊，在二次施焊时，应先预热再施焊，间歇后的焊缝开始工作后中途不得停止。

(3) 气候条件：雨天原则上停止焊接，风速8m/s以上不准焊接，一般情况下，为充分利用时间，减少气候的影响，采用防雨和挡风措施后方可焊接；气温在0℃以下时，焊缝应采取保温措施。

(4) 厚板施焊前应预热，在焊完后需进行后热，使其自然冷却。

8 检验试验计划

(1) 焊接材料应按国家高层钢结构安装验收标准要求进行复试。

(2) 根据图纸要求对焊缝进行检查检验。

所有的全熔透焊缝、全部柱的拼接焊缝、用于外围框架的半熔透焊缝、出屋面（66层以上）的天线构架的全熔透及半熔透焊缝按100%超声波探伤。

8.8.2 示例二：某项目施工进度管理计划

1 施工进度保证措施

1) 在最短时间内进场进行施工准备工作，尽快熟悉工程情况，全面了解影响工期的各方面因素，并由分管施工生产的副总经理每周召开协调会。

2) 项目经理部认真研究并以投标书为蓝本，对施工进度、机械进场、材料进场和劳动力计划进行细化和优化。

3) 项目经理部以周计划控制分部分项工程进度，按计划要求每周召开一次平衡调度会，及时解决劳动力、施工材料、设备调度问题，确保工程按计划实施。

4) 加强施工组织管理，使各分部分项工序以最大限度进行合理搭接，做到前道工序施工为后道工序创造良好环境，提高工作效率，保证按计划正常运转。

5）充分发挥联合体双方的施工组织管理的优势，由项目经理部分派管理人员按工序，分区域、流水段交叉施工，进行全过程监控，确保工期目标实现。

6）充分利用联合体双方充裕的机械设备优势，调配垂直运输机械、吊装设备等满足工程需要，随时按需调运现场，为加快工程进度作有力保证。

7）为加快施工进度，视施工进度需要，组织设备材料超常规投入，配备足够的材料，确保相应的设备和材料，保证工程施工顺利进行。

2 管理保证措施

1）推行目标管理，根据业主、监理和总包单位审核批准的进度计划控制目标。

2）编制工程施工总进度计划，并在此基础上进一步细化，将总计划目标分解成为阶层目标，分层次、分项目编制计划，进一步分解到季周日并分解到班组和作业面。

3）以周保月、以月保季的计划目标管理体系，保证工程施工进度满足总体进度要求。

4）建立严格的进度审核制度，掌握主要关键路线施工项目的资源配置，对于非关键路线施工上的项目也要分析其合理性，避免非关键路线以后变成关键路线，给工程进度控制造成不利。

5）建立例会制度，在例会上检查工程实际进度，并与计划比较，找出进度偏差并分析产生原因，研究解决措施。

6）加强与业主、监理、设计单位的合作与协调，对出现的问题及时达成共识。

7）加强分包商的施工协调与进度控制，并为分包商施工创造良好条件。

3 技术保证措施

1）在施工生产中影响进度的因素纷繁复杂，如设计变更、技术、资金、机械、材料、人力、水电供应、气候、组织协调等，要保证目标总工期的实现，就必须采取各种措施预防和克服上述影响进度的诸多因素，其中从技术措施入手是最直接有效的途径之一。

2）设计变更包括改变部分工程的功能引起的变更施工工作量，以及因设计图纸变更或补充造成影响。对此，项目经理部要通过理解图纸与业主意图，进行自审、会审和与设计院交流，采取主动姿态，最大限度地实现事前预控，把影响降到最低。

3）合理制定施工流程，采用流水搭接施工，各专业紧密跟进，从总体部署上确保进度计划的顺利实现。

4）充分发挥公司技术力量雄厚的优势，大力应用、推广新材料、新技术、新工艺，运用现代化项目管理手段或工具为本工程服务。

5）选择企业内各专业资深专家组建本项目的专家委员会，为工程出谋划策、解决疑难问题，确保不因技术原因拖延工期。

4 资源保证措施

1）劳动力保证措施

根据方案实施要求及施工进度和劳动力需求计划，集结施工队伍，组织劳动力分批进场，并建立相应的组织体系和管理制度。

对于根据工程项目需要，在合格劳务分包商中选择长期合作、具有相应资质的成建制队伍作为劳务分包，工程中标后即签订合同，做好施工前准备工作，确保准时进场。关键工种将采用自己公司的队伍。

对施工人员所需的生活后勤做好充分准备，以保障施工需要。

2）物质保证措施

建立专门的物质管理部门，负责工程施工设备的管理、承包范围内的机电设备、材料的采购及管理工作。

有完善的物资分供商服务网络及拥有大批重合同、守信用、有实力的物资分供商，保证工程所需物资及时进场。

设备及材料管理部根据施工进度计划，每月编制物资需用量计划和采购计划，按施工进度计划要求进场。做到既满足施工要求，又要使现场无太多的积压，以便有更多的场地安排施工。

8.8.3　示例三：某项目施工安全管理计划

1　保障施工安全的管理措施

1）安全生产管理网络

为了在施工全过程进行有效的安全管理，必须健全安全生产管理网络，明确安全管理目标，落实安全生产岗位责任制。同时，应该加强施工过程的安全监管，把不安全因素消灭在萌芽状态。钢结构施工安全组织网络如图8.8.3所示。

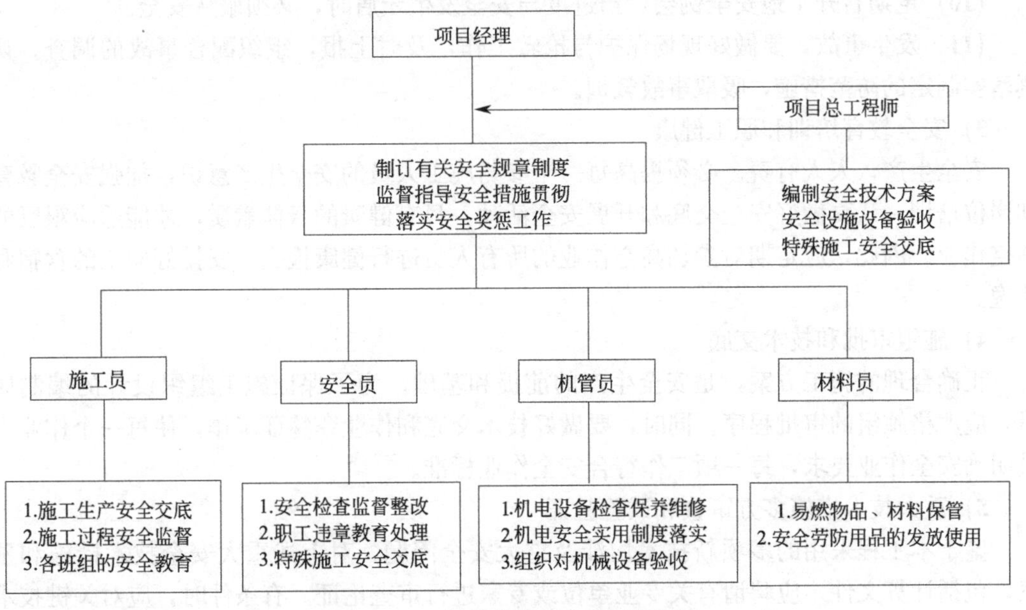

图8.8.3　钢结构施工安全组织网络

1）安全施工目标

本工程的安全管理目标为：死亡率为0；重伤率为0；轻伤率≤0.8‰。施工过程严格遵照安全目标执行。

2）岗位安全职责

建立以项目经理为组长、项目工程师为副组长、专职安全员和各部组负责人为组员的项目安全生产领导小组，形成纵横网络管理体制。在项目实施过程中，各管理人员均有相应的安全生产岗位责任，主要管理人员的职责如下：

（1）负责贯彻执行国家及上级有关安全生产的方针、政策、法律、法规。

（2）督促本项目工程技术人员、工长及班组长在各项目的职责范围内做好安全工作，不违章指挥。

(3) 组织制定或修订项目安全管理制度和安全技术规程，编制项目安全技术措施计划并组织实施。

(4) 组织项目工程业务承包，确定安全工作的管理体制，明确各业务承包人的安全责任和考核指标，支持、指导安全管理人员的工作。

(5) 健全和完善用工管理手续制度，认真做好专业队和上岗人员安全教育，保证他们的健康和安全。

(6) 组织落实施工组织设计中安全技术措施，组织并监督项目工程施工中安全技术交底制度和设备、设施验收制度的实施。

(7) 领导、组织施工现场定期的安全生产检查，发现施工生产中不安全问题组织制订措施，及时解决。对上级提出的生产与管理方面的问题要定时、定人、定措施予以解决。

(8) 不打折扣地提取和用好安全防护措施费，落实各项安全防护措施，实现工地安全达标。

(9) 每天亲临现场巡查，发现问题通过整改指令书向工长或班组长交代。

(10) 定期召开工地安全例会，当进度与安全发生矛盾时，必须服从安全。

(11) 发生事故，要做好现场保护与抢救工作，及时上报，组织配合事故的调查，认真落实制定的防范措施，吸取事故教训。

3) 安全教育培训和职工健康

安全生产，人人有责。必须提高每一个参与施工人员的安全生产意识，加强安全教育和岗位培训，认真做好安全交底和开展安全活动。只有健康的身体素质，才能适应艰巨的高空作业。因此，应定期对参加高空作业的所有人员进行健康检查，安排好职工的食宿和劳逸。

4) 施组审批和技术交底

正确合理的施工方案，是安全生产的前提和基础。为了保证施工组织设计的编制质量，应严格施组的审批程序。同时，要做好技术交底和作业令签证工作，使每一个作业人员明确安全作业要求，每一项工作符合安全作业标准。

5) 重大技术措施多方审查和试验验证

鉴于本工程采用的多项新技术均涉及重大安全问题，对上述重大安全技术措施和预案，包括计算文件，应聘请有关专业单位或专家进行审查论证。有条件时，应对关键技术事项进行试验验证，确保万无一失。

6) 安全设施和动态管理

钢结构安装为超高空作业，只有依靠合理完备的安全操作设施，才能保障施工安全。安全设施方案必须满足施工要求，符合现场实际，并确保施工人员的安全；安全设施必须根据施工进度及时搭拆，注意搭设的质量，使用前应检查验收；施工现场千变万化，必须对安全设施进行有效的动态管理，确保施工安全。

7) 施工过程安全管理控制措施

(1) 前期安全工作

在施工开始前，组织各合作单位编制施工组织设计，项目经理部进行汇总审核，并指导各合作单位在实施搭接、交叉工作中的施工安全措施协调。

(2) 安全教育工作

建立、健全对施工人员的日常安全教育、技术培训和考核制度，并严格组织落实。建立、健全施工人员的上岗证制度，特别是从事特殊工的人员，按国家规定培训上岗。

(3) 安全管理责任人

项目经理为负责施工安全的责任人。根据本工程的性质、规模和特点，并配专职安全管理员。

(4) 安全技术措施

在编制正式施工组织设计中，技术人员向安全员、施工人员（包括管理和劳务人员）进行安全技术交底。

(5) 施工安全防护设施的设置

现场施工应达到安全条件，施工现场的防护设施应按下列要求：

①根据工程进度及时调整和完善防护措施；

②对于事故易发区，设置专项的安全设施及醒目的警示标志；

③根据季节或天气的变化，调整安全防护措施。

(6) 机械、机具、电器设备的安装和使用

安装前按规定进行检测，合格后使用；

使用前，按规定进行安全性能试验，合格后使用；

使用期间，指定专人负责维修、保养，保证其完好、安全。

(7) 电器安全防护及防火安全

保持变配电设施和输配电线路处于安全、可靠的可使用状态；

确保用火作业符合消防要求。

2　安全作业设施的规划和设计

由于本工程钢结构安装为超高空作业，楼层旋扭收缩。高空坠物带来的伤害风险也随着高度增加。因此，根据结构和施工特点，合理规划、统筹安全作业设施就极为重要。安全作业设施主要包括垂直登高、水平通道、作业平台、桁架安装脚手架、防坠隔离、临边护栏等方面。

1）垂直登高

核心筒内劲性钢结构安装用垂直登高，具体安排如下：

(1) 13 层以下劲性结构安装

根据整体施工流程安排情况，土建 13 层以下采取落地式满堂脚手作为施工安全措施进行核心筒混凝土结构的浇筑，上部结构采取整体式提升钢平台进行施工。因此，13 层以下钢结构，利用土建核心筒施工安全操作脚手进行施工操作。

(2) 13 层以上劲性结构安装

此阶段土建核心筒钢平台已经安装到位投入使用，因此，施工阶段垂直登高主要借用土建核心筒内直接通向钢平台的施工电梯。

2）水平通道

在钢结构安装过程中，楼层钢梁是施工人员通向安装连接操作部位的水平行走构件，由于钢梁上翼缘板的宽度不大，一般情况下，施工人员在没有安全措施情况下行走是极不安全的，必须采用适当的安全设施加以解决，通常的方法是在楼层的适当部位设置安全通

道与在钢梁上安装扶手绳结合使用。

作为钢结构安装施工的措施之一，安全通道是相当重要的。作为钢结构楼层施工通道，起着形成施工道路的作用。径向水平通道利用主梁梁面并设置扶手栏杆来构成，为防止滑倒，在梁面设防滑条，单侧设扶手护栏（梁宽超过 400mm 的钢梁设置双面扶手栏杆）。行走的钢梁设置生命线作为安全设施。

3）作业平台

为了满足外围框架钢柱的对接连接和焊接、外围框架主次梁的连接、外围框架钢柱与钢梁的连接等作业，需要搭设专门的施工作业平台和脚手架。

4）防坠隔离

随着建筑物的高度不断升高，高空操作人员和物体坠落引起安全伤害的危险性越来越大，规划设置防坠隔离设施是根本措施之一。在楼层平面布置安全网，利用每一层楼层主梁近下翼缘处开设的构造孔张设安全网。每个楼层的安全网均待压型组合钢楼板铺设完成后才予拆除，最大限度发挥其防坠功能。

5）临边护栏

在结构楼层上留有孔洞和外侧边沿处，按规定设置封闭护栏，由于施工过程需要临时拆除的临边防护需要派专人把守，构件安装到位后立即将防护恢复原位。

第 9 章　危大专项方案的编制要点

9.1　危大专项方案的范围与编制原则

9.1.1　需要编制专项方案的工程范围

依据“住房和城乡建设部办公厅关于实施《危险性较大的分部分项工程安全管理规定》有关问题的通知（建办质〔2018〕31 号）”，钢结构工程中，属于危险性较大的分部分项工程范围包括：

1　承重支撑体系：用于钢结构安装等满堂支撑体系；

2　起重吊装及起重机械安装拆卸工程，包括以下内容：

1）采用非常规起重设备、方法，且单件起吊重量在 10kN 及以上的起重吊装工程。

2）采用起重机械进行安装的工程。

3）起重机械安装和拆卸工程。

3　其他，包括以下内容：

1）钢结构、网架和索膜结构安装工程。

2）采用新技术、新工艺、新材料、新设备可能影响工程施工安全，尚无国家、行业及地方技术标准的分部分项工程。

9.1.2　需要编制专项方案且需要专家论证方案的工程范围

依据“住房和城乡建设部办公厅关于实施《危险性较大的分部分项工程安全管理规定》有关问题的通知（建办质〔2018〕31 号）”，钢结构工程中，超过一定规模的危险性较大的分部分项工程范围包括：

1　承重支撑体系：用于钢结构安装等满堂支撑体系，承受单点集中荷载 7kN 及以上。

2　起重吊装及起重机械安装拆卸工程，包括以下内容：

1）采用非常规起重设备、方法，且单件起吊重量在 100kN 及以上的起重吊装工程。

2）起重量 300kN 及以上，或搭设总高度 200m 及以上，或搭设基础标高在 200m 及以上的起重机械安装和拆卸工程。

3　其他，包括以下内容：

1）跨度 36m 及以上的钢结构安装工程，或跨度 60m 及以上的网架和索膜结构安装工程。

2）采用新技术、新工艺、新材料、新设备可能影响工程施工安全，尚无国家、行业及地方技术标准的分部分项工程。

9.1.3　危大专项方案的编制原则

1　编制主体

危险性较大的分部分项工程，施工单位应在施工前组织工程技术人员编制专项施工方案。

实行施工总承包的，专项施工方案应当由施工总承包单位组织编制。危大工程实行分包的，专项施工方案由相关专业分包单位组织编制。

2　方案编制原则

1）满足和适应工程整体和阶段性施工的要求。

2）遵守现行法律法规、有关施工安全技术标准的规定。

3）符合现场的实际情况，内容完整、全面、有针对性，可操作性。制订的方案在资源、技术上提出的要求应该与当时已有的条件或在一定时间能争取到的条件相吻合。

4）满足合同要求的工期，在施工组织上要统筹安排，均衡施工，在技术上尽可能地采用先进的施工技术、施工工艺、新材料。

5）确保工程质量和施工安全。制订的方案应充分考虑工程质量和施工安全，并提出保证工程质量和施工安全的技术组织措施。

6）在合同价控制下，尽量降低施工成本，使方案更加经济合理。

3　审批流程

1）危险性较大的分部分项工程

专项施工方案应当由施工单位技术负责人审核签字、加盖单位公章，并由总监理工程师审查签字、加盖执业印章后方可实施。

危大工程实行分包并由分包单位编制专项施工方案的，专项施工方案应当由总承包单位技术负责人及分包单位技术负责人共同审核签字并加盖单位公章。

2）超过一定规模的危险性较大的分部分项工程

对于超过一定规模的危大工程，施工单位应当组织召开专家论证会对专项施工方案进行论证。实行施工总承包的，由施工总承包单位组织召开专家论证会，参会人员应包论证专家、建设单位项目负责人、有关勘察、设计单位项目技术负责人及相关人员、总承包单位和分包单位技术负责人或授权委派的专业技术人员、项目负责人、项目技术负责人、专项施工方案编制人员、项目专职安全生产管理人员及相关人员、监理单位项目总监理工程师及专业监理工程师等。专家论证前专项施工方案应当通过施工总包单位审核批准并签字盖章，总监理工程师审查通过并签字盖章。

专家应当从地方人民政府住房和城乡建设主管部门建立的专家库中选取，符合专业要求且人数不得少于5名。与本工程有利害关系的人员不得以专家身份参加专家论证会。

专家论证主要内容应包括：

（1）专项施工方案内容是否完整、可行；

（2）专项施工方案计算书和验收依据、施工图是否符合有关标准规范；

（3）专项施工方案是否满足现场实际情况，并能够确保施工安全。

专家论证会后，应当形成论证报告，对专项施工方案提出通过、修改后通过或者不通过的一致意见。专家对论证报告负责并签字确认。

超过一定规模的危大工程专项施工方案经专家论证后结论为“通过”的，施工单位可参考专家意见自行修改完善；结论为“修改后通过”的，专家意见要明确具体修改内容，施工单位应当按照专家意见进行修改，且履行有关审核和审查手续后方可施工，修改情况应及时告知专家。

专项施工方案经论证不通过的，施工单位修改后应当按照有关规定的要求重新组织专家论证。

9.2 危大专项方案的内容

9.2.1 专项施工方案的主要内容

专项施工方案的主要内容应当包括：

1 工程概况。包括危大工程概况和特点（重点说明危大或超危工程分部区域、构件形式、主要构件单件重量、总用钢量、材质等内容、项目周边环境如邻近建筑物、周边道路及地下管线、高压线路等特殊情况、建设地点气象条件、项目施工重难点、施工分区及顺序）、施工平面布置（应包括详细的施工平面布置图，重点体现钢结构堆场、拼装场地、塔式起重机布置、移动吊装设备行走路线等信息，可分施工阶段、施工分区进行表述并附图，情况复杂时可配合使用剖面图、立面图进行说明）、施工要求和技术保证条件（除应对质量与进度提出施工要求并提供技术保证条件外，还应特别对安全问题、安全措施提出施工要求并提供相应技术保证条件）；

2 编制依据。包括相关法律、法规、政府部门文件、标准规范及施工图设计文件、施工组织设计等，本部分内容应注意相关性、时效性与合法性，过时的文件与标准规范、非正式施工图纸及未审批通过的施工组织设计等均不能作为编制依据；

3 施工准备与施工计划：施工准备包括技术准备（施工所需技术资料的准备、图纸会审、安全专项方案编制、技术交底要求、工作业人员培训教育等）、现场准备（测量控制点交接和复核、临水临电、现场临时道路、场地、安全防护设施等准备工作）。施工计划包括施工进度计划、材料与设备计划，本部分内容应突出施工的季节性，并提出季节性带来的施工问题（如冬期施工、高温施工、雨期施工等），其材料与设备计划应包括安全设施与设备等供应计划；

4 施工工艺技术。包括技术参数、工艺流程、施工方法、操作要求、检查要求等，其中技术参数应根据分段原则和列出构件分段后的单件重量等参数，起重设备的型号和性能表等，吊装工艺流程应配合吊装工艺图纸进行说明，检查要求应包括对安全措施的检查；

5 施工安全保证措施。包括组织保障措施、安全技术措施、监测与控制措施等，其中监测与控制措施应提供专项方案，如由第三方进行监测，必须认真审核其资质与从业水平；

6 施工管理及作业人员配备和分工。包括施工管理人员、专职安全生产管理人员、特种作业人员、其他作业人员等，特殊人员必须持证上岗，并具有一定的工作经验，同时应签署岗位工作内容与责任书；

7 验收要求。包括验收标准、验收程序、验收内容、验收人员等，本部分应注意验收内容的全面性（应包括结构实体、施工机具、安全措施、人员资质、应急设施、监测监控等）、验收程序的实时性（应强调全过程、分阶段进行）、验收标准等完备性（应对所有验收内容提供系统化验收标准，对没有现行规范或标准的应提前编制）；

8 应急处置措施。应编制应急处置措施方案（包括应急组织机构及分工、应急设施配备与布置、针对易产生事故的应急措施、处置流程、应急物资及救援线路等），并应在施工平面布置图中体现应急设施的布置；

9 计算书及相关施工图纸。计算书的内容应包括施工全过程中已建主体结构部分、正在吊装部分、吊装机具、安全设施、相关地基基础等关键时间节点的计算分析与验算结果，相关施工图纸应包括主体结构相关施工图纸、吊装部分的深化设计图纸（包括吊装结构、辅助构件、吊点、吊绳等）、安全设施图纸（如缆风绳、地锚，支架及其地基基础等）。

施工单位编制专项施工方案时，应在“施工工艺技术”中明确危大工程施工参数，并列清单。计算应取最不利构件及工况进行。

9.2.2 专项施工方案编制要点

1 跨度36m及以上的钢结构工程

1） 工程概况章节中，要对钢结构的结构形式、结构平面图、立面图、剖面图、构件截面规格、构件重量与材质、节点详图、支座详图等进行全面介绍。对钢结构施工的重点、难点、特点进行有针对性的分析，明确超危大工程项目施工的具体内容。

2） 编制依据应包括：国家、行业和地方相关规范、规程；企业标准；相关设计图纸；安全管理法规文件，如《建设工程安全生产管理条例》（国务院第393号令）、《危险性较大的分部分项工程安全管理规定》（住房和城乡建设部〔2018〕第37号令）、关于实施《危险性较大的分部分项工程安全管理规定》有关问题的通知（建办质〔2018〕31号）、项目所在地实施细则等；施工组织设计、相关施工方案、地质勘查报告等（37号令、31号文见第12章附录）。

3） 方案中要明确钢构件吊装单元的划分原则和安装顺序，且要合理可行。

4） 方案中要对主要施工工艺、施工方法进行详细描述，同时编写完善的、有针对性的安全保证措施。

5） 方案中要根据最重构件的重量、吊装半径、限高要求、吊机站位及吊装环境等选择满足施工需求的起重设备。在考虑动力系数的情况下，对最不利工况时吊机的起重能力进行核算（可参考《钢结构工程施工规范》GB 50755—2012第11.2.4条）。

6） 吊装用钢丝绳、吊耳、吊装带、卸扣、吊钩等的选用，应经过设计计算，并应在其额定许用荷载范围内使用（可参考《钢结构工程施工规范》GB 50755—2012第11.2.6条）。

7） 方案中要对工装胎架、承重支架进行详细计算与设计，并应附节点详图。

8） 单榀桁架（屋架）拼装时，应按设计要求或相关规范的规定在方案中明确起拱值。

9） 单榀桁架（屋架）侧向刚度较小时，在吊装过程中应采取必要的防止构件变形的措施。

10） 处于吊装状态易变形的构件或结构单元，应进行强度、稳定性和变形等相关验算，并且编写防止结构变形的相关保证措施（可参考《钢结构工程施工规范》GB 50755—2012第4.2.7条）。

11） 吊装由多个构件在地面组拼的重型组合构件时，吊点位置和数量要经计算确定，并在方案中明确标示（可参考《钢结构工程施工规范》GB 50755—2012第11.4.8条）。

12）施工阶段的临时支承结构和措施，应按施工工况的荷载作用进行相关设计计算；当临时支撑结构和措施对结构产生较大影响时，计算结果要提交原设计单位确认（可参考《钢结构工程施工规范》GB 50755—2012第4.2.5条）。

13）支承移动式起重设备的地面和楼面，尤其是支承地面处于边坡或临近边坡时，应进行承载力、变形验算或边坡稳定验算，必要时计算结果要提交原设计单位确认（可参考《钢结构工程施工规范》GB 50755—2012第4.2.9条）。

14）在吊装起重范围内涉及空中、地下障碍物时，方案中要有相关防护措施。

15）钢结构施工阶段的结构安全，要进行正确的相关仿真模拟分析计算，保证施工安全正常进行（可参考《钢结构工程施工规范》GB 50755—2012第4.2.1条）。

16）吊装过程或卸载过程需要监测时，在专项方案中要明确列出监测方案，主要内容包括：监测方法、监测周期、允许变形值及报警值；明确监测仪器设备的名称、型号和精度等级；中间监测结果的反馈和应用；绘制监测点平面布置图；监测监控管理规定。

17）卸载方案中要明确卸载方法、卸载时间、同步卸载措施，同时对卸载过程的变形进行计算，并在方案中明确计算结果。

18）专项方案中要结合工程的结构形式、安装工艺、安装高度、安装环境、当地气候等因素制定有针对性的季节安全施工方案。

19）要有完善的应急预案，主要内容包括：应急小组成员的名单、职责、联系电话以及施工地点与最近医院的路线示意图；施工过程中的风险；控制措施；施救措施；应急预案的启动条件等。

2　跨度60m及以上的网架安装工程

1）工程概况章节中，要对钢结构的结构形式、结构平面图、立面图、剖面图、构件截面规格、构件重量与材质、节点详图、支座详图等进行全面介绍。对钢结构施工的重点、难点、特点进行有针对性的分析，明确超危大工程项目施工的具体内容。

2）编制依据应包括：国家、行业和地方相关规范规程；企业标准；相关设计图纸；安全管理法规文件如《建设工程安全生产管理条例》（国务院第393号令）、《危险性较大的分部分项工程安全管理规定》（住房和城乡建设部〔2018〕第37号令）、关于实施《危险性较大的分部分项工程安全管理规定》有关问题的通知（建办质〔2018〕31号）、项目所在地实施细则等；施工组织设计、相关施工方案、地质勘查报告等。

3）方案中要明确钢构件吊装单元的划分原则和安装顺序，且要合理可行。

4）方案中要对主要施工工艺、施工方法进行详细描述，同时编写完善的、有针对性的安全保证措施。

5）方案中要根据最重构件的重量、吊装半径、限高要求、吊机站位及吊装环境等选择满足施工需求的起重设备。在考虑动力系数的情况下，对最不利工况时吊机的起重能力进行核算（可参考《钢结构工程施工规范》GB 50755—2012第11.2.4条）。

6）吊装用钢丝绳、吊耳、吊装带、卸扣、吊钩等的选用，应经过设计计算，并应在其额定许用荷载范围内使用（可参考《钢结构工程施工规范》GB 50755—2012　第11.2.6条）。

7）方案中要对工装胎架、承重支架进行详细的计算与设计，并应附节点详图。

8） 网架拼装时，应按设计要求或相关规范规定在方案中明确网架起拱值。

9） 处于吊装状态易变形的构件或结构单元，应进行强度、稳定性和变形的相关验算，并且编写防止结构变形的相关保证措施（可参考《钢结构工程施工规范》GB 50755—2012 第 4.2.7 条）。

10） 网架分条分块吊装时，吊点位置和数量要经计算确定，并应在方案中标示清楚（可参考《钢结构工程施工规范》GB 50755—2012 第 11.4.8 条）。

11） 施工阶段的临时支承结构和措施，应按施工工况的荷载作用进行相关设计计算；当临时支撑结构和措施对结构产生较大影响时，计算结果要提交原设计单位确认（可参考《钢结构工程施工规范》GB 50755—2012 第 4.2.5 条）。

12） 支承移动式起重设备的地面和楼面，尤其是支承地面处于边坡或临近边坡时，应进行承载力、变形验算或边坡稳定验算，必要时计算结果要提交原设计单位确认（可参考《钢结构工程施工规范》GB 50755—2012 第 4.2.9 条）。

13） 在吊装起重范围内涉及空中、地下障碍物时，方案中要有相关防护措施。

14） 钢结构施工阶段的结构安全，要进行正确的相关仿真模拟分析计算，保证施工安全正常进行（可参考《钢结构工程施工规范》GB 50755—2012 第 4.2.1 条）。

15） 吊装过程或卸载过程需要监测时，在专项方案中要明确列出监测方案，主要内容包括：监测方法、监测周期、允许变形值及报警值；明确监测仪器设备的名称、型号和精度等级；中间监测结果的反馈和应用；绘制监测点平面布置图；监测监控管理规定。

16） 卸载方案中要明确卸载方法、卸载时间、同步卸载措施，同时对卸载过程的变形进行计算，并在方案中明确计算结果。

17） 专项方案中要结合工程的结构形式、安装工艺、安装高度、安装环境、当地气候等因素制定有针对性的季节安全施工方案。

18） 要有完善的应急预案，主要内容包括：应急小组成员的名单、职责、联系电话以及施工地点与最近医院的路线示意图；施工过程中的风险；控制措施；施救措施；应急预案的启动条件等。

3　跨度 60m 及以上的索膜结构安装工程

1） 工程概况章节中，要对索膜的结构形式、结构平面图、立面图、剖面图、索的规格与材质、节点详图、支座详图等进行全面介绍。对工程的重点、难点、特点等进行有针对性的分析，明确超危大工程项目施工的具体内容。

2） 编制依据要包含：国家、行业和地方相关规范规程；企业标准；相关设计图纸；安全管理法规文件包括《建设工程安全生产管理条例》（国务院第 393 号令）、《危险性较大的分部分项工程安全管理规定》（住房和城乡建设部〔2018〕第 37 号令）、关于实施《危险性较大的分部分项工程安全管理规定》有关问题的通知（建办质〔2018〕31 号）、项目所在地实施细则等；施工组织设计、相关施工方案、地质勘查报告等。

3） 方案中要对索、膜的张拉工艺、施工方法进行详细描述，保证工艺合理、整体结构的安全。

4） 方案中要根据最重构件的重量、吊装半径、限高要求、吊机站位及吊装环境等选择满足施工需求的起重设备。在考虑动力系数的情况下，对最不利工况时吊机的起重能力进行核算（可参考《钢结构工程施工规范》GB 50755—2012 第 11.2.4 条）。

5） 选用的千斤顶等张拉设备应满足拉索的张拉需求。

6） 吊装用的钢丝绳、吊耳、吊装带、卸扣、吊钩等的选用，应经过设计计算，并在其额定许用荷载范围内使用（可参考《钢结构工程施工规范》GB 50755—2012 第 11.2.6 条）。

7） 方案中要确定张拉过程中索力控制的原则（可参考《索结构技术规程》JGJ 257—2012 第 7.4.4 条）。

8） 方案中要确定膜张力控制的原则（可参考《膜结构工程质量验收规范》DB11/T 743—2010 第 9.3.1 条）。

9） 拉索的安装工艺应满足整体结构对索的安装顺序和初始态索的要求（可参考《索结构技术工程》JGJ 257—2012 第 7.3.2 条）。

10） 方案中要对张拉工装、承重支架等进行详细的计算与设计，并应附节点详图。

11） 应进行索结构施工的全过程仿真计算，确定各阶段的索力和结构形状参数（可参考《索结构技术工程》JGJ 257—2012 第 7.1.7 条）。

12） 施工阶段的临时支承结构和措施，应按施工工况的荷载作用进行相关设计计算；当临时支撑结构和措施对结构产生较大影响时，计算结果要提交原设计单位确认（可参考《钢结构工程施工规范》GB 50755—2012 第 4.2.5 条）。

13） 支承移动式起重设备的地面和楼面，尤其是支承地面处于边坡或临近边坡时，应进行承载力、变形验算或边坡稳定验算，必要时计算结果要提交原设计单位确认（可参考《钢结构工程施工规范》GB 50755—2012 第 4.2.9 条）。

14） 在吊装起重范围内涉及空中、地下障碍物时，方案中要有相关防护措施。

15） 索、膜结构在安装及张拉过程中应有可靠的安全防护措施（可参考《索结构技术规程》JGJ 257—2012 第 7.3.4 条）。

16） 索、膜张拉过程需要监测时，在专项方案中要明确列出监测方案，主要内容包括：监测方法、监测周期、允许误差值及报警值；明确监测仪器设备的名称、型号和精度等级；中间监测结果的反馈和应用；绘制监测点平面布置图；监测监控管理规定。

17） 专项方案中要结合工程的结构形式、安装工艺、安装高度、安装环境、当地气候等因素制定有针对性的季节安全施工方案。

18） 要有完善的应急预案，主要内容包括：应急小组成员的名单、职责、联系电话以及施工地点与最近医院的路线示意图；施工过程中的风险；控制措施；施救措施；应急预案的启动条件等。

4　整体提升、顶升、平移（滑移）、转体的钢结构安装工程

1） 工程概况章节中，要对钢结构的结构形式、结构平面图、立面图、剖面图、构件截面规格、构件重量与材质、节点详图、支座详图等进行全面介绍。对钢结构施工的重点、难点、特点进行有针对性的分析，明确超危大工程项目施工的具体内容。

2） 编制依据要包含：国家、行业和地方相关规范规程；企业标准；相关设计图纸；安全管理法规文件包括《建设工程安全生产管理条例》（国务院第 393 号令）、《危险性较大的分部分项工程安全管理规定》（住房和城乡建设部〔2018〕第 37 号令）、关于实施《危险性较大的分部分项工程安全管理规定》有关问题的通知（建办质〔2018〕31 号）、项目所在地实施细则等；施工组织设计、相关施工方案、地质勘查报告等。

3） 方案中要明确钢构件吊装单元的划分原则和安装顺序，且要合理可行。

4） 方案中要对主要施工工艺、施工方法进行详细描述，同时编写完善的、有针对性的安全保证措施。

5） 方案中要根据最重构件的重量、吊装半径、限高要求、吊机站位及吊装环境等选择满足施工需求的起重设备。在考虑动力系数的情况下，对最不利工况时吊机的起重能力进行核算（可参考《钢结构工程施工规范》GB 50755—2012 第 11.2.4 条）。

6） 提升、顶升、平移（滑移）、转体等施工所选用的设备或系统，应经过满足施工需求的验证（可参考《钢结构工程施工规范》GB 50755—2012 第 11.2.4 条）。

7） 用于吊装的钢丝绳、吊耳、吊装带、卸扣、吊钩等的选用，应经过设计计算，并在其额定许用荷载范围内使用（可参考《钢结构工程施工规范》GB 50755—2012 第 11.2.6 条）。

8） 方案中要对工装胎架、承重支架进行详细的计算与设计，并应附节点详图。

9） 结构拼装时，应按设计要求或相关规范规定，在方案中明确起拱值。

10） 用于提升、顶升、平移（滑移）、转体等施工的结构，应进行强度、稳定性和变形等的相关验算，且有防止结构变形的相关技术保证措施（可参考《钢结构工程施工规范》GB 50755—2012 第 4.2.7 条）。

11） 用于提升、顶升、平移（滑移）、转体等施工的支撑架体和措施，应按施工工况的荷载作用进行相关设计计算；当支撑架和措施对结构产生较大影响时，要提交原设计单位进行确认（可参考《钢结构工程施工规范》GB 50755—2012 第 4.2.5 条）。

12） 支承移动式起重设备的地面和楼面，尤其是支承地面处于边坡或临近边坡时，应进行承载力、变形验算或边坡稳定验算，必要时计算结果提交原设计单位确认（可参考《钢结构工程施工规范》GB 50755—2012 第 4.2.9 条）。

13） 在吊装起重范围内涉及空中、地下障碍物时，方案中要有相关防护措施。

14） 被提升、顶升、平移（滑移）或转体的结构应进行相关的工况计算分析和设计，必要时相应部位可采取加固措施。

15） 方案中要有明确的同步控制措施和所允许的不同步最大值。

16） 施工过程中需要监测时，在专项方案中要明确列出监测方案，主要内容包括：监测方法、监测周期、允许变形值及报警值；明确监测仪器设备的名称、型号和精度等级；中间监测结果的反馈和应用；绘制监测点平面布置图；监测监控管理规定。

17） 卸载方案中要明确卸载方法、卸载时间、同步卸载措施，同时对卸载过程的变形进行计算，并在方案中明确计算结果。

18） 专项方案中要结合工程的结构形式、安装工艺、安装高度、安装环境、当地气候等因素制定有针对性的季节安全施工方案。

19） 要有完善的应急预案，主要内容包括：应急小组成员的名单、职责、联系电话以及施工地点与最近医院的路线示意图；施工过程中的风险；控制措施；施救措施；应急预案的启动条件等。

5　双机或多机抬吊施工的钢结构安装工程

1） 工程概况章节中，要对钢结构的结构形式、结构平面图、立面图、剖面图、构件截面规格、构件重量与材质、和节点详图、支座详图等进行全面介绍。对钢结构施工的重点、难点、特点进行有针对性的分析，明确超危大工程项目施工的具体内容。

2） 编制依据要包含：国家、行业和地方相关规范规程；企业标准；相关设计图纸；安全管理法规文件包括《建设工程安全生产管理条例》（国务院第393号令）、《危险性较大的分部分项工程安全管理规定》（住房和城乡建设部〔2018〕第37号令）、关于实施《危险性较大的分部分项工程安全管理规定》有关问题的通知（建办质〔2018〕31号）、项目所在地实施细则等；施工组织设计、相关施工方案、地质勘查报告等。

3） 方案中要明确钢构件吊装单元的划分原则和安装顺序，且要合理可行。

4） 方案中要根据最重构件的重量、吊装半径、限高要求、吊机站位及吊装环境等选择满足施工需求的起重设备。在考虑动力系数的情况下，对最不利工况时吊机的起重能力进行核算（可参考《钢结构工程施工规范》GB 50755—2012第11.2.4条）。

5） 采用两台或多台起重设备抬吊时，总起重量应不超过额定起重量总和的75%，单台起重量应不超过其额定起重量的80%，负载行走时单台起重量应不超过其额定起重量的70%（可参考《钢结构工程施工规范》GB 50755—2012第11.2.5条）。

6） 用于吊装的钢丝绳、吊耳、吊装带、卸扣、吊钩等的选用，应经过设计计算，并在其额定许用荷载范围内使用（可参考《钢结构工程施工规范》GB 50755—2012第11.2.6条）。

7） 吊装单元的吊点位置和数量，应计算确定（可参考《钢结构工程施工规范》GB 50755—2012第11.4.8条）。

8） 对吊装单元应进行强度、稳定性和变形的相关验算，且有防止结构变形的相关技术保证措施（可参考《钢结构工程施工规范》GB 50755—2012第4.2.7条）。

9） 支承移动式起重设备的地面和楼面，尤其是支承地面处于边坡或临近边坡时，应进行承载力、变形验算或边坡稳定验算，必要时计算结果要提交原设计单位确认（可参考《钢结构工程施工规范》《钢结构工程质量验收规范》GB 50755—2012第4.2.9条）。

10） 在吊装起重范围内涉及空中、地下障碍物时，方案中要有相关防护措施。

11） 方案中要明确双机或多机抬吊工作的同步与协调保障措施。

12） 专项方案中要结合工程的结构形式、安装工艺、安装高度、安装环境、当地气候等因素制定有针对性的季节安全施工方案。

13） 要有完善的应急预案，主要内容包括：应急小组成员的名单、职责、联系电话以及施工地点与最近医院的路线示意图；施工过程中的风险；控制措施；施救措施；应急预案的启动条件等。

第 10 章　钢结构工程绿色施工

10.1　绿色施工基本要求

钢结构工程绿色施工的基本要求如下：

1　建立绿色施工管理体系和管理制度，实施目标管理；

2　根据绿色施工要求进行图纸会审和钢结构深化设计；

3　绿色施工目标明确，内容应涵盖"四节一环保"要求；

4　工程技术交底应包含绿色施工内容；

5　采用符合绿色施工要求的新材料、新技术、新工艺、新机具进行施工；

6　建立绿色施工培训制度，并有实施记录；

7　根据自检和外部检查情况，制定持续改进措施；

8　及时整理、搜集和保存过程管理资料、见证资料和自检评价记录等钢结构绿色施工资料；

9　施工过程中，应及时采集反映绿色施工水平的典型图片或影像资料。

10.2　绿色施工方案编制原则

钢结构工程绿色施工方案应根据《绿色施工导则》建质〔2007〕223 号、《建筑工程绿色施工评价标准》GB/T 50640—2010 、《建筑工程绿色施工规范》GB/T 50905—2014 等规范标准的要求进行编制；需要申报"全国建筑业绿色施工示范工程"的项目，可以参照中国建筑业协会 2012 年 7 月 30 日印发的《全国建筑业绿色施工示范工程申报与验收指南》进行编制。

10.2.1　钢结构工程绿色施工方案编制应符合下列规定：

1　应考虑施工现场的自然与人文环境特点；

2　应有减少资源浪费和环境污染的措施；

3　应明确绿色施工的组织管理体系、技术要求和措施；

4　应选用先进的产品、技术、设备、施工工艺和方法，利用规划区域内设施；

5　应包含改善作业条件、降低劳动强度、节约人力资源等内容。

10.2.2　钢结构工程绿色施工方案编制时，应注意绿色施工的过程管理，有关过程管理内容与要求应在方案中予以体现，具体内容如下：

1　针对钢结构工程绿色施工的有关措施，包括组织措施、实施措施、技术措施和管理制度等；

2　管理体系与组织保障包括：

1）施工项目管理目标和管理工作的高效性、系统性，要求建立管理组织机构和管理体系文件；

2）绿色建筑施工要求在一般建筑施工基础上，补充‘绿色建筑’管理职能和‘绿色建筑’管理制度；

3）落实到各级负责人。

3　绿色建筑重点内容专项会审包括：

1）对设计院提供的绿色建筑重点设计内容进行专项会审；

2）专项会审记录。

4　绿色施工专项交底与施工日志包括：

1）对设计院提供的绿色建筑重点进行专项交底，可以采用会议形式，但需提供会议纪要，也可采用书面形式；

2）绿色建筑重点内容施工以施工日志记录，可在一般施工日志的基础上，专门归档，有针对性地提交。

5　控制设计变更、保证绿色性能包括：

1）严格控制钢结构工程设计文件和深化设计文件变更，避免出现降低建筑绿色性能的重大变更；

2）没有发生变更的绿色建筑重点内容，应由监理工程师提交无变更证明材料；

如发生变更，应提交设计变更申请表，设计变更过程记录文件，设计变更通知单等，业主方应提交变更后绿色性能说明，以判断变更后是否降低建筑的绿色性能。

6　耐久性能与质量包括：

1）对具有耐久性设计要求的结构，应制定相应的专项施工方案，保障施工质量满足设计要求；

2）对钢骨混凝土结构，应检测混凝土耐久性能指标，满足设计性能指标要求，提供检测结果及施工记录；对钢结构，应对防火、防腐涂料进行抽检，满足设计性能指标要求，提供抽检结果及保障施工质量要求的施工记录；

3）提供有节能、环保要求的设备进场验收记录；

4）提供有节能、环保要求的装修装饰材料性能指标的抽检结果及记录；

5）检测、抽检项目，可采用《钢结构工程施工质量验收规范》GB 50205所规定的检测、抽检结果要求进行评定。

7　钢结构工程与机电安装、装修一体化施工包括：

提供图像资料，确定使用功能完备，机电安装与装修配套（包括预留洞口、支架、管井，预埋管、线等）到位，避免二次开洞、焊接等。

10.3　绿色施工主要内容与要求

10.3.1　环境保护内容与要求

1　扬尘控制

1）为降低施工现场扬尘发生，施工现场主要道路采用硬化路面，非硬化路面及场区采取洒水、绿化等措施；每天派专人随时清扫现场主要施工道路，并适量洒水压尘，达到环卫要求。运输容易散落、飞扬、流漏物料的车辆，必须采取措施严密封闭，保证车辆清洁。

2） 施工现场出口应设置洗车槽，车辆经洗车槽清洗后出场，严防车辆携带泥沙出场，造成道路的污染。所有施工车辆在工地及工地附近行驶时，车速限制在5km/h以下，减少扬尘。

3） 施工现场区域在施工过程中要做到工完场清，以免在结构施工完未进入装修封闭阶段，刮风时将灰尘吹入空气中。楼层清理时，必须先洒水再清理，防止粉尘飞扬。各区域内的建筑垃圾随着区域施工的进展及时清理，不许将垃圾从高处直接倒入低处，建筑结构内的施工垃圾清运，采用搭设封闭式临时专用垃圾道运输或采用容器吊运或袋装，严禁随意凌空抛撒。每个区域要设有垃圾区，及时将垃圾运入垃圾站。

4） 施工现场非作业区应达到目测无扬尘的要求。对现场易飞扬物质采取有效措施进行控制，如洒水、地面硬化、围挡、密网覆盖、封闭等，防止扬尘产生。对没有及时使用或清运的砂和土，设密目网围挡，四级风以上时，砂、土堆场外应用塑料布予以覆盖。

2　燃放气体控制

1） 不得使用煤作为现场生活燃料；

2） 应使用符合国家相关环保要求的焊条、焊丝和焊剂，确保电焊烟气的排放符合现行国家标准《大气污染物综合排放标准》GB 16297的规定；

3） 现场严禁加热、融化、焚烧有毒有害物质及其他易产生有毒气体的物质。

3　固体废弃物控制

1） 施工现场产生的固体废弃物包括办公垃圾、生活垃圾和建筑垃圾；

2） 办公区食堂的生活垃圾实行袋装，专人集中运送至垃圾房，并及时组织外运；办公垃圾按可回收、有毒有害等垃圾分类存放，严禁任意丢弃，并由安全环境管理部负责同环卫部门、焚烧处置单位等联系处理；

3） 建筑垃圾的分类工作要从源头做起，在产生建筑垃圾的工序中，就要做好建筑垃圾的分类工作，以免不同建筑垃圾混合在一起，给后续的建筑垃圾管理工作带来麻烦。建筑垃圾在场地暂时存放时，要做到密封存放，以免造成微粒和有害气体向大气空间扩散。

4　噪声污染与振动控制

现场噪声排放不得超过国家标准《建筑施工场界噪声限值》GB 12523的规定，应在施工场地对噪声进行实时监测与控制。使用低噪声、低振动的机具，采取隔声与隔振措施，避免或减少施工噪声和振动。噪声控制指标见表10.3.1-1。

噪声控制表　　**表10.3.1-1**

施工工序	主要噪声源	控制目标
运输	运输车辆装货、卸货、车辆喇叭等	昼间≤65dB,夜间≤55dB
拼装、吊装	起重机行走、指挥哨声等	昼间≤70dB,夜间≤55dB
拼装、吊装	构件打磨、空压机等	昼间≤70dB,夜间≤55dB
备注	6：00～22：00为昼间;22：00～6：00为夜间	

噪声控制措施如下：

(1) 进场前应与建设单位和使用单位取得联系，在环保部门指导下，订立协议，明确各方权利和义务；

(2) 应积极遵守地方政府对夜间施工的有关规定，尽量减少夜间施工。若为加快施工进度或其他原因必须安排夜间施工的，则必须先办理“夜间施工许可证”，并通告附近居民夜间施工的原因、时间段、噪声分贝值等，取得附近居民谅解，最大限度减少噪声扰民；

(3) 现场施工机具要经常检查维修，保持正常运转。采取有效措施，尽量降低噪声强度等级在《建筑施工场界噪声限值》GB 12523 规定的噪声限值等级以内。

5　光污染控制

尽量避免或减少施工过程中的光污染。夜间室外照明灯加设灯罩，透光方向集中在施工范围。电焊作业采取遮挡措施，避免电焊弧光外泄。

6　土壤保护

1) 保护施工有关场区范围内的地表环境，防止土壤侵蚀、流失；

2) 因施工造成的裸土，应及时覆盖砂石或种植速生草种，以减少土壤侵蚀；

3) 因施工造成容易发生地表径流土壤流失的情况，应采取设置地表排水系统、稳定斜坡、植被覆盖等措施，减少土壤流失。

7　建筑垃圾控制

1) 加强建筑垃圾的回收再利用，建筑垃圾的再利用和回收率达到 30%；

2) 按现场平面布置图确定的建筑垃圾存放点分类集中封闭堆放；

3) 施工现场生活区设置封闭式垃圾容器，施工场地生活垃圾实行袋装化，及时清运；

4) 对建筑垃圾进行分类，并收集至现场封闭式垃圾站，集中运出。严禁将有毒有害物质用于回填。

8　地下设施、文物和资源保护

1) 施工前应调查清楚地下各种设施，做好保护计划，保证施工场地周边的各类管道、管线、建筑物、构筑物的安全运行；

2) 施工过程中一旦发现文物，立即停止施工，保护现场并报告文物部门和协助做好工作。

10.3.2　节材与材料资源利用内容与要求

1　节材要求

1) 遵守国家、行业、地方主管部门制定的法律、法规、标准等有关规定，在保证工程质量和施工安全的前提下，节约材料；

2) 依靠科技进步，技术创新，采用“四新技术”节约材料和资源；

3) 安全防护、临时设施定型化、工具化，减少用材；

4) 工程选材原则：就地取材；材料性价比合理；使用无污染材料；优先采用耐久性好、可再生或可降解材料；采用工厂化建材、构件和部品，减少现场加工；

5) 幕墙及各类预留预埋应与结构施工同步。

2　材料管理要求

1) 健全材料保管、领用制度，责任落实；

2) 项目部编制的施工组织设计中，有明确可执行的材料节约目标和措施，材料损耗率比定额损耗率降低 30%；

3）合理规划施工现场平面布置，施工堆料场地设计合理、布置有序，减少二次搬运；

4）编制科学的材料需求、使用计划，用材料管理软件对日常进出料进行管理；

5）根据现场实际，用限额领料、定额考核、限额与以旧换新并举、合格供应商承包供料等方式，对材料进行控制，减少损耗；

6）编制材料检试验计划，选用合格供应商产品，规范试验取材，减少浪费；

7）提高周转材料的周转次数；

8）落实材料成品、半成品的保护措施，实施奖罚制度；

9）加强绿色工地管理，做到工完场清，减少建筑垃圾；

10）建筑垃圾分类处置，提高回收利用率。

3　材料使用要求

1）气体、液态类材料使用

(1) 气态、液态类材料应采取适当措施，防止挥发和变质；

(2) 油漆及各类涂料基层符合要求，避免起皮、脱落；

(3) 油漆、涂料留一遍在交工之前涂刷，以免施工过程污染造成浪费；

(4) 采用喷涂工艺的，喷涂设备性能需良好，施工人员具有相应的技术水平，施工环境适宜。

2）型材、管材使用

(1) 优化各类构件的下料方案，批量制作前，对下料单及大样进行复核；

(2) 优化钢结构制作和安装方法，增加地面制作与拼装的数量；

(3) 大型钢结构采用工厂制作，现场拼装；现场安装采用分段吊装、整体提升、滑移、顶升等安装方法，减少方案的措施用材量；

(4) 边角费料按规格、尺寸分类堆放，用边角料制作预埋件、支架和吊杆。

3）半成品与成品

半成品与成品采取专业厂商送货到工地的供货方式，现场严格验收。

10.3.3　节水与水资源利用内容与要求

1　节水要求

1）工程施工组织设计中应编制节水专项措施（方案），注明工程所在地可利用的水资源状况，包括自来水、中水、地下水、周边河湖水及年度自然降水可利用状况；因地制宜地制定工程节水措施，统筹、综合利用各种水资源，保证方案的经济性和可实施性；

2）施工现场分别对生活用水与工程用水确定用水定额指标，并分别计量管理；

3）对非传统水源和现场循环再利用水的使用过程中，采取有效的水质检测与卫生保障措施，不对人体健康、工程质量以及周围环境产生不良影响；

4）施工现场办公区、生活区的生活用水，采用节水系统和节水器具。

2　水资源利用要求

1）施工现场建立雨水收集处理系统，充分收集自然降水，用于施工和生活中的适宜场所，使水资源得到循环利用；

2）现场机具、设备、车辆冲洗用水，必须设立循环用水装置，优先使用收集的雨水、基坑降排水等其他可利用水资源；

3）施工现场喷洒路面、绿化浇灌尽量不使用市政自来水，使用收集的雨水、生活循环水或其他可利用的河湖水；

4）施工中非传统水资源和循环水的再利用量大于30%。

3 用水安全

在非传统水源和现场循环再利用水使用过程中，制定有效的水质检测与卫生保障措施，确保避免对人体健康、工程质量以及周围环境产生不良影响。

10.3.4 节能与能源利用内容与要求

1 节能要求

1）施工现场使用清洁能源；

2）在总体施工组织设计中，进行施工节能策划，确定目标，并制定相应的节能措施；

3）依靠科技进步、技术创新，发挥科技对节能降耗的支撑保证作用，通过方案比较、评审等多种优化措施，形成科学合理的施工方案或施工组织设计；

4）合理安排施工顺序、工作面，以减少作业区域的机具数量，相邻作业区充分利用共有的机具资源；安排施工工艺时，优先考虑耗用电能或其他能耗较少的施工工艺；

5）合理配置施工机械设备，尽量做到物尽其用，避免设备额定功率远大于使用功率或超负荷使用设备的现象，以降低能耗；

6）设备位置布置合理，电线路径尽量以减少距离、减少线损为原则进行布置；

7）制定合理施工能耗指标，提高施工能源利用率。

2 节能管理

1）严格执行国家建筑施工节能的政策、法规，依照节能规范和施工组织设计进行施工管理和控制，保证节能指标的实现；

2）施工现场制定节能管理制度；

3）合理安排施工进度和施工工序，最大限度发挥施工效率，减少和避免各种重复施工和返工带来的能源浪费；

4）施工现场进行技术交底时，要包含节能的相关内容；

5）施工现场尽量减少夜间作业和冬期施工的时间，以节约能源。

3 机械设备与机具管理

1）严禁使用国家、行业、地方明令淘汰的、能耗指标超出法律、法规规定范围的施工设备和机具；鼓励使用国家、行业推荐的节能、高效、环保的施工机械设备和机具；禁止使用淘汰产品；

2）建立施工机械设备管理制度，完善设备档案，及时做好维修保养工作，使机械设备保持低耗、高效的状态；

3）机械设备优先选用新型节能设备；根据施工使用需要，合理选择适用机械；

4）合理安排工序，提高各种机械的使用率和满载率，降低各种设备的单位耗能；

5）选择功率与负载相匹配的施工机械设备，避免大功率施工机械设备带动低负载长时间运行；

6）使用机械设备时，避免长时间空载运行，做到人离时切断电源。

4 生产、生活及办公临时设施管理

1）办公、生活的临时设施，不使用国家淘汰产品，优先选用节能产品；

2）利用场地自然条件，合理设计生产、生活及办公临时设施的体形、朝向、间距和窗墙面积比，使其获得良好的日照、通风和采光，临设外窗可开启面积不小于外墙总面积的30%；

3）临时设施采用节能材料，墙体、屋面使用隔热性能好的材料，减少夏天空调、冬天取暖设备的使用时间及耗能量；

4）办公设备配备数量合理，以满足办公需要为原则；

5）合理配置空调、风扇数量，规定使用时间，实行分段分时使用，节约用电；

6）采用信息化管理、无纸化办公，减少打印、复印的电能损耗；

7）有空气调节的办公室、会议室和员工宿舍等，其门、窗应设置密封胶条；顶层的房间，应设置天花板隔热；

8）临设房的屋顶应采取措施降低其吸热率，在房屋顶与吊顶之间可增设通风对流层，以快速散除热量。

5 施工用电及照明管理

1）施工临时用电平面布置，应满足国家有关技术规范和安全检查标准的要求，临时供电线网的平面布置应满足国家有关节能要求；

2）禁止使用国家淘汰的电工产品；

3）临时用电应优先选用节能电线和节能灯具，临电线路应合理设计、布置，临电设备采用自动控制装置；

4）照明设计以满足最低照明度为原则，不得超标20%以上；

5）采用声控、光控等节能照明灯具。

10.3.5 节地与土地资源利用内容与要求

1 临时用地指标

1）临时设施占地面积根据施工生产规模、职工人数、材料设备需用计划及现场条件等控制；

2）仓库、现场作业棚、材料堆场及加工厂的占地面积按用地指标所需的最低面积设计；

3）临时办公用房、宿舍及其他生活福利设施占地面积按用地指标所需的最低面积设计，临时宿舍满足2.5～3 m^2/人的使用面积要求；

4）临时设施占地面积有效利用率不低于90%。

2 施工平面布置规划

1）根据地形、地质、水文、气象、地下障碍物、现场周围环境、材料供应及交通运输条件等各项技术资料，编制临时用地节地方案；

2）生活区与生产区分开布置，并保持一定间距，施工区域与非施工区域间设置标准的分隔设施，做到连续、稳固、整洁、美观，生活区布置在主导风向的上风侧，以有利生产、方便生活、有利职工健康安全；

3）施工现场仓库和加工厂、现场作业棚、材料堆场等选址尽量靠近已有交通线路或即将修建的正式或临时交通线路，考虑最大限度地缩短运输距离，尽可能避免材料二次搬运。

3 临时用地节地措施

1）临时办公和生活用房经济、美观，对周边地貌环境影响较小，采用适合于施工平面布置动态调整的两层彩钢板房；

2）合理组织建筑材料、设备及半成品的供应，减少现场储量及占地，把库存、堆放场地的面积压缩到最低限度；提高机械化施工程度，构件场外工厂化加工，现场装配，有效减少对临时场地的占用。

10.3.6 开发绿色施工新技术、新工艺、新材料与新设备内容与要求

对有关绿色施工的技术、工艺、材料、设备等，钢结构工程施工企业应建立推广、限制、淘汰公布制度和管理办法，应鼓励绿色施工技术的发展，推动绿色施工技术的创新。积极选用住房和城乡建设部《建筑业10项新技术（2017）》中“绿色施工技术”章节的有关内容，包括：封闭降水及水收集综合利用技术、建筑垃圾减量化与资源化利用技术、施工现场太阳能、空气能利用技术、施工扬尘控制技术、施工噪声控制技术、绿色施工在线监测评价技术、工具式定型化临时设施技术、垃圾管道垂直运输技术、透水混凝土与植生混凝土应用技术、混凝土楼地面一次成型技术、建筑物墙体免抹灰技术。

10.4 绿色施工实际工程编写示例

本节以江苏沪宁钢机股份有限公司编写的北京新机场旅客航站楼及综合换乘中心（核心区）工程（一标段）施工组织设计中的绿色施工方案为例说明绿色施工组织的编写。

10.4.1 绿色施工环境保护措施

1 大气污染控制措施

1）施工现场防扬尘措施

为降低施工现场扬尘，施工现场主要道路采用硬化路面，非硬化路面及场区采取洒水、绿化等措施；每天派专人随时清扫现场主要施工道路，并适量洒水压尘，达到环卫要求。运输容易散落、飞扬、流漏的物料的车辆，必须采取措施封闭严密，保证车辆清洁。

施工现场出口应设置洗车槽（图10.4.1-1），车辆经洗车槽清洗后出场，严防车辆携带泥沙出场，造成道路的污染。所有施工车辆在工地及工地附近行驶时，车速限制在8km/h以下，以减少扬尘。

施工现场区域施工过程中要做到“工完场清”，以免在结构施工完未进入装修封闭阶段，刮风时将灰尘吹入空气中；楼层清理时，必须先洒水再清理，防止粉尘飞扬；各区域内的建筑垃圾随着区域施工的进展及时清理，不许将垃圾从高处直接倒入低处，建筑结构内的施工垃圾清运，采用搭设封闭式临时专用垃圾道运输或采用容器吊运或袋装，严禁随意凌空抛撒。每个区域要设有垃圾区，及时将垃圾运入垃圾站。

图10.4.1-1 现场洗车槽示意图

施工现场非作业区达到目测无扬尘的要求。对现场易飞扬物质采取有效措施，如洒水、地面硬化、围挡、密网覆盖、封闭等，防止扬尘产生。对没有及时使用或清运的砂和土设密目网围挡，四级风以上时，砂、土堆场外用塑料布予以覆盖。

2）燃放气体控制

（1）不得使用煤作为现场生活燃料；

（2）采购使用符合国家相关环保要求的焊条、焊丝和焊剂，确保电焊烟气的排放符合

现行国家标准《大气污染物综合排放标准》GB 16297 的规定；

(3) 现场严禁加热、融化、焚烧有毒有害物质及其他易产生有毒气体的物质。见图 10.4.1-2。

2　固体废弃物控制措施

本工程施工中产生的固体废弃物主要有建筑垃圾、生活垃圾和办公垃圾。

1) 建筑垃圾的控制

图 10.4.1-2　严禁焚烧有毒有害物质

(a) 垃圾桶　(b) 移动式密封垃圾桶　(c) 分类垃圾库

图 10.4.1-3　垃圾存放示意图

建筑垃圾可分为可利用建筑垃圾和不可利用建筑垃圾，按现场平面布置图确定的建筑垃圾存放点分类集中封闭堆放。稀料类垃圾采用桶类容器存放，并遵照当地有关规定及时清运出场，高空垃圾采用移动式密封垃圾桶存放，严禁将有毒有害物质用于回填。见图 10.4.1-3。

2) 生活垃圾的控制

办公区食堂的生活垃圾实行袋装，专人集中运送至垃圾房，并及时组织外运。

3) 办公垃圾的控制

办公垃圾按可回收、有毒有害等分类存放，严禁任意丢弃，并由安全环境管理部负责同环卫部门、焚烧处置单位等联系处理。见图 10.4.1-4。

图 10.4.1-4　办公垃圾桶

3　水处理及循环控制措施（表 10.4.1-1、表 10.4.1-2）

水处理及循环控制措施　　表 10.4.1-1

序号	监测项目	监测内容
1	雨水管理	项目开工前，在做现场总平面规划时，设计现场雨水管网，并将其与市政雨水管网连接。 设计现场污水管网时，确保不得与雨水管网连接。由项目兼职环保管理员通知进入现场的所有单位和人员，不得将非雨水类污水排入雨水管网
2	厕所污水	施工现场设冲水厕所，厕所污水进入化粪池沉淀后，再排入现场污水管网；项目环保管理员负责与当地环卫部门联络，定期对化粪池进行清理
3	冲洗污水	在施工现场大门入口内侧处设置洗车槽。洗车池水沟盖板，用钢筋进行焊制，可以周转使用，同时配备高压冲洗水枪。洗车池和沉淀池构成循环污水处理系统，冲洗车辆的水收集到沉淀池内沉淀，沉淀后的水进行现场洒水降尘等工作。洗车槽和沉淀池做法见图 10.4.1-1

污水排放规定 表10.4.1-2

序号	项目	内容
1	乙炔发生罐污水排放控制	施工现场由于气焊使用乙炔发生罐产生的污水严禁随地倾倒，要求专用容器集中存放，倒入沉淀池处理，以免污染环境
2	食堂污水的排放控制	施工现场临时食堂，要设置简易有效的隔油池，产生的污水经下水管道排放要经过隔油池，平时加强管理，定期掏油，防止污染
3	油漆油料库的防渗漏控制	施工现场要设置专用设备的油漆油料库，油库内严禁放置其他物资，库房地面和墙面要做防渗漏的特殊处理，储存、使用和保管要专人负责，防止油料的跑、冒、滴、漏，污染水体
4	防止地下水污染控制	禁止将有毒有害物废弃物用作土方回填，以免污染下水和环境

4 噪声污染控制措施

根据《中华人民共和国环境噪声污染防治法》规定，环境噪声是指在工业生产、建筑施工、交通运输和社会生活中所产生的干扰周围生活环境的声音。环境噪声污染，是指所产生的环境噪声超过国家规定的环境噪声排放标准，并干扰他人正常生活、工作和学习的现象。

1）噪声污染的危害

在建筑工地噪声的危害见表10.4.1-3。

噪声的危害 表10.4.1-3

序号	对人体危害的类别	表现形式
1	职业性耳聋	呈"渐进性"听力减退，直到两耳轰鸣和听觉失灵
2	爆炸性耳聋	是指一次高强度的噪声，(往往大于130～160dB)引起的听觉损伤，表现为鼓膜损伤，以及拌有脑震荡等
3	噪声对人及其他系统的影响	除上述影响外还可能引起植物神经紊乱，胃肠功能紊乱等

噪声可以引起听力减退，这种减退是渐进性的，人初期进入噪声环境中，常感到听力减退、烦恼、难受、耳鸣等，少数人可能有前庭症状，如眩晕、恶心或呕吐，这些症状在脱离噪声环境后即可缓解或消除。上述症状又反复出现且随时间的延长症状加重，逐渐出现听觉疲劳，如两耳轰鸣、听觉失灵、发生听力丧失，成为噪声聋。

2）施工噪声污染防治组织与管理（表10.4.1-4）

在本工程施工中，成立以项目经理为核心，以施工工长、技术负责人为骨干的施工噪声污染防治小组。明确项目经理为施工噪声污染防治的第一责任人，负责施工噪声污染防治的组织实施。本工程施工噪声污染防治保证体系如下：

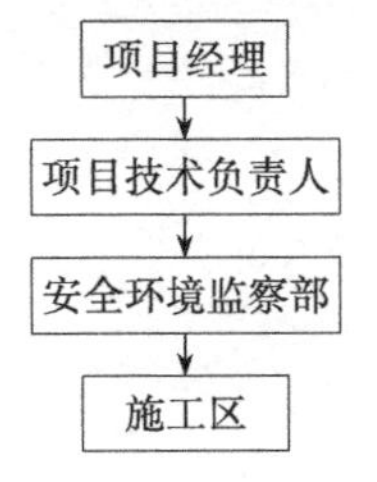

施工噪声污染防治管理 **表 10.4.1-4**

序号	职务	职责
1	项目经理	(1)履行合同要求,制定噪声管理目标,健全管理组织,配备必要资源,对工程噪声环境管理全面负责 (2)贯彻执行各项有关环境管理的法令、法规、标准和制度,落实噪声管理措施和资源的配备 (3)负责噪声管理工作,全面管理项目的噪声的预防
2	项目技术负责人	(1)全面执行环境噪声控制措施 (2)检查分包队伍的资质证明、证书,与分包队伍签订噪声管理协议 (3)组织对职工的噪声管理教育培训工作 (4)定期检查各项噪声管理记录 (5)直接负责项目噪声管理工作,协助进行噪声预防
3	各工序工长	(1)预防噪声污染,保证噪声排放达标 (2)负责现场内的临时降低噪声和改造 (3)噪声的治理和监控工作

3) 施工噪声污染控制措施（表 10.4.1-5）

噪声污染控制措施 **表 10.4.1-5**

施工工序	主要噪声源	控制目标
运输	运输车辆装货、卸货、车辆喇叭等	昼间≤65dB,夜间≤55dB
拼装、吊装	起重机行走、指挥哨声等	昼间≤70dB,夜间≤55dB
拼装、吊装	构件打磨、空压机等	昼间≤70dB,夜间≤55dB
备注	6：00～22：00 为昼间 22：00～6：00 为夜间	

第 11 章　钢结构工程施工阶段分析与验算

11.1　施工过程分析与验算原则

11.1.1　当钢结构工程施工方法与顺序对结构的内力和变形产生与设计状态不一致的不利影响或设计文件有规定要求时，应根据施工阶段划分选取各种不利状况进行施工过程验算，包括位形控制验算与安全性验算。施工过程验算应满足设计文件、现行国家标准《钢结构设计标准》GB 50017 及地方相关标准的要求。

11.1.2　进行施工过程结构分析时，应根据制作、运输与安装现场的实际情况分阶段选取计算模型。计算模型的范围、几何参数、节点刚度、物理条件、边界条件、荷载与作用应与所验算工作状况一致。

11.1.3　施工过程结构分析和验算的荷载与作用应符合下列规定：

1　永久荷载应包括结构自重、预应力等，其标准值应按实际计算；

2　风荷载应按国家现行标准《建筑结构荷载规范》GB 50009 的有关规定计算，基本风压按不小于 10 年一遇风压取值，或根据当地气象资料确定。当风压可能超过 10 年一遇风压时，应采取安全防护措施；

3　雪荷载应按现行国家标准《建筑结构荷载规范》GB 50009 的有关规定计算；

4　覆冰荷载应按现行国家标准《高耸结构设计规范》GB 50135 的有关规定计算；

5　施工活荷载应包括施工堆载、操作人员和小型工具重量等，其标准值应按实际计算；

6　起重设备和其他设备荷载标准值，宜按设备产品说明书取值；

7　温度作用宜按当地气象资料所提供的温差变化计算；结构由日照引起向阳面和背阳面的温差，宜按现行国家标准《高耸结构设计规范》GB 50135 的有关规定确定；

8　本条第 1～7 款未规定的荷载和作用，可根据工程具体情况确定。

11.1.4　施工过程结构分析的荷载效应组合和荷载分项系数取值，应符合现行国家标准《建筑结构荷载规范》GB 50009 等的有关规定。

11.1.5　施工阶段分析结构重要性系数不应小于 0.9，施工支架的重要性系数不应小于 1.0。

11.1.6　施工过程结构分析应按静力学方法进行弹性分析，必要时应计入几何非线性影响。

11.1.7　施工阶段临时支承结构和安全措施，应按施工阶段工作状况对其整体进行稳定性与变形验算，对其构件与节点进行承载力与刚度验算，对连接进行承载力验算，对其地基与基础进行承载力与稳定性进行验算。当临时支承结构作为设备承载结构时，应进行专项设计计算；当临时支承结构或安全措施对结构设计状态产生较大不利影响时，应提交原设计单位确认。

11.1.8 临时支承结构的拆除顺序和步骤应通过分析和计算确定，并应编制专项施工方案，必要时应经专家论证通过。

11.1.9 对吊装状态的构件或结构单元，应对吊装体系的最不利状况进行强度、稳定性和变形验算，动力系数宜取 1.1～1.4。

11.1.10 支承移动式起重设备的地面或楼面，应进行承载力和变形验算。当支承地面处于边坡或临近边坡时，应进行边坡稳定验算。

11.1.11 索结构中的索安装和张拉顺序应通过分析和计算确定，并应编制专项施工方案，计算结果应经原设计单位确认。

11.1.12 用于吊装的大型起重设备，应编制安装与拆卸专项方案。

11.1.13 当在正常使用状况或施工阶段因自重及其他荷载作用产生超过设计文件或有关现行国家标准规定的变形限值时，或设计文件对主体结构提出预变形要求时，施工期间结构应进行预变形，并进行相应的分析。

11.1.14 结构预变形计算时，荷载应取标准值，荷载效应组合应符合现行国家标准《建筑结构荷载规范》GB 50009 与地方有关标准的规定。

11.1.15 结构预变形值应结合施工工艺、通过结构分析计算、并应由施工单位与原设计单位共同确定。结构预变形的实施应进行专项工艺设计。

11.1.16 对分块拼装的大型结构，当合拢过程有较大约束时，应计算合拢温度及焊接收缩对结构受力及变形的影响。

11.1.17 对提升（顶升）施工方案，应计算提升（顶升）系统的最不利状态，并对其变形及关键构件和节点承载力进行验算。

11.1.18 对滑移施工方案，应对滑移轨道的支承结构、轨道梁等进行承载力与变形验算。可采用影响线的方法计算滑移过程中支承结构、轨道梁的最不利内力与变形。被滑移结构刚度较大时，应考虑滑移过程中滑块作用力不均匀对轨道梁的偏载效应。

11.1.19 对悬臂安装施工方案，应根据安装流程，分步对已安装结构进行全过程跟踪计算，每步计算的计算简图均应符合上步计算变形后的状态。需要时，可对结构设置反向预变形，以减小结构自重下的变形。

11.1.20 对预应力钢结构及索膜结构施工方案，应分别对初始态、预应力态、荷载态进行计算分析。其中预应力态包括施加预应力的全过程。应对施工全过程结构的位形控制进行计算，对关键构件及节点进行承载力验算。计算中应考虑几何非线性。

11.1.21 超高层（或高耸）钢结构工程应计算结构恒载下的竖向变形、太阳辐射温度下不均匀作用下的变形，为施工过程的纠正控制提供依据。

11.2 施工阶段分析与验算报告的主要内容

11.2.1 应详细列出计算与验算的依据，包括地勘报告、水文地质资料、设计文件、施工组织设计、国家与地方相关文件、规范、标准以及其他相关资料等。

11.2.2 应针对施工全过程选定的各种计算分析状态，详细介绍其对应的计算模型，包括各选定状态的结构体系（当施工临时支承结构参与共同受力时应包括临时支承结构）与布置、材料力学性能、构件截面、荷载与作用、边界条件等。

11.2.3 详细介绍荷载与作用取值与依据，应包括：永久荷载、可变荷载（包括施工活荷载、设备荷载、风荷载、雪荷载、裹冰荷载、温度作用等。

11.2.4 针对计算内容，概述选用的计算方法及计算机软件（合法版权），详细说明单元类型、节点刚度，边界约束的模拟情况。

11.2.5 明确给出计算分析与验算参数的取值与依据，应包括：设计安全等级系数、动力系数、整体稳定与钢丝绳承载力安全系数，承载力控制指标、变形控制指标、长细比控制指标、板件宽厚比控制指标、抗滑移和抗倾覆控制指标等。

11.2.6 明确给出整体结构的计算与验算结果，包括：整体稳定验算、抗滑移和抗倾覆验算、整体变形验算等。

11.2.7 明确给出构件（包括临时支承结构的构件）验算结果，包括：强度验算、稳定验算、变形验算、长细比验算、局部稳定验算等。

11.2.8 明确给出连接与节点（包括结构与施工临时支承结构的节点、吊点、支座、锚固节点等）验算结果；节点验算对象包括其全部板件与零件，连接验算包括节点所含的螺栓、焊缝、销轴、锚固、接触等验算。复杂节点可采用有限元技术建立局部模型，细化分析其力学性能，并根据分析结果再进行验算。

11.2.9 明确给出所涉计算分析状态的结构支座、施工支架支座、起重机支点、安全措施支点、锚固点等的地基与基础验算结果，包括地基变形和承载力验算、基础承载力验算等。

11.3 临时支承结构设计要点

11.3.1 施工临时结构体系分为以下两种情况

1 与逐步形成的主体结构部分连接为一体共同承载的临时支承结构体系，以下简称为共同承载临时承载结构体系；

2 作为施工操作平台的临时支承结构体系，以下简称为独立承载临时支承结构体系。

11.3.2 对共同承载临时结构体系，应与逐步形成的主体结构体系一起进行结构分析与验算，找出全过程最不利受力状态，分析中要特别注意临时支承结构与主体结构的连接及其地基基础的设计。

11.3.3 临时支撑结构设计时，应分支撑搭设、加载、卸载等主要施工工况进行计算，以确保各工况结构稳定安全。对于可移动临时支承结构体系，需分别对移动态与工作态进行结构分析与验算，应特别注意移动装置的细节设计。

11.3.4 临时支承结构设计与计算应满足以下要求：

1 既要经济与合理，又要安全与方便，尽量采用装配式体系，可重复使用。

2 临时支承结构应布置合理，确保整体结构体系的几何稳定性，其结构分析模型尽可能为空间模型，如采用平面模型时，平面外必须设置支撑体系，提供足够的平面外约束刚度。

3 对临时支承结构和施工安全措施，应按实际工作状态选用相应的荷载与作用，对整体结构进行抗倾覆、稳定性与变形验算；对构件进行强度、刚度和稳定性验算；对节点进行承载力验算；对地基基础进行承载力与变形验算。

4 支承结构计算分析时，荷载应考虑永久荷载与可变荷载（包括施工活荷载、设备荷载、风荷载、雪荷载、裹冰荷载、温度作用等），支承结构的承载力验算应采用荷载效应的基本组合，变形计算应采用荷载效应的标准组合。

5 临时支承结构的节点可根据结构体系的特点采用刚接或铰接模型进行分析计算，其设计构造要求与验算应满足现行国家与地方相关结构体系的技术标准要求。一般桁架式体系采用铰接杆系结构模型，框架式体系采用刚接梁系结构模型。

6 一般脚手架的设计与计算应按现行国家与地方相关技术标准的要求进行。

11.3.5 临时支承结构抗倾覆验算应符合以下规定：

1 在风荷载作用下，临时支承结构会发生侧移，严重时甚至会发生倾覆，为保证临时支承结构的安全性及施工人员的舒适性，应该对风荷载标准值作用下的顶点位移加以限制，其值不宜超过临时支承结构高度的 1/250；

2 当临时支承结构柱脚转动约束较弱，达不到固定约束条件时，倾覆力矩设计值宜考虑 1.2 的增大系数。

3 当临时支承结构处于边坡或临近边坡时，应进行边坡稳定验算。

11.3.6 桁架式临时支承结构体系的构件按轴心受力构件进行设计验算，框架式临时支承结构体系的构件按拉弯或压弯构件进行设计验算，其节点应按现行相关设计标准的规定进行。

11.3.7 临时支承结构体系应满足下列构造与安全措施要求：

1 节点应构造简单，传力可靠，减少应力集中；构造复杂的重要节点应采用节点域有限元分析进行承载力与变形验算，必要时宜进行试验验证。

2 临时支承结构受压构件的长细比不应大于 180，受拉构件及剪刀撑等杆件的长细比不应大于 250。

3 当临时支承结构高宽比大于 3，且四周无可靠连接时，宜在临时支承结构上对称设置缆风绳或采取其他防倾覆的措施。

4 支承结构应采取防雷接地措施，并应符合相关现行国家标准的规定。

11.3.8 桁架式临时支承结构的弦杆和腹杆计算长度系数根据现行国家标准《钢结构设计标准》GB 50017 规定进行计算；对于轴心受压柱，上端与梁或桁架铰接且不能侧向移动时，计算长度系数应根据柱脚构造情况确定，对铰接柱脚应取 1.0，对底板厚度不小于柱翼缘厚度 2 倍的平板支座柱脚可取为 0.8；框架式临时支承结构体系中构件的计算长度系数应根据现行国家标准《钢结构设计标准》GB 50017 规定计算；对于复杂约束条件的临时支承结构体系，其计算长度可按照结构体系特征值屈曲方法确定。

11.3.9 地基与基础设计基本要求如下：

1 应根据地质勘查报告及现场踏勘结果，明确临时支承结构的地基情况，采取对应的地基处理措施，确保地基的承载力、刚度与稳定性。地基土为冻胀性土层时，应采取防冻胀措施；湿陷性黄土、膨胀土、软土应采取可靠的防水措施。

2 临时支承结构体系的基础宜采用钢筋混凝土基础。当位于已建结构之上时，应与已建结构协同设计，确保已建结构的安全与锚固的刚度要求。一般脚手架工程搭设场地应坚实、平整，具备排水措施，其基础设计应按相关技术标准进行。

3　缆风绳等安全措施的锚固设计应按相关技术标准的规定进行。

4　临时支架采用无筋扩展基础、扩展基础、柱下条形基础、筏形基础、桩基础、岩石锚杆基础时，应按现行国家标准《建筑地基基础设计规范》GB 50007 的规定进行设计。

11.4　吊装状态验算内容

11.4.1　构件或结构单元吊装时，应选取最不利状态，对构件或结构单元及其吊点进行承载力与变形验算，对吊具与钢丝绳进行承载力验算，对起重机械进行抗倾覆与滑移验算。验算时应根据起吊速度变化考虑1.1～1.4的动力系数。

11.4.2　吊装状态的钢丝绳承载力验算目前仍采用安全系数法，安全系数计算方法为钢丝绳最小破断力与吊装荷载标准值的比值。吊装状态的钢丝绳应具有足够的安全储备，其容许安全系数应符合下列规定：

1　吊装重要结构时，钢丝绳容许安全系数取9；

2　吊装一般结构时，手动起重设备用的钢丝绳容许安全系数可取为4.5；机动起重设备用的钢丝绳无弯曲时容许安全系数取为6，有弯曲时取为8；

3　缆风绳用的钢丝绳容许安全系数取为3.5。

11.4.3　缆风绳的内力计算应考虑以下工况，当同时出现时应取其最大值：

1　风荷载作用于吊装系统、已安装结构部分或临时支承结构引起的缆风绳拉力；

2　吊装系统、已安装结构部分或临时支承结构因意外倾覆时引起的缆风绳拉力；

3　其他情况引起的缆风绳拉力。

11.4.4　对在工作或非工作时有可能发生整体倾覆的起重机，应进行抗倾覆验算。在露天工作的轨道运行起重机，应进行抗风抗滑验算，起重机械抗倾覆稳定性及抗风抗滑稳定性参照《起重机设计规范》GB/T 3811—2008 进行验算。

11.5　钢结构工程施工阶段计算示例

11.5.1　概述

1　项目概况

新建赣深铁路塘厦东北联络线特大桥，第16孔、17孔简支梁在对应广深Ⅰ、Ⅱ线K107＋950－K108＋000处横跨广深Ⅰ、Ⅱ线，夹角为48.2°，梁底至营业线轨顶12.8m。为减少施工对既有广深Ⅰ、Ⅱ线的影响，确保行车安全，根据工程特点和地形条件，跨营业线箱梁采用旁位现浇、拖拉横移就位的方法施工，箱梁预制完成并安装挡板后进行横移就位。

横移架设方法为：在两端桥墩顶与支架之间分别安装滑道梁，在梁下、滑道梁上设置滑移支座。采用千斤顶及钢绞线沿滑道梁将现浇梁拖拉横移至桥位处。

本次验算区域选择具备代表性的第17孔梁，第16孔结构设计与第17孔相同，其中横移架由两根尺寸为Φ720×8mm焊接钢管立柱与［20a槽钢横向连接系及［20a槽钢横向剪刀撑组成。焊接钢管与横向连接系及剪刀撑之间均使用连接板件焊接连接，钢管立柱与基础之间使用加劲法兰盘及地锚螺栓连接。以上构件材质均为 Q235。项目部分施工图如图 11.5.1-1～图 11.5.1-4 所示。

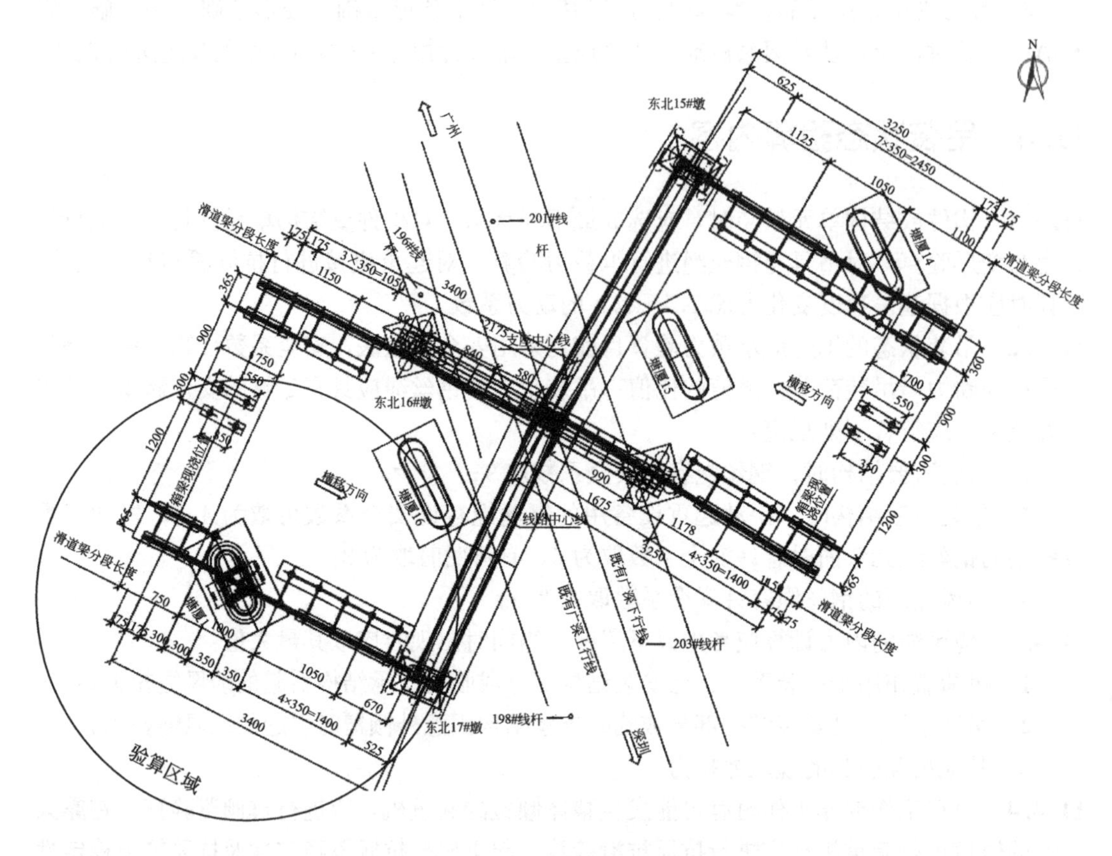

图 11.5.1-1 项目总平面图

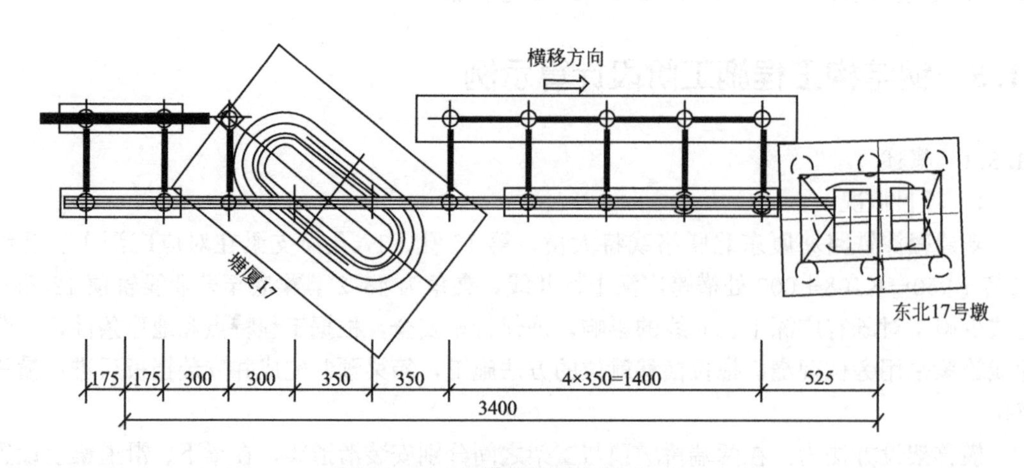

图 11.5.1-2 横移架平面图（cm）

横移系统由滑座、滑块、滑道梁、纠偏装置、牵引装置及操作平台组成。

1）滑座：用钢板焊接而成，底板包 6mm 不锈钢板。铺设底模时布置于滑道梁滑块上，每孔简支梁 4 个滑座，在滑块顶面与滑座不锈钢板间涂硅脂油，并敷薄膜封闭。

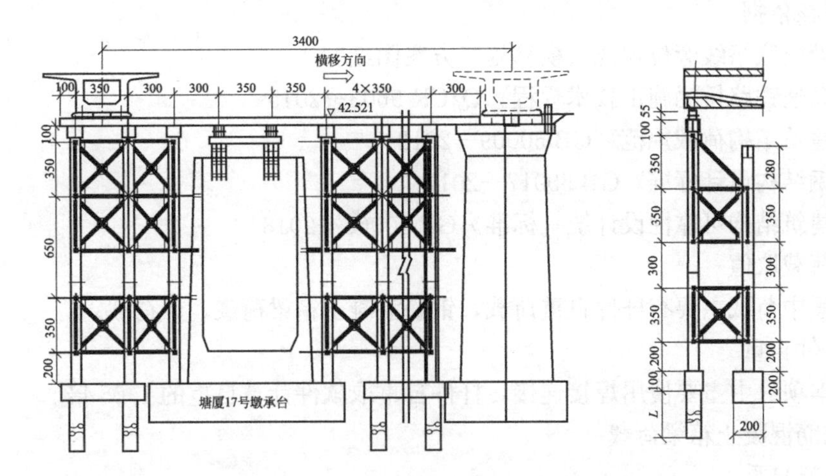

图 11.5.1-3　横移架立面图（cm）

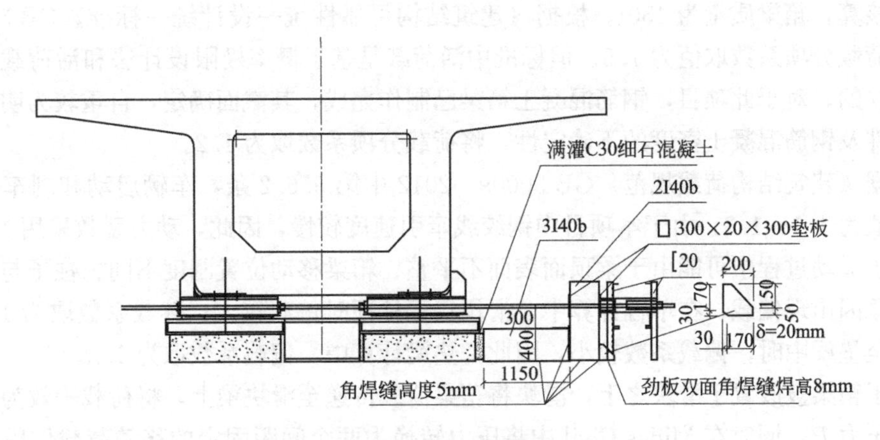

图 11.5.1-4　反力架局部图（mm）

2）滑块：高强度 NGE 工程塑料，长 45cm、宽 30cm、厚 2cm，3kg/块，每滑座 6 块。压缩强度 65MPa，拉伸强度 30MPa，摩擦系数：0.065（干）、0.03（润滑油）

3）滑道梁：分节组装、螺栓连接，滑道梁表面及顶板焊后打磨平顺。滑道梁在门式墩顶端采用机械连接，门式墩钢横梁根据滑道梁定位预埋挡板，滑道梁直接放置于挡板之间，通过穿精轧螺纹钢固定。滑道梁尺寸外尺寸为 550mm×516mm，其中腹板及肋板尺寸均为 16mm，翼缘尺寸为 32mm。钢管与滑道梁之间使用对接焊缝连接。

4）纠偏装置：滑道梁顶板外侧设置滚轮，用轮轴和钢板固定在滑座外侧（梁端侧）。

5）牵引装置：采用 2 台 500t 牵引千斤顶和 3 根抗拉强度为 1860MPa 的φ15.2 钢绞线，千斤顶安装于钢盖梁（混凝土墩身）上的反力座处，通过张拉钢绞线牵引滑座移动。

2　验算内容

1）核查本工程项目支架设计执行现行国家和行业技术标准及规范，尤其是强制性标准条文的情况；

2）复核支架体系的在横移施工工况中的刚度、强度、稳定性是否满足规范要求。

3）复核反力系统在横移施工工况中的刚度、强度、稳定性是否满足规范要求。

3　审核依据

1)《塘厦联络线旁位现浇及横移施工方案图纸》

2)《高速铁路桥涵施工技术规程》Q/CR 9603—2015

3)《建筑结构荷载规范》GB 50009—2012

4)《钢结构设计标准》GB 50017—2017

5)《建筑结构可靠性设计统一标准》GB 50068—2018

11.5.2　荷载取值

本工程中荷载主要有杆件自重荷载，钢筋混凝土箱梁荷载，风荷载。

1　杆件自重

由于本项目中主要使用焊接连接，杆件自重取软件计算自重的1.05倍。

2　钢筋混凝土箱梁荷载

1）箱梁自重

依据《塘厦东北联络线低16、17孔箱梁横移专项施工方案》和《JL7－单线现浇简支梁》核算，箱梁质量为450t。根据《建筑结构可靠性统一设计统一标准》GB 50068—2018，荷载分项系数取值为1.5。但标准中活荷载是基于概率极限设计法和活荷载的不确定性设立的，对于此项目，钢筋混凝土箱梁已制作完成，其截面确定，自重较为明确，考虑辅助件及钢筋混凝土密度的不确定性，将荷载分项系数取为1.2。

根据《建筑结构荷载规范》GB 50009—2012中第5.6.2条，车辆启动和刹车的动力系数取值为1.1～1.3，由于本项目中钢绞线牵引速度较慢，因此，动力系数采用1.1。

由于滑动过程中可能由于梁顶面表面不平整、箱梁移动位置刚度不同、柱子与滑道梁变形等原因出现偏载，在单榀计算中，滑块行至柱顶时偏载较大，偏载系数取为1.6；当滑块行至垫梁中时，偏载系数较小，因此，垫梁计算中，偏载系数取为1.2。

由于箱梁被放置于滑块之上，滑块将箱梁荷载传递至滑块梁上，将荷载等效为作用于两端的压力 P，同时在Midas Civil中将压力转换为两个间距固定的移动荷载作用于滑块梁上。见图11.5.1-5。

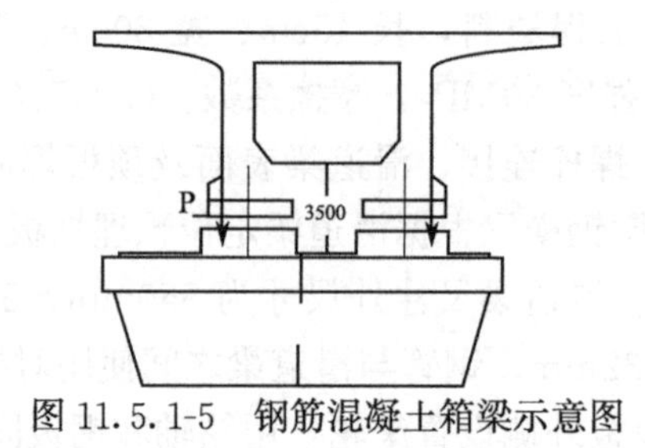

图11.5.1-5　钢筋混凝土箱梁示意图

2）摩擦力取值

由于启动时为静摩擦力，根据《塘厦东北联络线第16、17孔箱梁横移专项施工方案》中静摩擦力系数为0.1，动摩擦系数为0.05，取摩擦系数为 $\mu=0.1$，则单端摩擦力 $f=\mu N=0.1\times4500/2=225\text{kN}$。

3　风荷载取值

依据《建筑结构荷载规范》GB50009—2012第8.1.1条计算横桥向风荷载，即

$$w=\beta_z\mu_s\mu_z w_0$$

式中 w——风压荷载标准值（kN/m^2）；

β_z——由于本结构高度小于30m，且高宽比小于1.5，且自振周期小于0.25s，因此不考虑顺风向风振作用；

w_0——基本风压（kN/m^2），根据《建筑结构荷载规范》GB 50009—2012附录E.5，按50年一遇的风压取值，广州市为$0.50kN/m^2$，深圳市为$0.45kN/m^2$，取计算值为$0.50kN/m^2$；

μ_z——风压高度变化系数，本支架体系地面粗糙类别按B类考虑，离地面高度取17.05m，按《建筑结构荷载规范》GB 50009—2012第8.2.1条取值为1.17；

μ_s——风荷载体形系数；本项目结构可视为多榀桁架计算，依照《建筑结构荷载规范》GB 50009—2012第8.3条，即

$$\mu_s=\mu_{stw}$$

圆管立柱：$s=2.78m$，$d=0.72m$，$s/d=3.86$，$\mu_{s,圆管}=0.6$；剪刀撑、平连、滑块梁：$\mu_{s,型钢}=1.3$。计算得，单榀桁架总面积$A=59.675m^2$，圆管面积为$12.276m^2$，型钢面积为$5.675m^2$，挡风系数$\phi=A_n/A=(12.276+5.675)/59.675=0.3$，$b/h=3.5/3.5=1$，查表取$\eta=0.66$，则：

$$\mu_{st}=\frac{A_{圆管}\varphi\mu_{s圆管}+A_{型钢}\varphi\mu_{s型钢}}{A_n}=0.247$$

$$\mu_{stw圆管}=\mu_{st圆管}\frac{1-\eta^n}{1-\eta}=0.247\times\frac{1-0.66^2}{1-0.66}=0.41$$

综上所述，作用于圆管立柱和型钢上的风荷载标准值为

$$w_k=\beta_z\mu_{stw}\mu_z w_0=0.41\times1.17\times0.50=0.24kN/m^2$$

11.5.3 边界条件及计算长度系数的算法

1 边界条件

根据施工图，连接系之间以及立柱与连接系之间为焊接连接，因此，模型中节点连接属性为刚接，同时柱脚节点为加劲法兰盘连接形式，属于刚接柱脚类型，但是由于钢管截面较薄，整体刚度不大，因此，应分别考虑支座刚接与铰接的连接形式（图11.5.3-1、图11.5.3-2）。

2 复杂约束条件计算长度系数的算法

对于复杂约束条件下的钢柱，其计算长度系数的确定并不直接，为计算钢柱稳定性，可采用下述方法。

对于复杂约束条件，可计算出该约束条件下钢柱整体屈曲的第一阶模态对应的欧拉临界力，与两端铰接状态下的单根柱欧拉临界力进行对比即可计算出计算长度系数，见图11.5.3-3，计算方法如下：

$$N_{cr,当前状态}=\frac{\pi^2EI}{(\mu l)^2},N_{cr,两端铰接}=\frac{\pi^2EI}{(1.0\times l)^2},\mu=\sqrt{\frac{N_{cr,两端铰接}}{N_{cr,当前状态}}}$$

11.5.4 单榀桁架计算

1 荷载取值

单榀桁架的计算目的是考量单榀桁架在箱梁运动状态下横移架的承载能力。

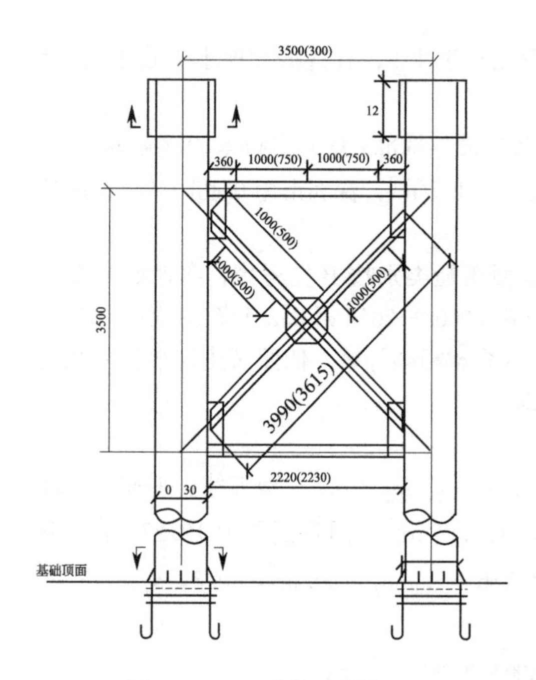

图 11.5.3-1　连接示意图

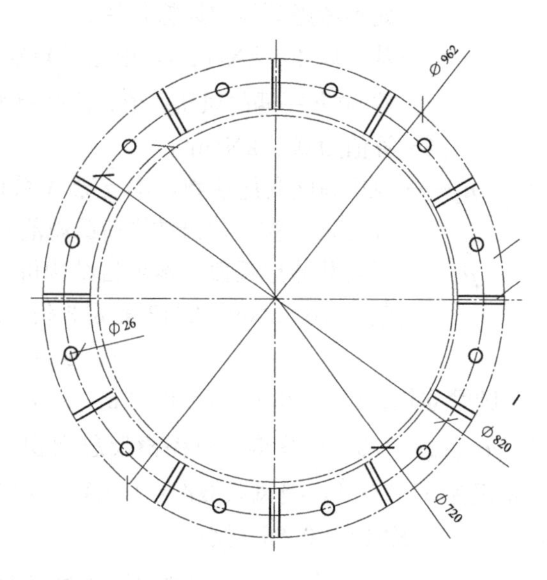

图 11.5.3-2　柱脚节点示意图

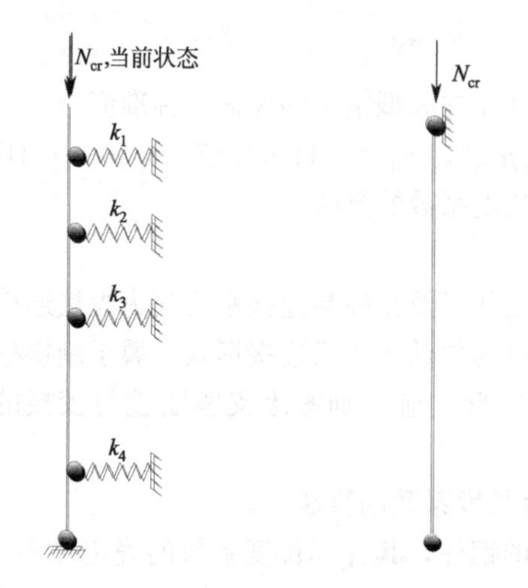

图 11.5.3-3　复杂约束条件下计算长度系数算法

箱梁荷载标准值为 4500/4＝1125kN。

由于钢筋混凝土密度的不确定性和辅助件荷载，取箱梁荷载分项系数为 1.2，同时由于箱梁运动较慢，故动力系数取 1.1，当箱梁行至柱顶时，偏载较大，单榀计算时考虑偏载系数 1.6。

2　约束和边界条件

根据施工中侧立面图，柱底部约束为铰接，柱间连接系为桁架单元，见图 11.5.4-1。

3　强度及位移计算

荷载组合：1.3×杆件自重荷载＋1.2×1.1×1.6 箱梁荷载。计算结果如图 11.5.4-2 所示。

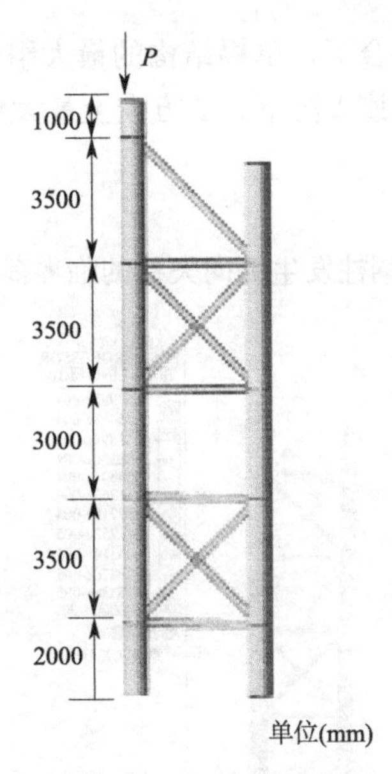

图 11.5.4-1　计算模型图

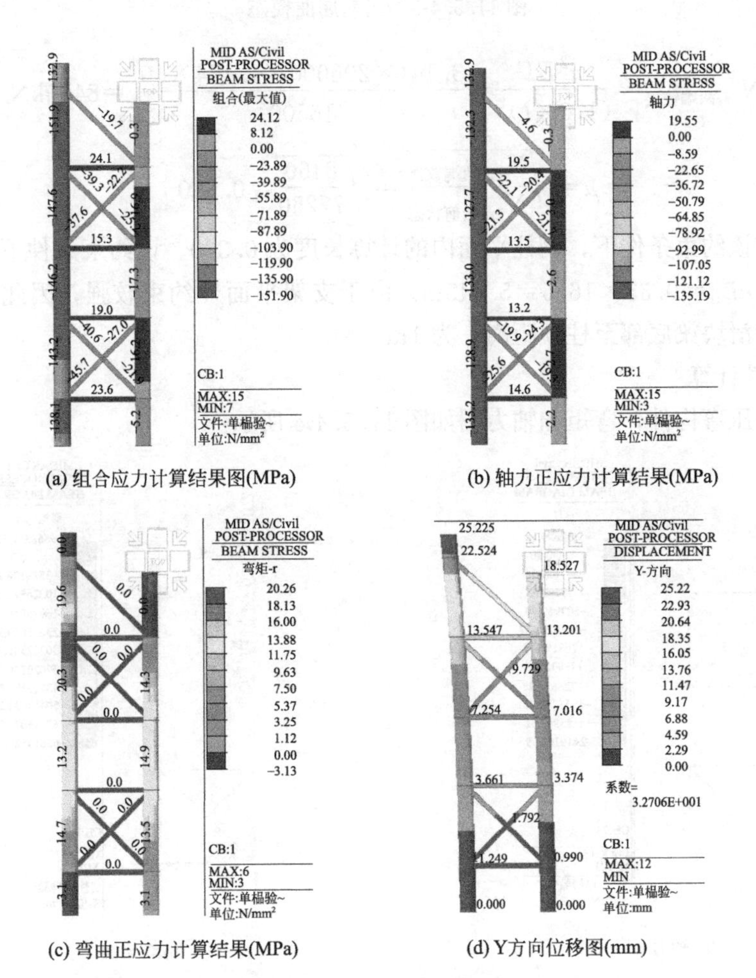

(a) 组合应力计算结果图(MPa)　(b) 轴力正应力计算结果(MPa)

(c) 弯曲正应力计算结果(MPa)　(d) Y方向位移图(mm)

图 11.5.4-2　计算结果图

计算结果显示，在该工况组合下，单榀结构的最大组合应力为 151.9MPa<215MPa，出现在钢柱上端，满足要求。在该工况下，Y 方向上最大位移为 25.23mm。

4 钢柱稳定性验算

1) 计算长度系数的确定

计算结果显示，当前状态下钢柱发生侧向失稳的临界荷载为 77250kN，见图 11.5.4-3。

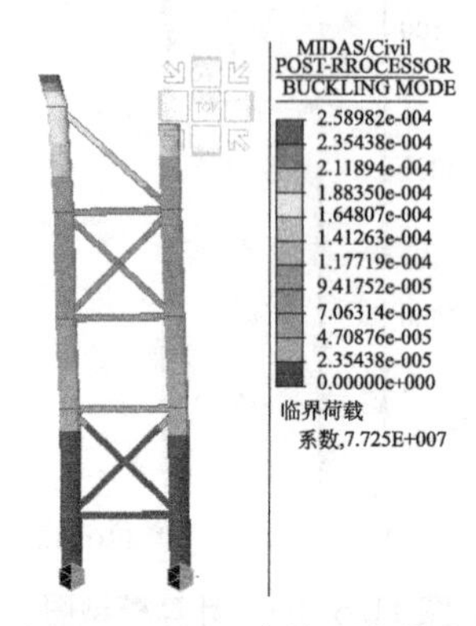

图 11.5.4-3　当前屈曲模态

$$N_{cr,两端铰接}=\frac{\pi^2 EI}{(1.0\times l)^2}=\frac{3.14^2\times 206000\times 1.134\times 10^9}{16500^2}=8460\text{kN}$$

$$\mu=\sqrt{\frac{N_{cr,两端铰接}}{N_{cr,当前状态}}}=\sqrt{\frac{8460}{77250}}=0.330$$

因此，在该约束条件下，钢柱平面内的计算长度为 0.330。该约束条件下，平面内的计算长度 $L=\mu L_0=0.33\times 16.5=5.445$m。由于支架平面外约束较强，因此，钢柱平面外计算长度为滑块梁底部至柱顶距离，为 1m。

2) 稳定性计算

钢立柱为压弯构件，弯矩和轴力图如图 11.5.4-4 所示。

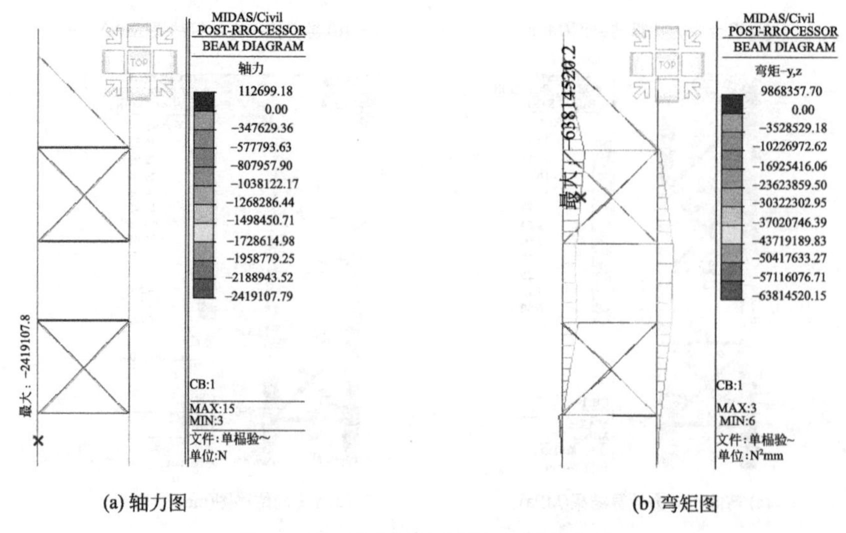

(a) 轴力图　(b) 弯矩图

图 11.5.4-4　单榀计算轴力及弯矩图

柱长细比计算如下：

$$柱的计算长度为\ \mu l=0.33\times16500=5445mm$$

$$i=\sqrt{\frac{I}{A}}=\sqrt{\frac{1.134\times10^9}{17894}}=251.74\text{mm}$$

$$\lambda=\frac{\mu l}{i}=\frac{0.330\times16500}{251.74}=21.62$$

查表得，$\varphi=0.949$，由计算结果图可知，轴力最大值为2419kN，弯矩最大值为63.8kN·m，计算压弯构件稳定性。根据《钢结构设计标准》GB 50017—2017，$f=215\text{MPa}$。

$$N'_{\text{Ex}}=\frac{\pi^2EA}{1.1\lambda_x^2}=\frac{3.14^2\times206000\times17895}{1.1\times21.62^2}=70494\text{kN}$$

$$\sigma=\frac{N}{\varphi_{\text{x}}A}+\frac{\beta_{\text{mx}}M_{\text{x}}}{\gamma_{\text{x}}W_{1\text{x}}(1-0.8\dfrac{N}{N'_{\text{Ex}}})}=$$

$$\frac{2419000}{0.949\times17895}+\frac{63.8\times10^6}{1.15\times3150230\times(1-0.8\times\dfrac{2419}{70494})}=160.05\text{MPa}<215\text{MPa}$$

满足稳定性要求。

11.5.5　垫梁计算结果

1　垫梁强度及位移计算

对于垫梁，采用的约束方式与连续梁类似，在桥墩与滑块梁连接处使用固定铰支座约束，摩擦力以节点力的形式加到模型中，计算模型如图11.5.5-1所示。

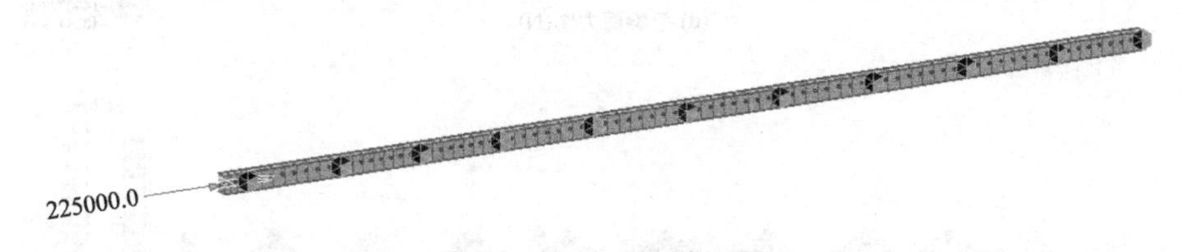

图11.5.5-1　垫梁模型图

箱梁荷载以移动荷载形式加至垫梁上。荷载组合：1.3×杆件自重荷载+1.2×1.1×1.2×滑块荷载+1.2×摩擦力。计算结果如图11.5.5-2所示。

由上述结果可得，该垫梁自振频率为89.69Hz，在该工况下最大应力值为119.2MPa<205MPa，出现在横移架最后一跨中，最大位移值出现在单跨中，为2.312mm<$L/1000=3500/1000=3.5\text{mm}$，满足要求。

2　垫梁稳定性计算

1）整体稳定

对于箱形截面梁，截面尺寸$h/b_0=550/300=1.83<6$，单跨最大跨度为3500mm，$l_1/b_0=3500/(300-16)=12.32<95(235/f_{\text{y}})=95$，因此，无须验算整体稳定问题。

2）局部稳定

翼缘：箱形截面梁$b_0/t=(150-16)/32=4.188<40\sqrt{235/f_{\text{y}}}=40$，满足要求。

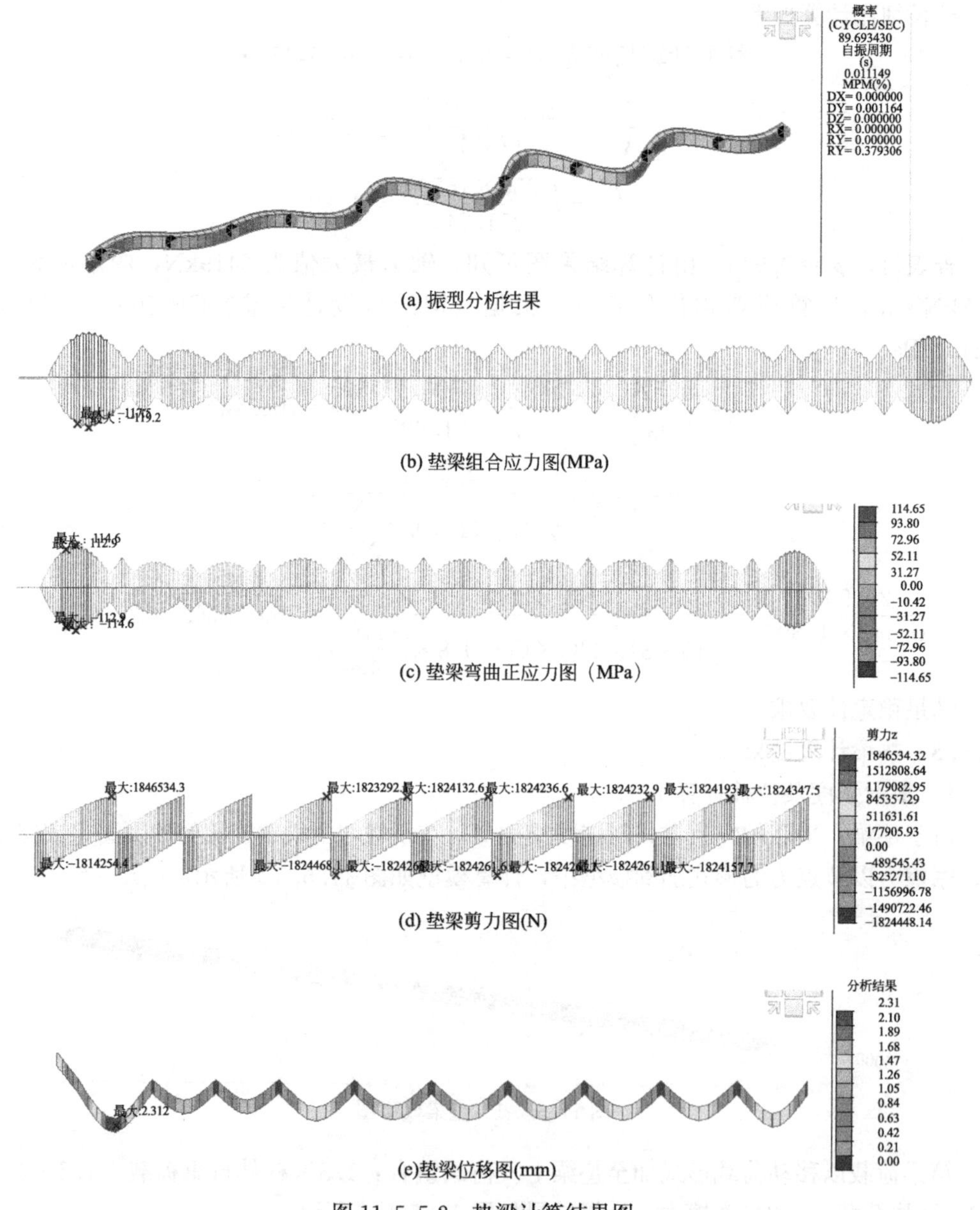

(a) 振型分析结果

(b) 垫梁组合应力图(MPa)

(c) 垫梁弯曲正应力图（MPa）

(d) 垫梁剪力图(N)

(e)垫梁位移图(mm)

图 11.5.5-2　垫梁计算结果图

腹板：该滑块梁承担由滑块传递下来的局部压力，因此，$h_0/t_w=(550-32\times2)/16=30.375<80$，满足验算要求，但应按照构造配置横向加劲肋。

3）腹板局部稳定验算

图纸中，滑块梁已在与钢管立柱连接处配置横向加劲肋。但滑块行驶至无横向加劲肋位置时，需要验算其腹板区格的局部稳定性。

滑块长 600mm，与滑块梁接触宽度为 516mm，则 $V=1846\text{kN}$，受压翼缘未受到扭转约束，因此，

$$\lambda_{n,b}=\frac{2h_0/t_w}{138}\sqrt{\frac{f_y}{235}}=\frac{2\times(550-2\times32)/16}{138}\sqrt{\frac{235}{235}}=0.44<0.85$$

取$\sigma_{cr}=f=205$MPa

由于$a/h_0=3500/(550-32\times2)=7.2>1$，因此

$$\lambda_{n,s}=\frac{h_0/t_w}{41\sqrt{5.34+4(h_0/a)^2}}\sqrt{\frac{f_y}{235}}=\frac{(550-2\times32)/16}{37\sqrt{5.34+4\times((550-2\times32)/3500)^2}}\sqrt{\frac{235}{235}}=0.35$$

因此，$\tau_{cr}=f_v=120$MPa，由于$a/h_0>2$，取$\sigma_{c,cr}=f=205$MPa。

σ——计算腹板区格内，由弯矩产生的高度边缘弯曲压应力，为114.6MPa

τ——计算腹板区格内，由平均剪力产生的腹板剪应力，$\tau=V/(3h_wt_w)=1846000/3/(550-2\times32)/16=79.13$MPa

σ_c——腹板计算高度边缘的局部压应力，采用起重机梁计算方法

$$\sigma_c=F/3t_wl_z=1846000/3/16/(600+5\times32+2\times20)=48.05\text{MPa}$$

$$\left(\frac{\sigma}{\sigma_{cr}}\right)^2+\frac{\sigma_c}{\sigma_{c,cr}}+\left(\frac{\tau}{\tau_{cr}}\right)^2=\left(\frac{114.6}{205}\right)^2+\frac{48.05}{205}+\left(\frac{79.13}{120}\right)^2=0.982<1$$

满足要求。

11.5.6 结构空间模型计算

1 模型及约束条件

对结构整体进行建模分析，由于钢管立柱与塘厦17号墩承台之间使用2［20a槽钢水平撑杆相连，但相较于钢管立柱而言，槽钢的抵抗轴力、剪力、弯矩的性能都比较弱，建模时考虑槽钢，由于槽钢与桥梁墩台相连部分仅使用焊缝连接底板，而无足够的加劲肋增大整体刚度，因此，考虑其连接为铰接。对于钢管立柱底部，分别使用刚接和铰接对其建模计算，风荷载使用厚度为0.001mm的板单元模拟虚面施加。见图11.5.6-1。

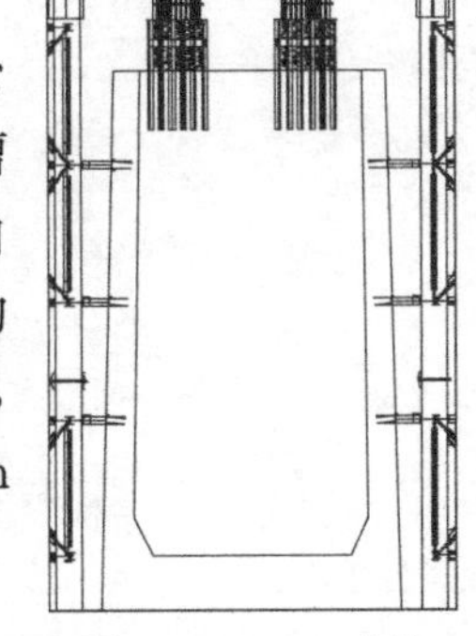

图11.5.6-1 连接示意图

2 强度及位移计算结果

该情况下的荷载组合为：1.3×杆件自重荷载+1.2×1.2×1.1箱梁荷载+1.5×1.0横向风荷载+1.2×摩擦力。分别对于柱底部铰接和刚接的情况计算。见图11.5.6-2。

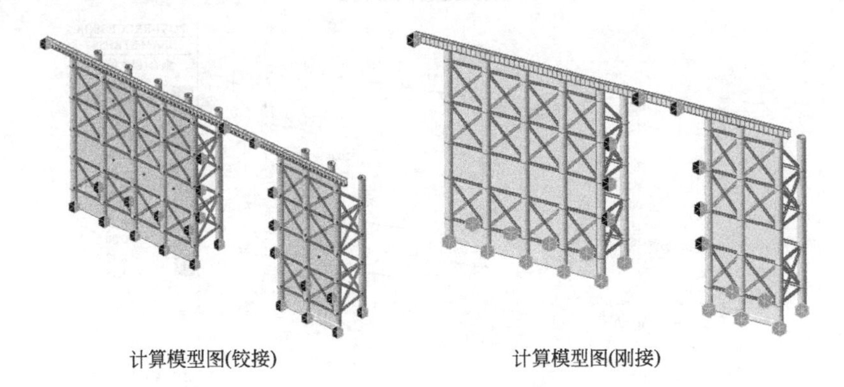

计算模型图(铰接)　　　计算模型图(刚接)

图11.5.6-2 计算模型图

1）铰接计算结果

强度及位移结果见图11.5.6-3。

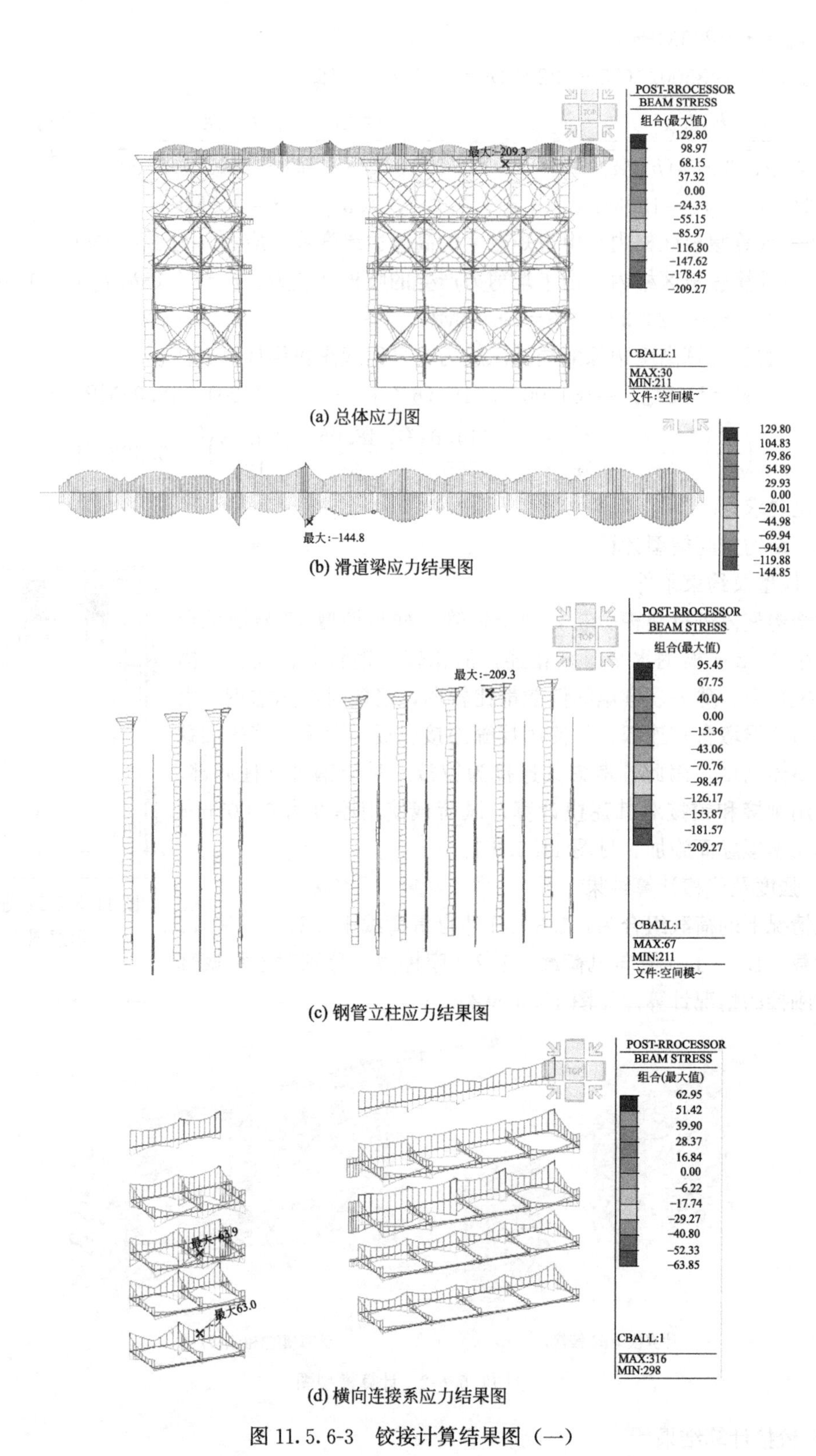

(a) 总体应力图

(b) 滑道梁应力结果图

(c) 钢管立柱应力结果图

(d) 横向连接系应力结果图

图 11.5.6-3　铰接计算结果图（一）

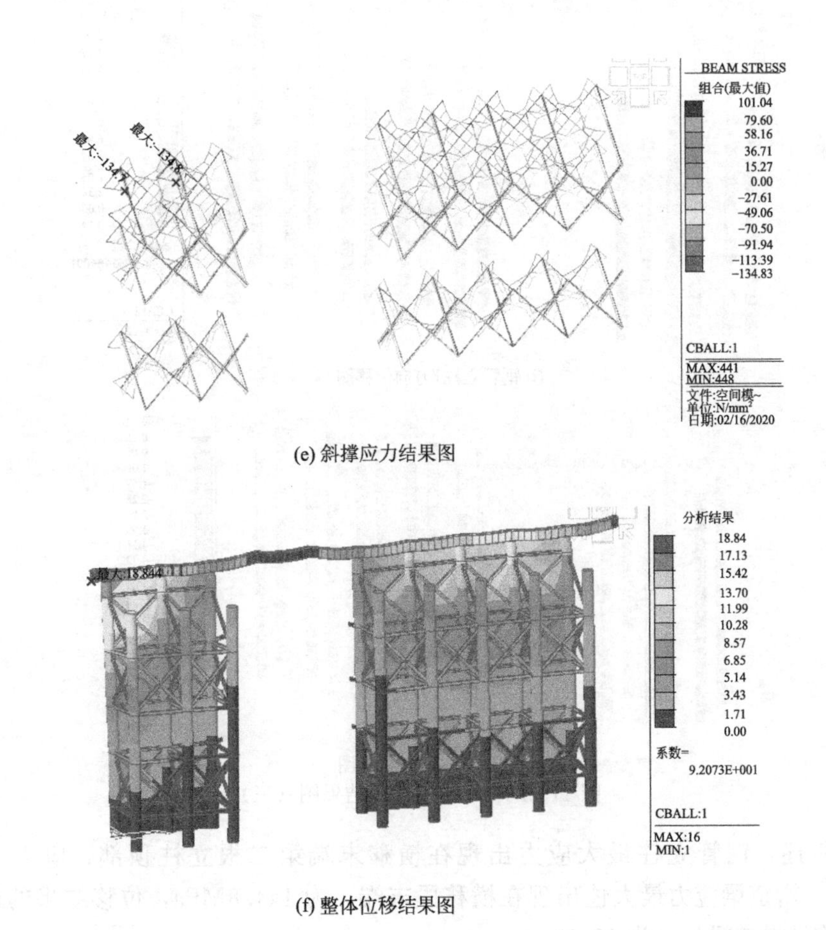

(e) 斜撑应力结果图

(f) 整体位移结果图

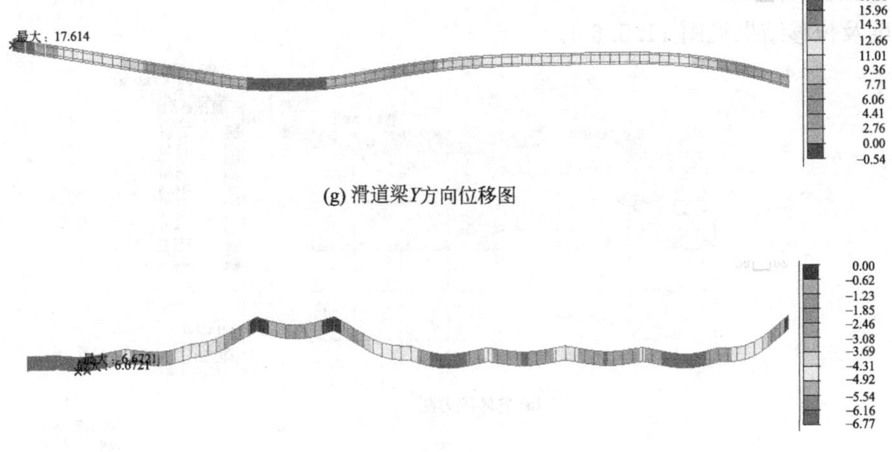

(g) 滑道梁Y方向位移图

(h) 滑道梁Y方向位移图

图 11.5.6-3　铰接计算结果图（二）

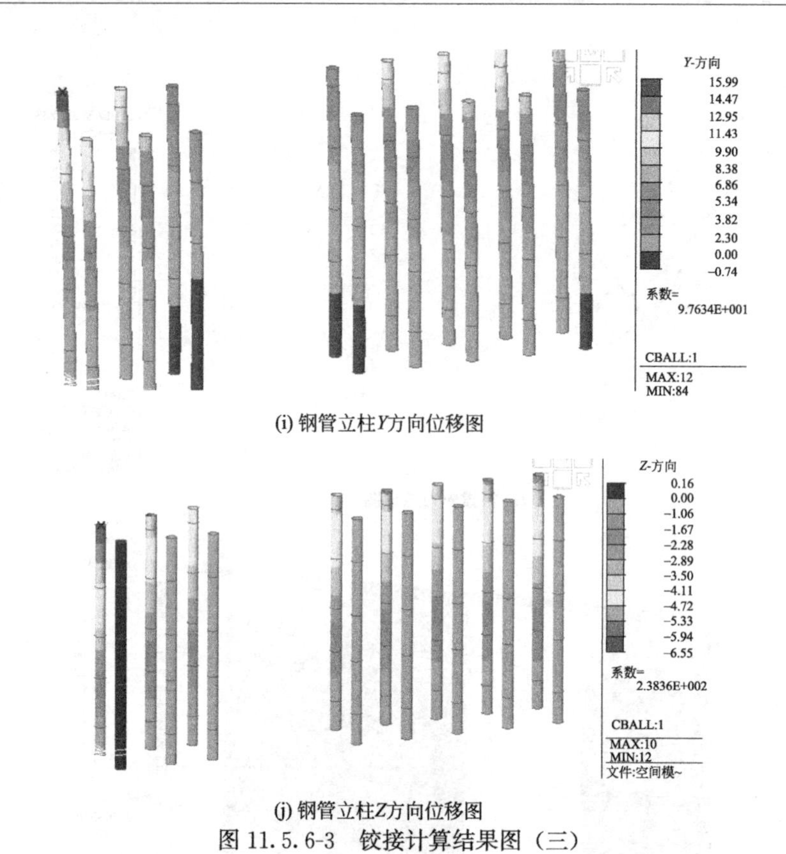

(i) 钢管立柱Y方向位移图

(j) 钢管立柱Z方向位移图

图 11.5.6-3 铰接计算结果图（三）

综上所述，钢管立柱最大应力出现在横移末端第二根立柱顶部，应力最大值为209.3MPa，滑道梁应力最大值出现在横移段末端，为144.8MPa，位移结果的最大值位于横移架前端滑道梁处，为18.84mm。

2） 刚接计算结果

强度及位移结果见图 11.5.6-4。

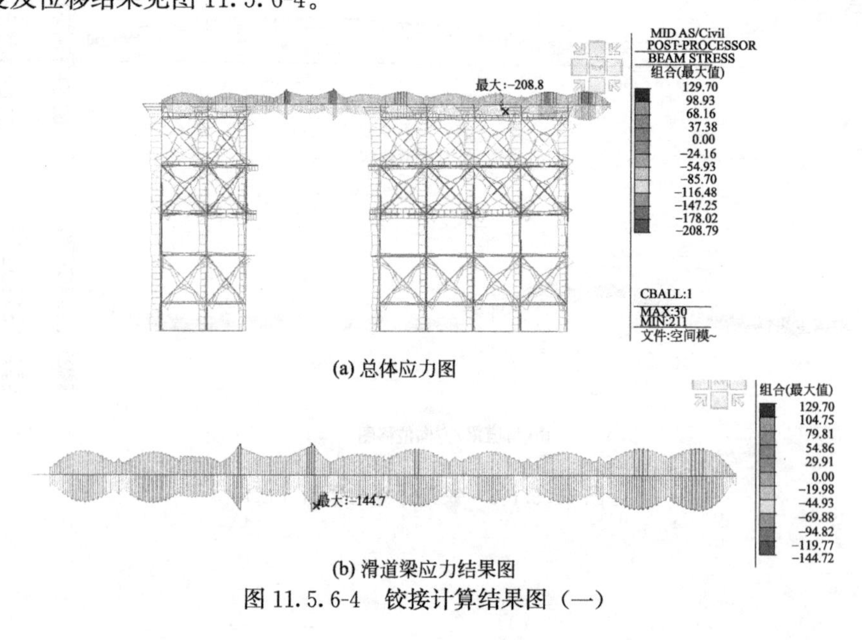

(a) 总体应力图

(b) 滑道梁应力结果图

图 11.5.6-4 铰接计算结果图（一）

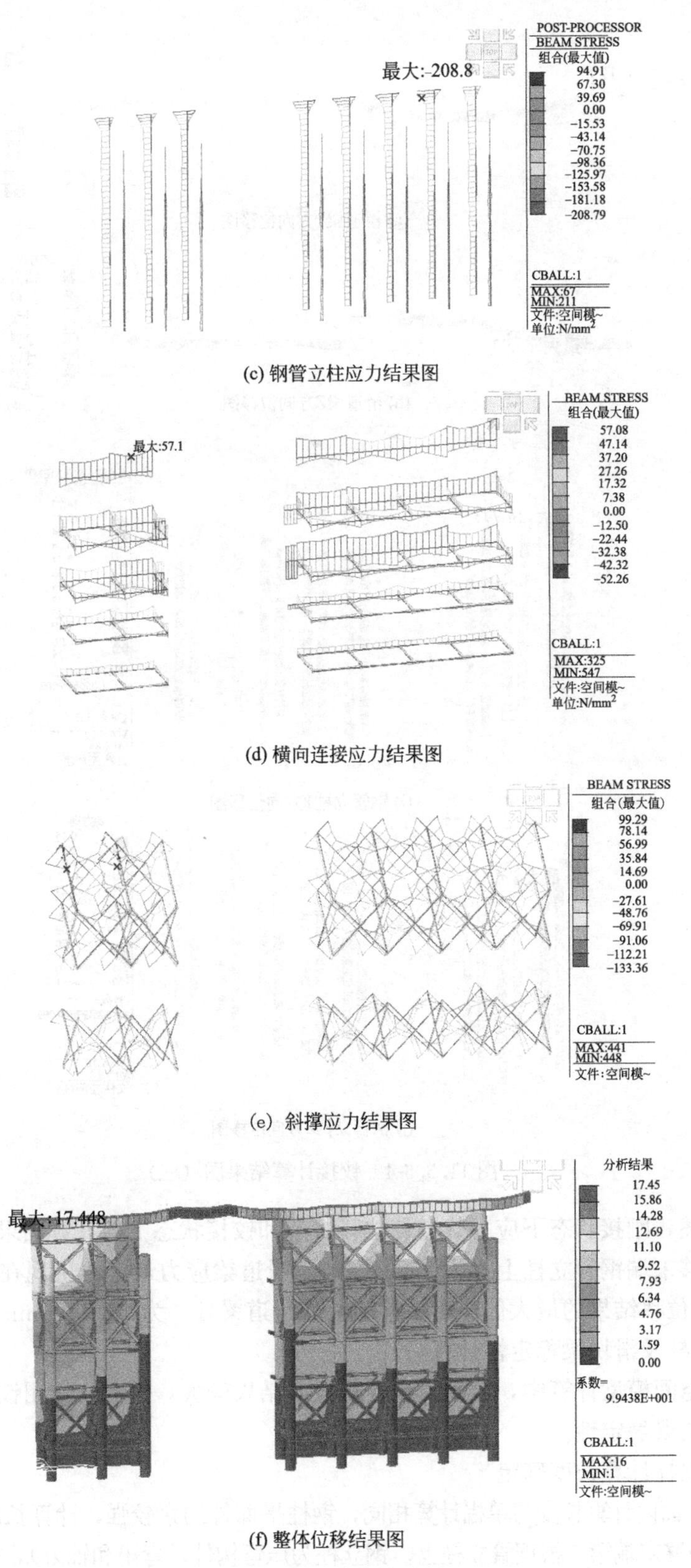

(c) 钢管立柱应力结果图

(d) 横向连接应力结果图

(e) 斜撑应力结果图

(f) 整体位移结果图

图 11.5.6-4　铰接计算结果图（二）

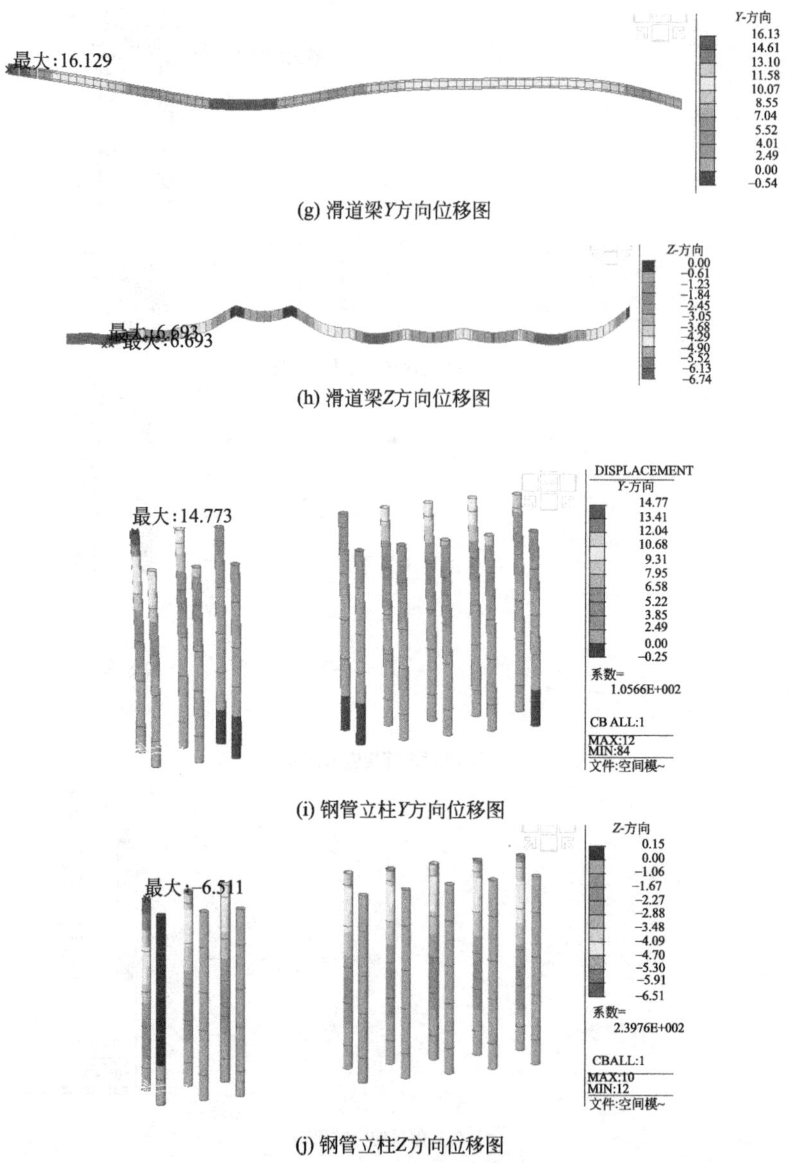

(g) 滑道梁Y方向位移图

(h) 滑道梁Z方向位移图

(i) 钢管立柱Y方向位移图

(j) 钢管立柱Z方向位移图

图 11.5.6-4　铰接计算结果图（三）

综上所述，刚接状态下应力状态和位移状态和铰接状态下的计算结果类似。应力最大值出现在横移末端钢管立柱上，为 208.8MPa。滑道梁应力最大值出现在横移段末端，为 144.7MPa，位移结果的最大值位于横移架前端滑道梁处，为 17.448mm.

3）钢立柱及滑块梁稳定性计算

由于在空间模型计算中，铰接模型计算应力结果较大，因此，使用铰接计算结果验算钢立柱及滑块梁稳定性。

(1) 钢立柱计算长度确定

钢立柱平面内计算长度与单榀计算相同，钢柱平面外约束较强，计算长度为 1m。应力最大值出现在横移末端第二根钢管立柱上。钢立柱为压弯构件，弯矩和轴力如图 11.5.6-5 所示。

柱长细比计算：　柱的计算长度为 $\mu l = 0.33 \times 16500 = 5445\text{mm}$

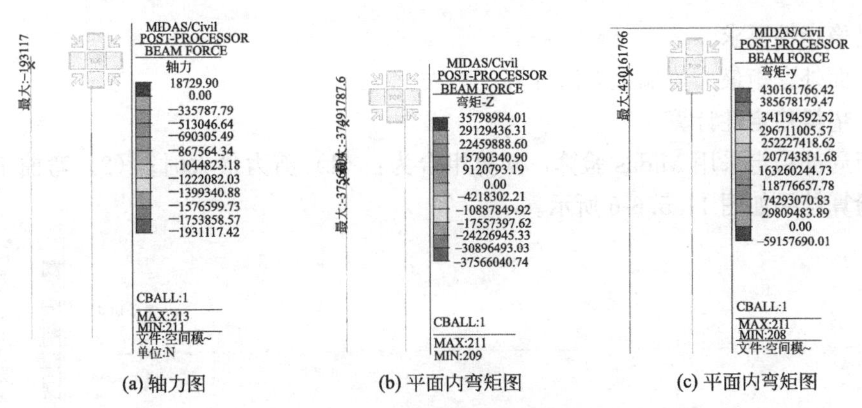

(a) 轴力图　　(b) 平面内弯矩图　　(c) 平面内弯矩图

图 11.5.6-5　钢立柱轴力及弯矩图

$$i=\sqrt{\frac{I}{A}}=\sqrt{\frac{1.134\times10^{9}}{17894}}=251.74\text{mm}$$

$$\lambda=\frac{\mu l}{i}=\frac{0.330\times16500}{251.74}=21.62$$

查表得，$\varphi=0.949$，由计算结果图可知，轴力最大值为 1931kN，平面内弯矩最大值为 37.6kN·m，平面外弯矩最大值为 430.2kN·m。

将移动荷载工况转换为静力荷载工况，验算组合为：①轴力最大时；②平面外弯矩最大时。

①轴力最大值

轴力最大值为 1931kN，此时平面内弯矩值为 37.5kN·m，平面外弯矩值为 103.7kN·m。根据《钢结构设计标准》GB 50017—2017，$f=215$MPa

则平面内稳定性计算如下：

$$N'_{\text{Ex}}=\frac{\pi^2 EA}{1.1\lambda_{\text{x}}^2}=\frac{3.14^2\times206000\times17895}{1.1\times21.62^2}=70494\text{kN}$$

$$\sigma=\frac{N}{\varphi_{\text{x}}A}+\frac{\beta_{\text{mx}}M_{\text{x}}}{\gamma_{\text{x}}W_{1\text{x}}\left(1-0.8\dfrac{N}{N'_{\text{Ex}}}\right)}+\eta\frac{\beta_{\text{ty}}M_{\text{y}}}{\varphi_{\text{by}}W_{\text{y}}}=$$

$$\frac{1931000}{0.949\times17895}+\frac{37.5\times10^6}{1.15\times3150230\times\left(1-0.8\times\dfrac{1931}{70494}\right)}+\frac{0.85\times103.7\times10^6}{3150230}=$$

$$151.87\text{MPa}<215\text{MPa}$$

$\varphi_{\text{y}}=0.998$，平面外稳定性计算如下：

$$N'_{\text{Ex}}=\frac{\pi^2 EA}{1.1\lambda_{\text{x}}^2}=\frac{3.14^2\times206000\times17895}{1.1\times21.62^2}=70494\text{kN}$$

$$\sigma=\frac{N}{\varphi_{\text{y}}A}+\frac{\beta_{\text{my}}M_{\text{y}}}{\gamma_{\text{y}}W_{1\text{y}}\left(1-0.8\dfrac{N}{N'_{\text{Ex}}}\right)}+\eta\frac{\beta_{\text{tx}}M_{\text{x}}}{\varphi_{\text{bx}}W_{\text{x}}}=$$

$$\frac{1931000}{0.998\times17895}+\frac{103.7\times10^6}{1.15\times3150230\times\left(1-0.8\times\dfrac{1931}{70494}\right)}+\frac{37.5\times10^6}{3150230}=148.64\text{MPa}<215\text{MPa}$$

满足稳定性要求。

②平面外弯矩最大值如上方法计算，略去。

(2) 垫梁稳定性计算

腹板局部稳定采用 Midas 验算，验算组合为：(1) 剪力最大时；(2) 弯曲正应力最大时。验算结果如图 11.5.6-6 所示。

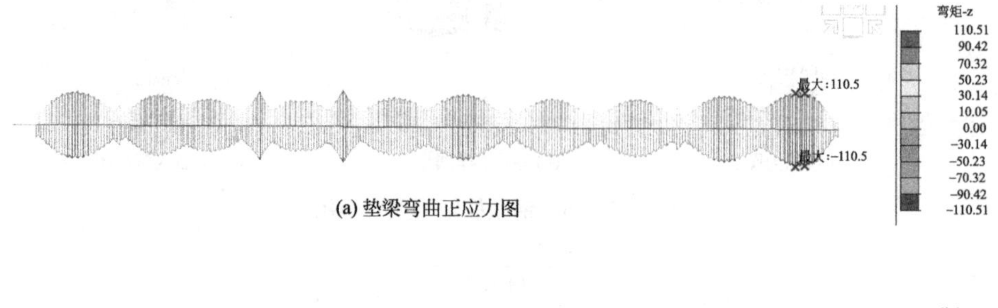

(a) 垫梁弯曲正应力图

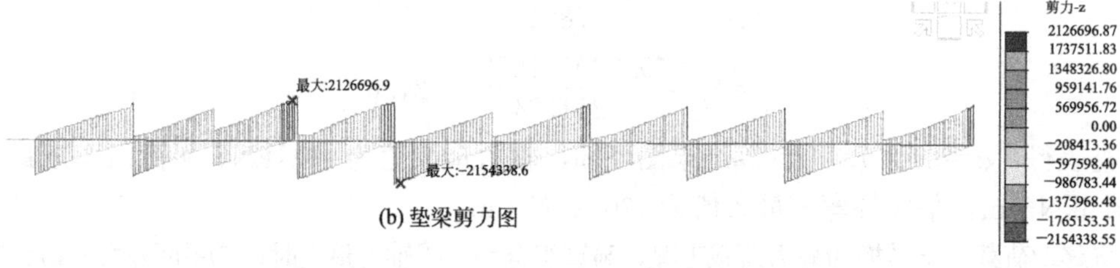

(b) 垫梁剪力图

图 11.5.6-6 垫梁计算结果图

①剪力最大时

此时剪力值 $V=2154\text{kN}$，弯曲正应力值为 51.7MPa，因此，

$$\lambda_{n,b}=\frac{2h_0/t_w}{138}\sqrt{\frac{f_y}{235}}=\frac{2\times(550-2\times32)/16}{138}\sqrt{\frac{235}{235}}=0.44<0.85$$

取 $\sigma_{cr}=f=205\text{MPa}$。

由于 $a/h_0=3500/(550-32\times2)=7.2>1$，因此

$$\lambda_{n,s}=\frac{h_0/t_w}{41\sqrt{5.34+4(h_0/a)^2}}\sqrt{\frac{f_y}{235}}=\frac{(550-2\times32)/16}{37\sqrt{5.34+4\times((550-2\times32)/3500)^2}}\sqrt{\frac{235}{235}}=0.35$$

因此，$\tau_{cr}=f_v=120\text{MPa}$，由于 $a/h_0>2$，取 $\sigma_{c,cr}=f=205\text{MPa}$。

σ——计算腹板区格内，由弯矩产生的高度边缘弯曲压应力，为 51.7MPa；

τ——计算腹板区格内，由平均剪力产生的腹板剪应力，$\tau=V/(3h_wt_w)=2154000/3/(550-2\times32)/16=92.34\text{MPa}$；

σ_c——腹板计算高度边缘的局部压应力，采用起重机梁计算方法。

$$\sigma_c=F/3t_wl_z=2154000/3/16/(600+5\times32+2\times20)=56.09\text{MPa}$$

$$\left(\frac{\sigma}{\sigma_{cr}}\right)^2+\frac{\sigma_c}{\sigma_{c,cr}}+\left(\frac{\tau}{\tau_{cr}}\right)^2=\left(\frac{51.7}{205}\right)^2+\frac{56.09}{205}+\left(\frac{92.34}{120}\right)^2=0.926<1$$

满足要求。

②弯曲正应力最大时

此时弯曲正应力值为 110.5MPa，剪力值 $V=975\text{kN}$ 因此，

$$\lambda_{n,b}=\frac{2h_0/t_w}{138}\sqrt{\frac{f_y}{235}}=\frac{2\times(550-2\times32)/16}{138}\sqrt{\frac{235}{235}}=0.44<0.85$$

取 $\sigma_{cr}=f=205$MPa。

由于 $a/h_0=3500/(550-32\times2)=7.2>1$，因此，

$$\lambda_{n,s}=\frac{h_0/t_w}{41\sqrt{5.34+4(h_0/a)^2}}\sqrt{\frac{f_y}{235}}=\frac{(550-2\times32)/16}{37\sqrt{5.34+4\times((550-2\times32)/3500)^2}}\sqrt{\frac{235}{235}}=0.35$$

因此，$\tau_{cr}=f_v=120$MPa，由于 $a/h_0>2$，取 $\sigma_{c,cr}=f=205$MPa。

σ——计算腹板区格内，由弯矩产生的高度边缘弯曲压应力，为 110.5MPa；

τ——计算腹板区格内，由平均剪力产生的腹板剪应力，$\tau=V/(3h_wt_w)=975000/3/(550-2\times32)/16=41.80$MPa；

σ_c——腹板计算高度边缘的局部压应力，采用起重机梁计算方法，

$$\sigma_c=F/3t_wl_z=975000/3/16/(600+5\times32+2\times20)=25.39\text{MPa}。$$

$$\left(\frac{\sigma}{\sigma_{cr}}\right)^2+\frac{\sigma_c}{\sigma_{c,cr}}+\left(\frac{\tau}{\tau_{cr}}\right)^2=\left(\frac{110.5}{205}\right)^2+\frac{25.39}{205}+\left(\frac{41.8}{120}\right)^2=0.536<1$$

满足要求。

3　温度作用

由于施工时间较短，昼夜温差较小，根据气象信息，针对铰接模型，施加±15℃的整体升温和降温，应力结果如图 11.5.6-7 所示。

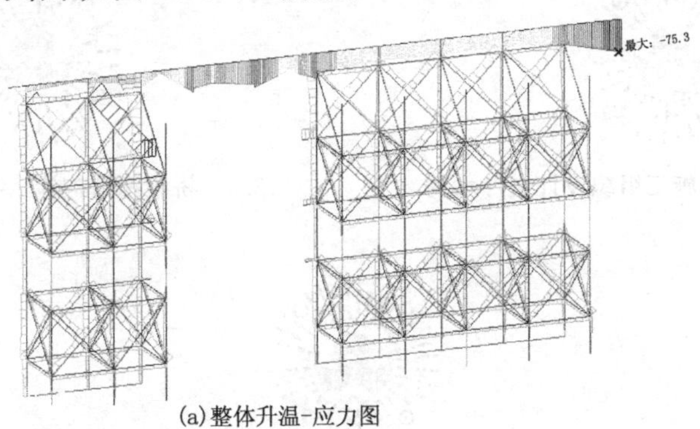

(a)整体升温-应力图

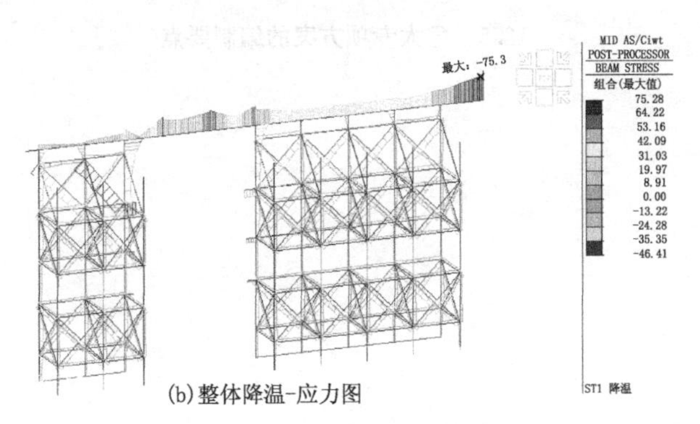

(b)整体降温-应力图

图 11.5.6-7　温度作用结果图

温度作用对于结构杆件应力影响最大可达 75.3MPa，但温度作用主要影响于垫梁。

第 12 章　实际钢结构工程施工组织设计文件示例

本章分别给出四种类型钢结构工程施工组织设计文件的示例，通过实际钢结构工程施工组织设计文件，说明钢结构工程施工组织设计文件的编写内容、框架顺序、文件格式、描述方法等，读者可扫描以下二维码下载相关文件。

12.1　高层钢结构施工组织设计文件示例

12.2　空间钢结构施工组织设计文件示例

12.3　厂房钢结构施工组织设计文件示例

12.4　桥梁钢结构施工组织设计文件示例

12.5　危大专项方案的编制要点

附录：危大专项方案编制示例

1 工程概况

1.1 整体设计概况

某会议中心二期项目是市重点项目，是落实“国际交往中心”的工程，已写入市总体规划中（图1）。项目目标是建成一个国家级的、全球领先的，服务于国际交往的政务、国务、商务活动的会展中心。

图1 会议中心二期项目效果图

1.2 建筑工程概况（表1）

工程概况 表1

<table>
<tr><th>类别</th><th colspan="3">概况</th></tr>
<tr><td>总用地面积</td><td colspan="3">92626.94m²</td></tr>
<tr><td rowspan="2">总建筑面积</td><td rowspan="2">408408.2m²</td><td>地上建筑面积</td><td>255729m²</td></tr>
<tr><td>地下建筑面积</td><td>152679.2m²</td></tr>
<tr><td rowspan="2">建筑层数及高度</td><td colspan="2">地上3层(含夹层8层)</td><td>23.60m</td></tr>
<tr><td colspan="2">地下2层(含夹层3层)</td><td>6.90m</td></tr>
<tr><td rowspan="2">结构形式</td><td colspan="3">地下室:钢筋混凝土框架-剪力墙结构体系</td></tr>
<tr><td colspan="3">地上:结构转换层以下(首层):钢管混凝土框架-组合抗震墙(钢板混凝土剪力墙/带斜撑混凝土剪力墙)结构体系;
结构转换层以上(二层及以上):钢管混凝土框架-支撑结构体系;
局部大跨度屋面采用平面桁架或圆柱面网壳结构体系</td></tr>
</table>

续表

类别	概况		
建筑高度	主要屋顶高度为44.85m(以±0.000计),局部出屋顶高度51.85m		
建筑功能	地上建筑功能主要为:会议、展览、办公及其配套用房; 地下建筑功能主要为:展览、车库、厨房、餐厅、设备机房		
±0.000标高	±0.000=绝对标高44.90m(1985年国家高程系统)		
设计使用年限	50年	建筑结构安全等级	一级
建筑抗震类别	乙类	抗震设防烈度	8度(0.20g)
高层建筑分类	一类		
建筑防火等级	一级		
超过一定规模的危险性较大的分部分项工程	(1)跨度36m或悬挑18m及以上的钢结构安装工程,或跨度60m及以上的网架和索膜安装工程(本工程序厅最大跨度钢梁39.6m、72m索承网壳、19.6m悬挑结构); (2)采用整体提升、顶升、平移(滑移)、转体,或安装净空高度18m及以上高空散装法施工的钢结构安装工程(本工程屋面网壳结构采用滑移施工); (3)单个构件或单元采用双机或多机抬吊施工的钢结构安装工程(序厅部分钢梁和桁架采用两台塔式起重机抬吊); (4)采用分段、分条、分块安装,临时承重支架高度超过18m或其受力超过50kN的钢结构工程(本工程临时承重支架最大受力260kN,最大高度20m)		

钢结构部分主要包括地下型钢混凝土结构、地上钢管混凝土框架结构、局部钢板墙、转换桁架钢结构、屋面网壳钢结构、屋面桁架及局部夹层形成稳定结构体系。本工程钢结构以AX轴为分界线分成南北两区,南区为AX轴(含)以南区域(图2)。结构以12轴为分界线,分成序厅和主楼部分。

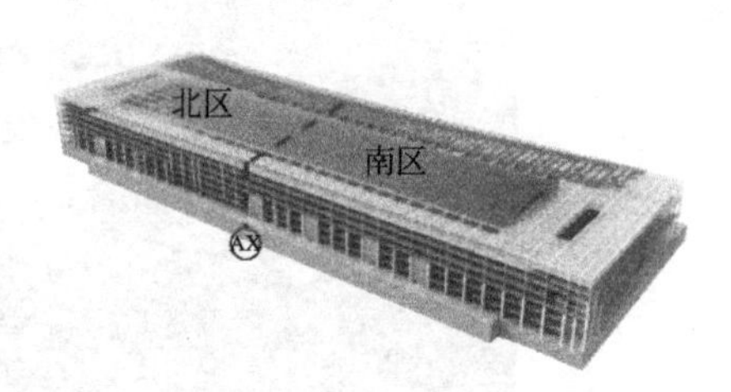

图2 钢结构分区示意图

1.3 序厅钢结构概况(以南区为例进行说明,如图3~图5所示)

南区序厅钢结构位于结构东侧AX轴~AA轴,平面尺寸240m×46.5m。序厅钢结构共三层,首层、二层为钢框架结构;顶层为桁架结构,总构件数量约1800件,总重量约8500t。

图3 南区钢结构布置

南区序厅屋面桁架共36榀,东西向布置如图6所示。跨度为26.87~39.9m,高度3m,重约7.3~13.3t。西侧边桁架全长204m,桁架跨度24m(两榀)、12m(13榀),

桁架高 3.0m。最重构件约 12.5t。

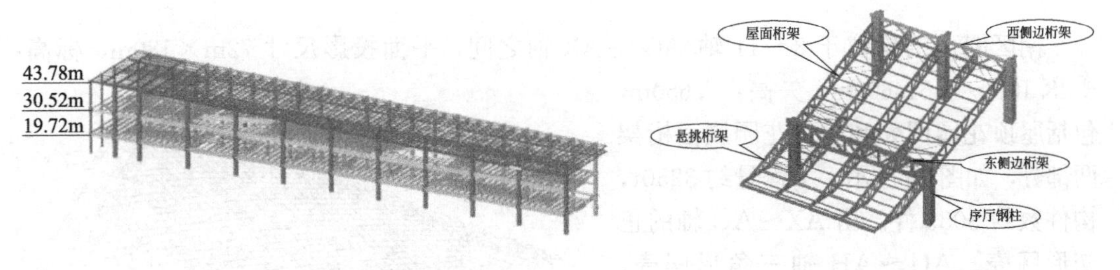

图 4　南区序厅屋顶典型结构示意图

图 5　序厅结构示意图

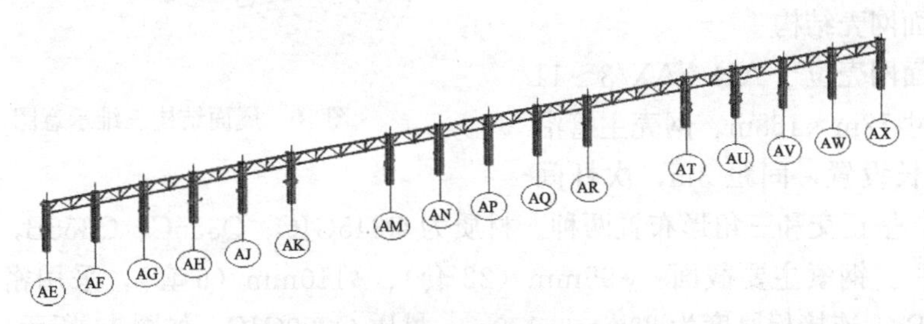

图 6　南区序厅西侧边桁架示意图

东侧边桁架共 9 榀如图 7 所示。跨度约 24m，桁架高度 2.6～3.5m，最大重量约 37t。弦杆主要为箱形截面，材质为 Q345GJC；腹杆箱形和 H 形截面，材质为 Q355C。

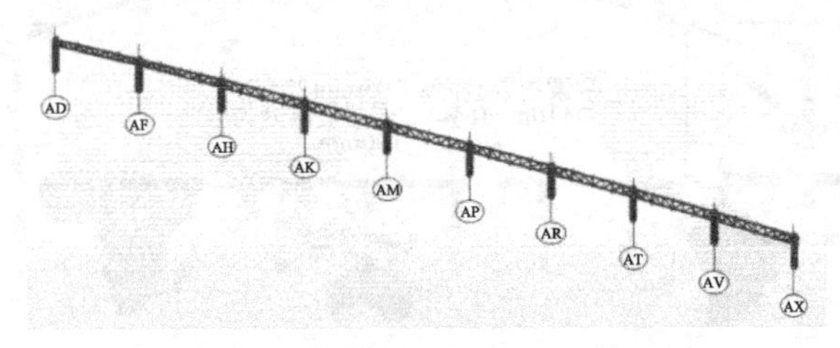

图 7　南区序厅东侧边桁架示意图

屋面悬挑结构长 240m，悬挑跨度 2.6～19.6m，有悬挑桁架、悬挑梁以及桁架间梁和撑组成；悬挑桁架为三角形，间距 6m，最大悬挑长度 19.6m，最重约 7.5t，如图 8、图 9 所示。

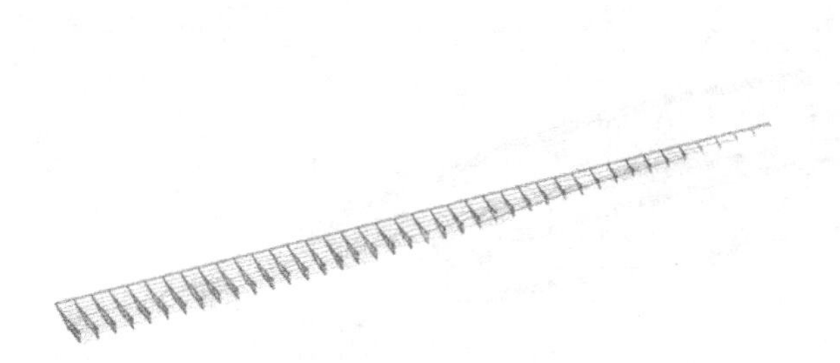

图 8　南区序厅悬挑结构示意图

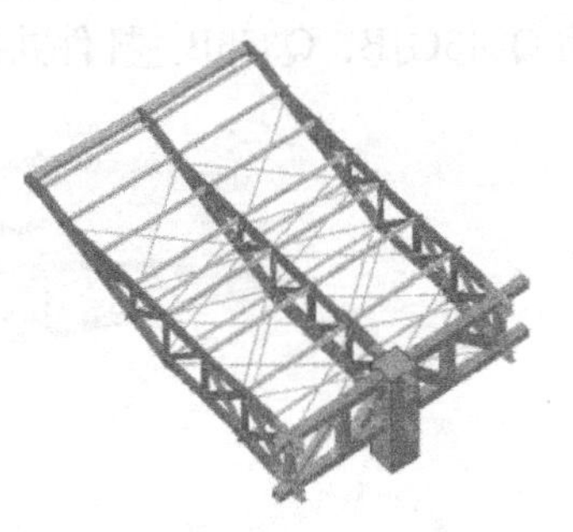

图 9　南区序厅典型悬挑结构示意图

1.4 屋面钢结构概况

南区屋面结构位于3～11轴/AG～AX轴之间，平面投影尺寸72m×180m，标高：+43.100～+51.600m，矢高：7.650m，包括屋顶花园网壳和屋顶花园屋面桁架两部分，如图10所示。工程量约3250t，构件数约3033件。由AX～AU轴的正交形网壳、AU～AH轴三角形网壳、AH～AG轴桁架及28道钢索组成。

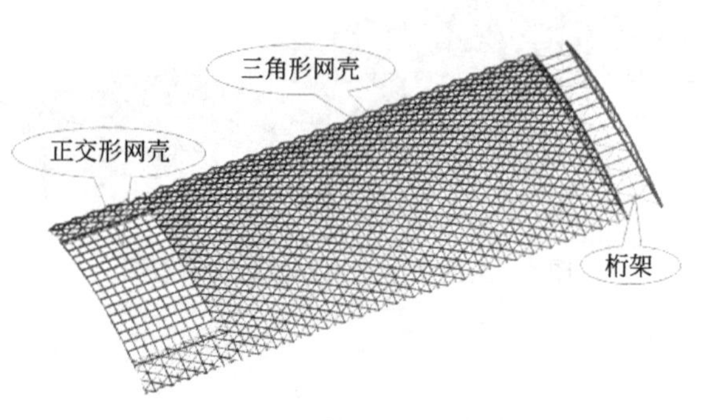

图10 屋面结构三维示意图

（1）屋面网壳结构

南区屋面网壳位于AH～AX/3～11轴，平面尺寸72m×168m。网壳主管沿跨度方向通长设置，间距3m；次杆间距3454mm，呈正交和三角形布置两种。材质为Q345GJC、Q355C、Q355B，钢结构构件共计2858件。钢索主要截面：ϕ95mm（22套）、ϕ110mm（6套），采用密封索，强度等级1570MPa，连接板厚度为80mm、100m，材质Q390GJC，如图11所示。

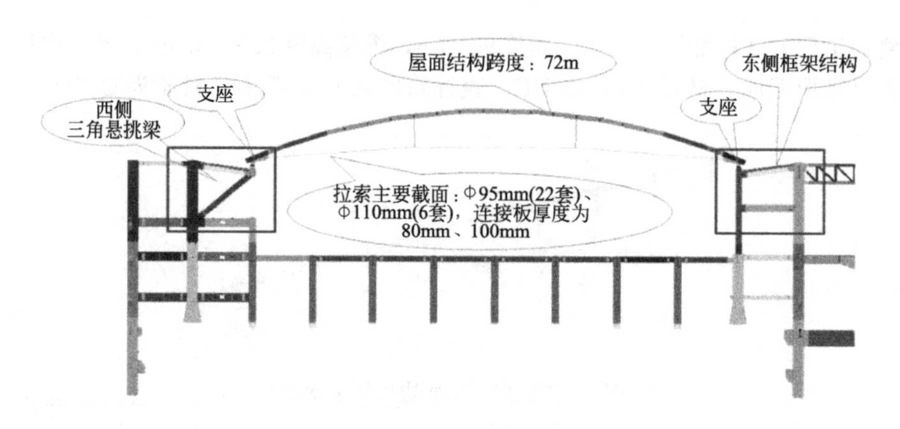

图11 网壳结构剖面图

（2）屋顶花园屋面桁架结构

南区屋面桁架位于AG～AH/3～11轴，由两榀桁架及其之间的钢梁、系杆组成。材质为Q345GJB、Q355B。杆件共计175件，重约220t，如图12所示。

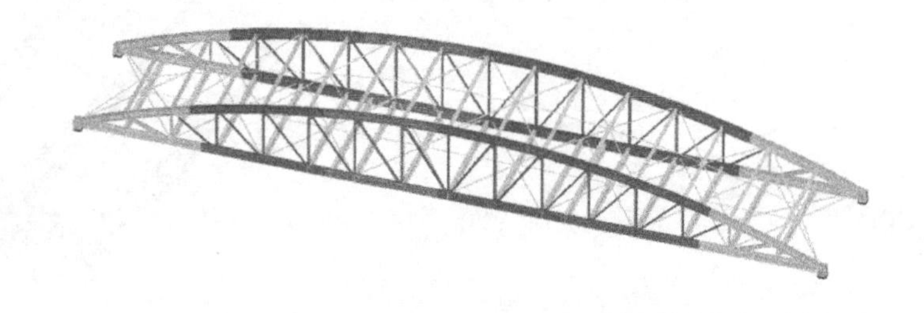
图12 屋顶花园屋面桁架结构示意图

1.5 典型节点

典型节点如图13所示。

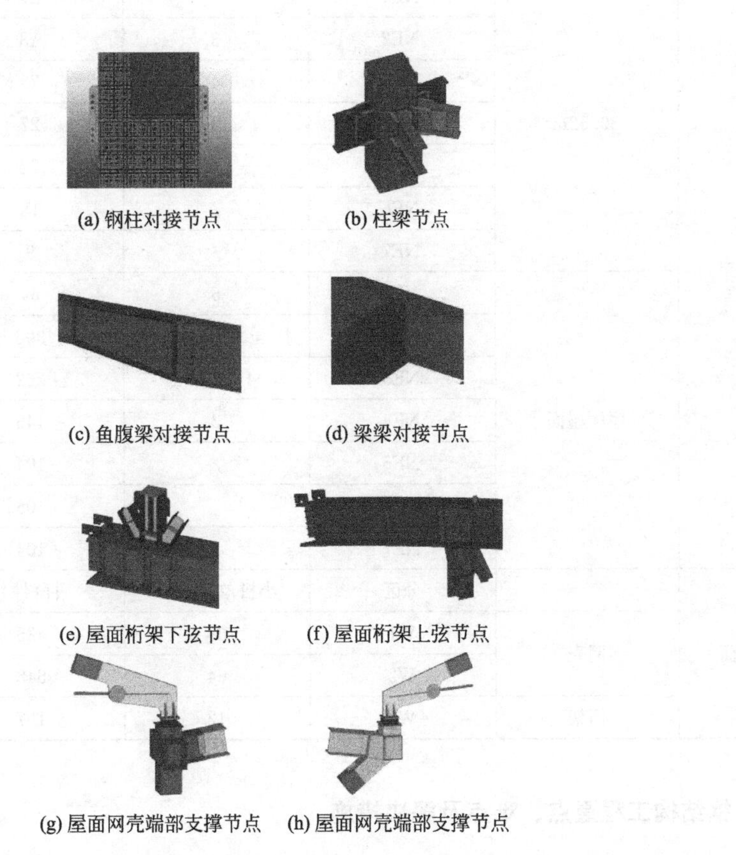

(a) 钢柱对接节点　(b) 柱梁节点

(c) 鱼腹梁对接节点　(d) 梁梁对接节点

(e) 屋面桁架下弦节点　(f) 屋面桁架上弦节点

(g) 屋面网壳端部支撑节点　(h) 屋面网壳端部支撑节点

图13　典型节点示意图

1.6 主要工程量

主要工程量如表2所示。

主要工程量　表2

部位	标高	分区	钢柱(件)	钢梁(件)	重量(t)
序厅	19.72m	NE1	5	42	365
		NE2	3	68	499
		NE3	4	102	838
		NE4	2	25	309
		NE5	/	33	217
		NE6	/	33	166
		NE7	/	28	178

续表

部位	标高	分区	钢柱(件)	钢梁(件)	重量(t)
序厅	30.52m	NE1	5	27	537
		NE2	3	48	850
		NE3	4	78	846
		NE4	2	27	316
		NE5	/	22	241
		NE6	/	18	236
		NE7	/	9	155
	序厅屋面	NE1	5	64	538
		NE2	3	306	446
		NE3	4	362	732
		NE4	2	146	305
		NE5	/	104	208
		NE6	/	106	141
		NE7	/	104	141
屋面		分区	小拼单元(件)	杆(件)	重量(t)
	网壳	W1	68	485	1450
		W2	64	548	1350
	桁架	W3	12	107	220

1.7 钢结构工程重点、难点及解决措施

重难点问题如表 3 所示。

钢结构工程重、难点问题　　表 3

序号	重点、难点	应对措施
1	屋面网壳跨度大，为索承结构，受力复杂，施工方案选择难度大	(1)综合考虑工期、工程量、塔式起重机型号等以及经济性比较，选取合理的吊装机械和施工方法。采用多种方案对比，选取适合方案。 (2)充分了解设计意图，力争施工实现和设计原则意图相符； (3) 施工前，采用 MIDAS 等计算软件对钢结构多种施工方法进行施工模拟，选择最优施工方法和施工次序，以保证结构施工过程中及结构使用期安全。 (4)选择成熟的施工工艺、工法，选取安全可靠、经济适用的技术方案
2	屋盖重量大，吊次多，工期紧，高空作业量大。 屋面网壳高度为 44～52m，平面尺寸 72m×180m，钢结构屋盖安装量约 3200t，吊次 3000 多吊，面积大、高空作业量大，吊装时间约 2 个月，工期非常紧	(1)提前策划，分解各级节点工期，有方案有预案，明确责任单位和责任人。 (2)选择行业先进的钢结构制造企业。 (3)选择相对安全可控的施工方法。 (4)选择有大型工程施工经验的劳务队伍，焊工、特殊紧缺劳务人员提前重点筹划

续表

序号	重点、难点	应对措施
3	场地紧张，施工组织难度大。 施工现场区域内场地比较紧张，施工场地与外侧的环路之间空地较少；南区 144m×230m 只有东西两边有运输通道，构件量大，屋面结构需要二次拼装，钢结构构件的堆放与倒运问题，是本工程的一个重点	(1)按施工阶段组织现场平面交通组织，确保构件运输至吊装设备附近； (2)针对重点构件进行详细分段和平面运输设计，分段划分结束后在模型中审核构件重量，保证构件重量起吊和就位不超过吊机额定起重量； (3)序厅提前施工，拉长序厅整体施工时间； (4)序厅施工时，预留屋面拼装场地、堆放场地，确保屋面施工
4	施工仿真分析是本工程的重点。 屋面网壳为大跨度索承结构，施工过程及工艺十分复杂，特别是预应力结构受力尤为复杂，必须使用有限元计算软件进行预应力钢结构的施工仿真计算，以保证结构施工过程中及结构使用期安全。	(1)利用有限元软件 MIDAS 对施工过程进行模拟，以整体结构 MIDAS 计算模型为基础利用程序的阶段分析功能对整体结构施工过程模拟； (2)采用有限元分析软件进行节点验算
5	序厅屋面桁架最大悬挑 19.6m，呈弧形排布，长度不一，如何保证序厅屋面悬挑结构安装精度是本工程的难点	(1)利用有限元软件 MIDAS 对施工过程进行模拟，通过模拟确定起拱值； (2)施工工程中通千斤顶调节，严格控制悬挑结构起拱值
6	屋面网壳的高精度施工是本工程的重点和难点。 屋盖结构上部为玻璃幕墙，安装精度、焊接质量要求高，卸载变形控制要求高；网壳为索承结构，预应力施工对结构变形影响大；网壳结构超长，温度影响大	(1)对施工过程进行详细的施工模拟，模拟施工过程结构变形趋势； (2)采用滑移施工方法可以在操作架上进行施工，能够有限保证施工精度；分成四块分别滑移，最后选择合适温度合龙。 (3)网壳焊接采用药芯焊丝，提高焊缝外观； (4)网壳施工前先进行样板施工； (5)必要时，采用加载法进行索力最终张拉

2 编制依据

2.1 施工合同

2.2 施工图纸（表 4）

施工图纸 表 4

图纸名称	图纸编号	出图日期
建筑施工图	结施	2020 年 4 月
深化模型	××	2020 年 4 月

2.3 主要法律、法规及规范性文件（表 5）

主要法律、法规及规范性文件 表 5

序号	名称	编号	施行日期
1	建设工程质量管理条例	中华人民共和国国务院令第 279 号	2000.01.30
2	建设工程安全生产管理条例	中华人民共和国国务院令第 393 号	2004.02.01

续表

序号	名称	编号	施行日期
3	危险性较大的分部分项工程安全管理规定	住房和城乡建设部令第37号	2018.06.01
4	关于实施《危险性较大的分部分项工程安全管理规定》	建办质〔2018〕31号	2018.06.01
5	北京市建设工程质量条例	北京市人大常务委员会公告〔十四届〕第14号	2016.01.01
6	关于印发《北京市建设工程见证取样和送检管理规定(试行)》的通知	京建质〔2009〕289号	2009.05.04
7	关于印发《北京市施工现场材料管理工作导则(试行)》的通知	京建发〔2013〕536号	2013.11.17
8	北京市建设工程见证取样和送检管理规定(试行)	京建质〔2009〕289号	2009.06.01
9	关于印发《北京市房屋建筑和市政基础设施工程危险性较大的分部分项工程安全管理实施细则》的通知	京建法〔2019〕11号	2019.06.01

2.4 主要标准规范（表6）

主要标准规范 表6

序号	规范、标准名称	编号	施行日期
1	建筑施工场界噪声排放标准	GB 12523—2011	2012.07.01
2	建筑地基基础设计规范	GB 50007—2011	2012.08.01
3	建筑结构荷载规范	GB 50009—2012	2012.10.01
4	混凝土结构设计规范	GB 50010—2010	2011.07.01
5	建筑抗震设计规范	GB 50011—2010	2010.12.01
6	钢结构设计标准	GB 50017—2017	2018.07.01
7	工程测量规范	GB 50026—2007	2008.05.01
8	建筑结构可靠性设计统一标准	GB 50068—2018	2019.04.01
9	钢结构工程施工质量验收标准	GB 50205—2001	2002.03.01
10	建筑工程施工质量验收统一标准	GB 50300—2015	2014.06.01
11	建设工程项目管理规范	GB/T 50326—2017	2018.01.01
12	建设工程文件归档规范	GB/T 50328—2014	2015.05.01
13	建筑工程绿色施工评价标准	GB 50640—2010	2011.10.01
14	钢结构焊接规范	GB 50661—2011	2012.08.01
15	钢结构工程施工规范	GB 50755—2012	2013.03.01
16	非合金钢及细晶粒钢焊条	GB/T 5117—2012	2013.03.01
17	热强钢焊条	GB/T 5118—2012	2013.03.01
18	气体保护电弧焊用碳钢、低合金钢焊丝	GB/T 8110—2008	2019.01.01
19	涂覆涂料前钢材表面处理　表面清洁度的目视评定　第1部分:未涂覆过的钢材表面和全面清除原有涂层后的钢材表面的锈蚀等级和处理等级	GB/T 8923.1—2011	2012.10.01
20	埋弧焊用热强钢实心焊丝、药芯焊丝和焊丝-焊剂组合分类要求	GB/T 12470—2018	2018.10.01

续表

序号	规范、标准名称	编号	施行日期
21	建筑施工脚手架安全技术统一标准	GB 51210—2016	2017.07.01
22	建筑钢结构防火技术规范	GB 51249—2017	2018.04.01
23	钢结构用扭剪型高强度螺栓连接副	GB/T 3632—2008	2008.07.01
24	焊接与切割安全	GB 9448—1999	2000.05.01
25	焊缝无损检测超声检测技术、检测等级和评定	GB/T 11345—2013	2014.06.01

2.5 主要图集（表7）

主要图集　　表7

序号	图集名称	图集号
1	钢结构设计制图深度和表示方法	03G102
2	多、高层民用建筑钢结构节点构造详图	16G519
3	型钢混凝土结构施工钢筋排布规则与构造详图	12SG904-1
4	钢结构施工图参数表示方法制图规则和构造详图	08SG115-1
5	多、高层建筑钢结构节点连接(次梁与主梁的简支螺栓连接、主梁的栓焊连接)	03SG519-1
6	钢结构连接施工图示(焊接连接)	15G909-1
7	型钢混凝土组合结构构造	04SG523
8	钢管混凝土结构构造	06SG524
9	钢结构设计制图深度和表示方法	03G102
10	多、高层民用建筑钢结构节点构造详图	16G519

3 施工计划

3.1 施工目标

根据施工总体计划安排：计划开工日期为2019年10月21日；计划竣工日期为2020年08月31日。

3.2 施工进度计划（表8）

根据总体施工计划，屋面结构施工工期计划为2个月，安装量约为3200t。序厅结构施工工期4个月，安装量约8500t。

施工进度计划表　　表8

施工阶段	工期安排	天数(天)	工程量(t)	日工作量(t)
屋面网壳(43.1～51.6m)	2020年5月20日—2020年7月20日	60	3200	53
序厅结构	2020年5月1日—2020年8月31日	121	8500	70

4 施工方案设计

4.1 南区面盖和序厅钢结构安装方法概述

4.1.1 屋面和序厅施工方法总体概述

（1）屋面结构主要包括花园屋面网壳和花园屋面桁架。花园屋面网壳采用工厂杆件加工，地面小拼单元，屋面整拼成形，分块滑移进行施工；花园屋面桁架采用工厂杆件加工，楼面分段拼装，分段吊装高空原位对接方法进行施工。

（2）序厅钢结构主要采用现场塔式起重机进行吊装，拆塔通道主要采用200t汽车式起重机吊装。主要构件为钢柱、钢梁和桁架，钢柱采用工厂分段加工现场分段吊装的方法进行安装；大跨度钢梁和桁架采用工厂分段加工，现场地面拼装成整根构件后，个别构件采用临时支撑分段吊装高空对接的施工方法；悬挑桁架采用整根吊装，安装时下弦杆连接口设置千斤顶调节桁架起拱值。

4.1.2 施工分区及流水顺序

据现场施工条件，序厅钢结构共划分为NE1～NE7七个区，其中NE5区、NE6区、NE7区为拆塔通道。屋面分成W1、W2和W3三个区，W1和W2区为索承网壳，W3为花园屋面桁架。如图14所示。

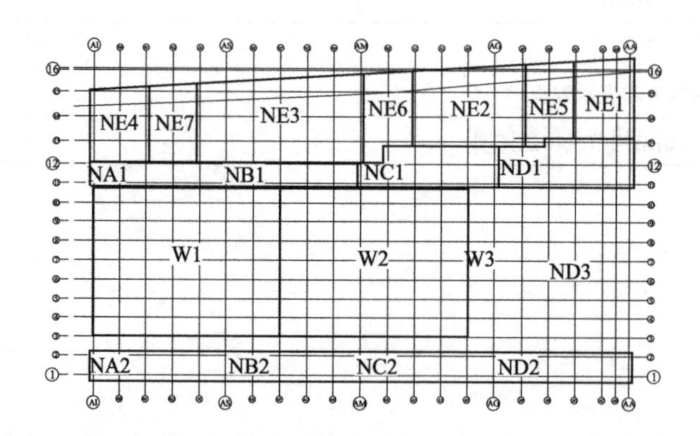

图14 屋盖和序厅分区示意图

（1）屋面结构施工分区及顺序

屋面结构W3先施工，W1和W2同时施工。网壳根据施工流水又细化为W11、W12和W21、W22四个区。如图15所示。

屋面网壳W1和W2都是从中间向南北两边滑移施工。

（2）序厅结构施工顺序（图16）

序厅分成NE1～NE7七个区，施工顺序为NE1→NE2→NE5→NE6和NE4→NE3→NE7。

4.1.3 吊装设备选择

（1）塔式起重机平面布置（图17）

（2）主要吊装设备性能（略）

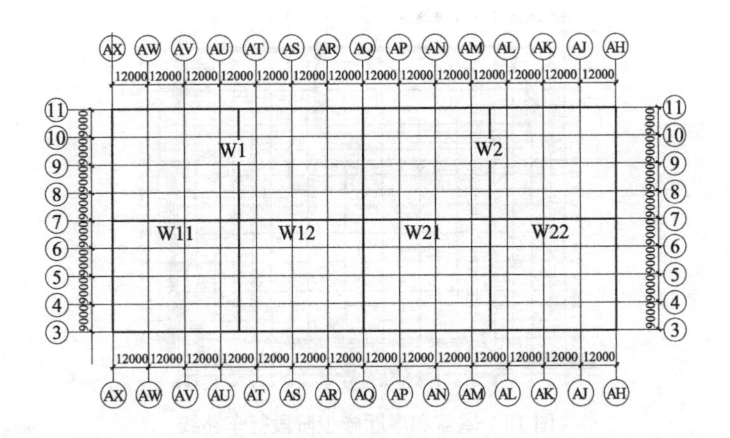

图 15　屋盖分区示意图

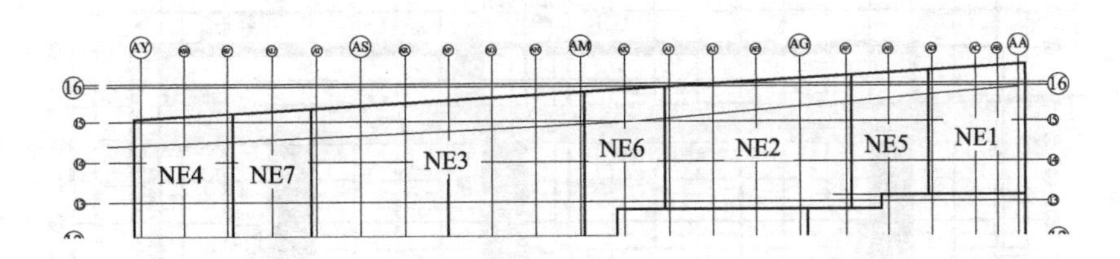

图 16　序厅结构施工顺序图

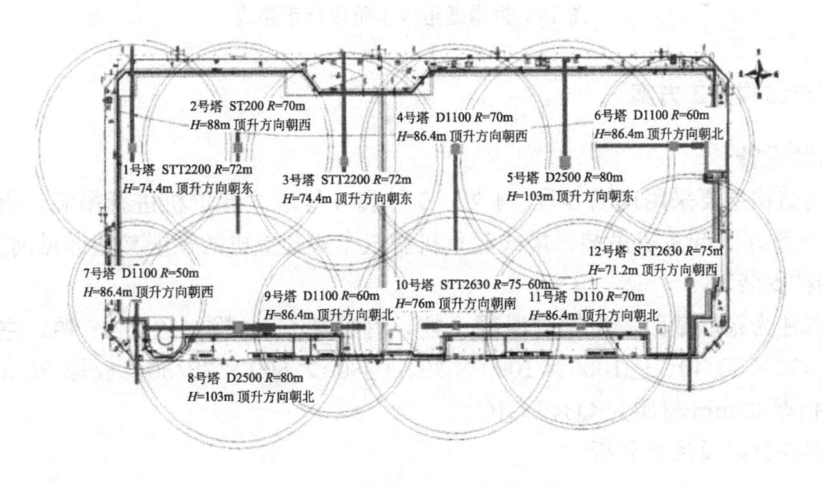

图 17　塔式起重机平面布置图

4.1.4 构件运输路线

(1) 屋盖和序厅施工阶段

现场场地极为狭小，0～8.5m 施工阶段现场尽量不堆料，少量临时堆料放置在西侧天辰西路两边。待地下室施工完成后，堆料和拼装场地设置在东侧序厅地下室顶板上，西侧 AF～AU 轴待基坑回填后为西侧料场。施工阶段行车路线如图 18 所示。

(2) 拆塔通道施工阶段行车路线见图 19。

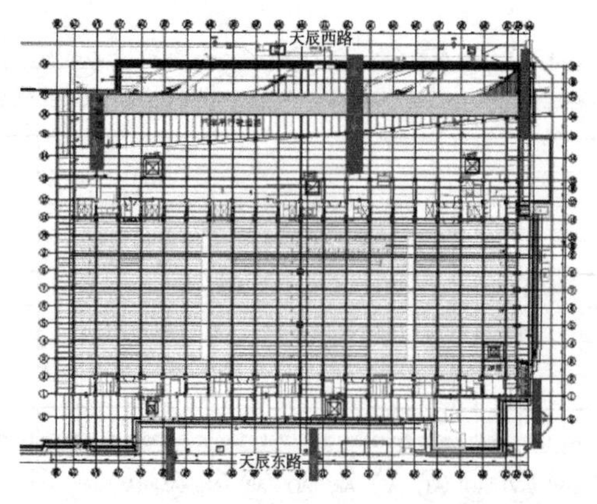

图 18　屋盖和序厅施工阶段行车路线

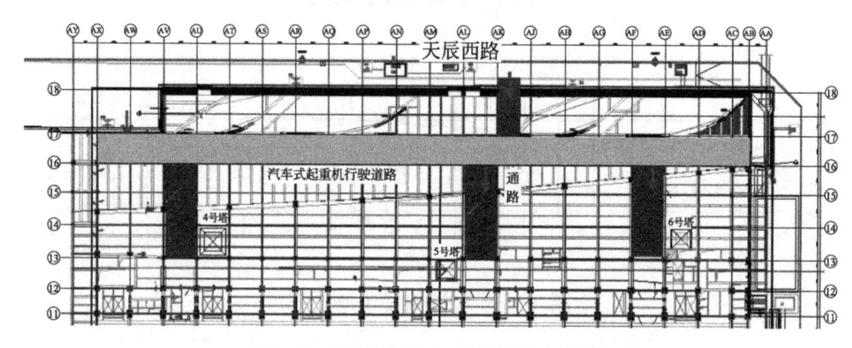

图 19　拆塔通道施工阶段行车路线

4.2　序厅钢结构施工方案

4.2.1　吊装设备

序厅钢结构主要采用现场 3 号、4 号、5 号和 6 号塔式起重机进行吊装，拆塔通道主要采用 200t 汽车式起重机吊装。塔式起重机和汽车式起重机的性能参数详见前文。

4.2.2　钢柱安装

序厅钢柱为箱形截面，为钢管混凝土柱，首层共有 24 颗，顶层 17 颗；主要规格有□1500×1500×50/40、□1000×1000×30、□800×800×35/30，板厚 30mm 材质为 Q355-C，板厚 35mm 材质为 Q345-GJC。

（1）钢柱分段及吊重分析

①钢柱分段

序厅钢柱主要根据层高和运输要求分段，首层分成两节、二层和屋顶都分成一节，高度方向分成四节，共计 80 节，如图 20 所示。

②钢柱吊重分析（仅一节柱，其余同）

序厅地上一节柱（1.0～10m）共 15 颗。AX/14～15 轴重 25.1t 采用 3 号塔式起重机吊装，回转半径 48m，额定起重荷载为 40.82t；4 号塔范围最重钢柱 18.1t，在回转半径 33m（额定起重荷载为 28t）内；5 号塔范围最重钢柱 18.3t，在回转半径 51.5m（额定起重荷载为 38.5t）内；6 号塔范围最重钢柱 18.1t，在回转半径 40m（额定起重荷载为

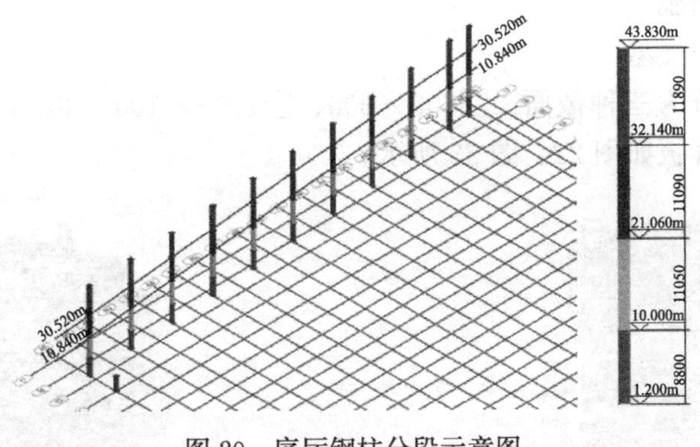

图 20　序厅钢柱分段示意图

22.97t）内；由图 21 可知，塔式起重机吊装半径内可以覆盖所有构件，满足吊装要求。

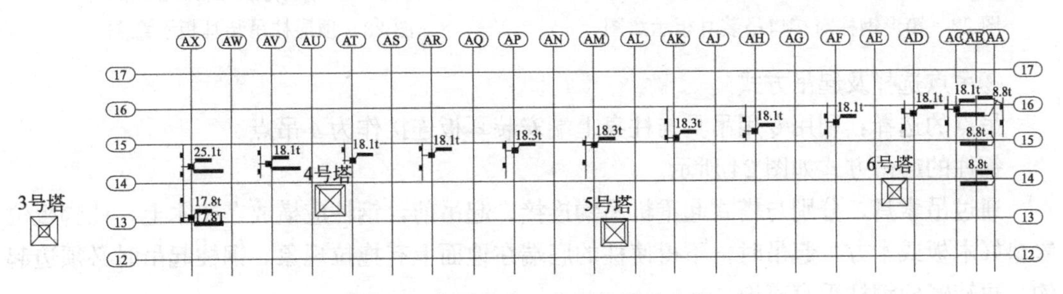

图 21　序厅地上一节钢柱吊重分析

③钢柱吊重分析表（表 9）

钢柱吊重分析表　　　　**表 9**

序号	部位	钢柱编号	构件重量(t)	位置	塔式起重机	半径	吊重(t)	分析
1	序厅一节柱	S2Z-NE4-1	25.1	14～15/AX	3 号塔	48m	40.82	满足
2		S2Z-NE4-2	17.8	13～14/AX	3 号塔	44m	44.1	满足
3		S2Z-NE4-3	18.1	14～15/AV	4 号塔	21.2m	42	满足
4		S2Z-NE3-1	18.1	14～15/AT	4 号塔	13.4m	42	满足
5		S2Z-NE3-2	18.1	14～15/AR	5 号塔	59m	31.74	满足
6		S2Z-NE3-3	18.3	14～15/AP	5 号塔	39m	52.82	满足
7		S2Z-NE3-4	18.3	14～15/AM	5 号塔	26m	60	满足
8		S2Z-NE2-1	18.3	15～16/AK	5 号塔	33m	60	满足
9		S2Z-NE2-2	18.1	15～16/AH	5 号塔	51m	37.23	满足
10		S2Z-NE2-3	18.1	15～16/AF	6 号塔	27.3m	35.91	满足
11		S2Z-NE1-1	18.1	15～16/AD	6 号塔	24m	42	满足
12		S2Z-NE1-2	18.1	15～16/AC	6 号塔	30m	32.99	满足
13		S2Z-NE1-3	8.8	16/AA	6 号塔	39m	22.97	满足
14		S2Z-NE1-4	8.7	15/AA	6 号塔	34m	27.22	满足
15		S2Z-NE1-5	8.7	15/AA	6 号塔	30m	32.99	满足

(2) 钢柱安装措施

①吊耳的选择及类型

序厅钢柱主要分为三种截面：□800×800、□1000×1000 和□1500×1500，吊耳设置方式相同。吊装耳板如图 22、图 23 所示。

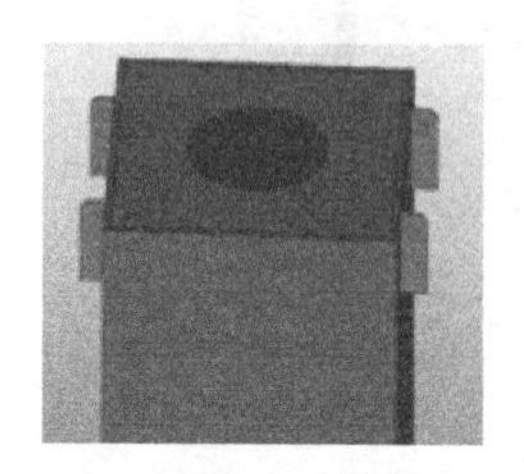

4 块耳板，30mm×135mm×365mm，材质 355B，吊装孔 ϕ60mm，工厂焊接

图 22 箱形钢柱对接口吊装耳板示意图

4 块耳板，30mm×200mm×200mm，材质 355B，吊装孔 ϕ60mm，工厂焊接

图 23 顶层柱吊装耳板示意图

②吊点选择及起吊方式

吊点的选择：利用专用吊具与柱身上端安装耳板连接作为 4 吊点。

钢柱的起吊方式如图 24 所示。

通过吊索具，分别与塔式起重机吊钩连接。起吊前，钢柱应横放在垫木上，柱脚板位置垫好木板或木方，起吊时，不得使柱的底端在地面上有拖拉现象。钢柱起吊时必须边起钩、边转臂使钢柱垂直离地。

③钢柱翻身措施

钢柱起吊由平躺状态转化为直立状态过程中，由于钢柱重量较大，在吊离地面瞬间会产生较大晃动，会产生较大安全隐患。因此，在钢柱翻身过程中，需在钢柱底部设置翻身钢坡道，使得钢柱在趋于直立状态下离开地面，有效减小钢柱的晃动，增加钢柱翻身作业的安全稳定性，如图 25 所示。

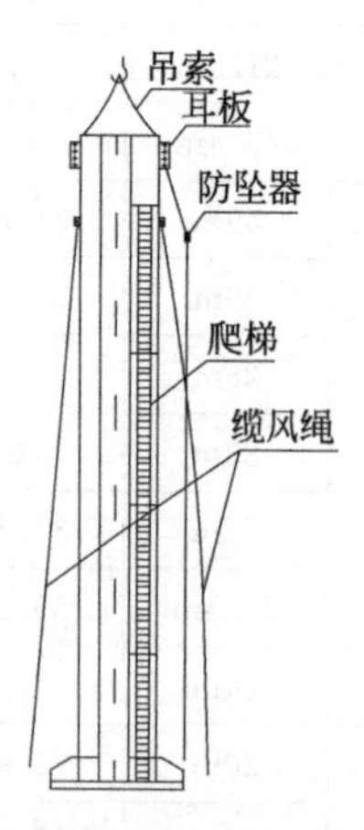

图 24 钢柱吊点及起吊方式示意图

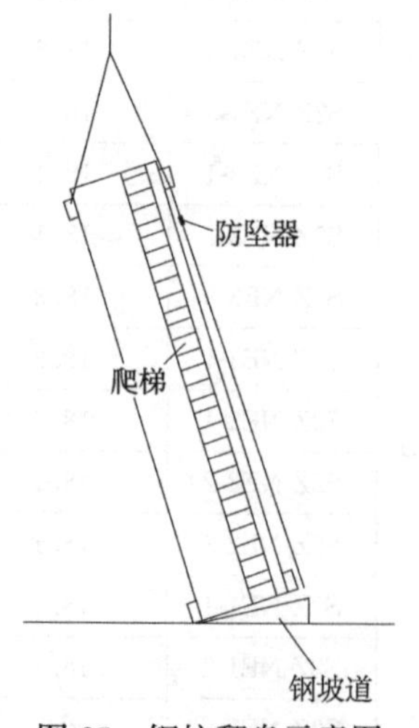

图 25 钢柱翻身示意图

钢坡道包括两个构件，每个构件由□300×30×30 箱形钢加工而成，两个箱形构件之间通过 10mm 厚钢板拉结。

4.2.3 钢梁安装

(1) 钢梁分段及吊重分析

序厅钢梁分布在19.90m和30.64m标高，屋顶AA～AD，以大跨度钢梁为主，最大跨度39.6m，主要为H型鱼腹梁。钢梁分段根据运输要求，根据长度分为2～3段。长度小于16m钢梁不分段，16～24m钢梁分成两段，大于24m钢梁分成3段。钢梁在工厂起拱加工。见图26。

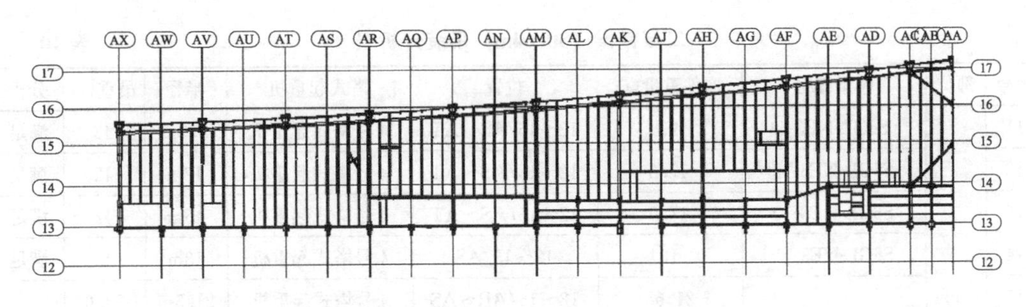

图26　首层钢梁（19.90m）分段示意

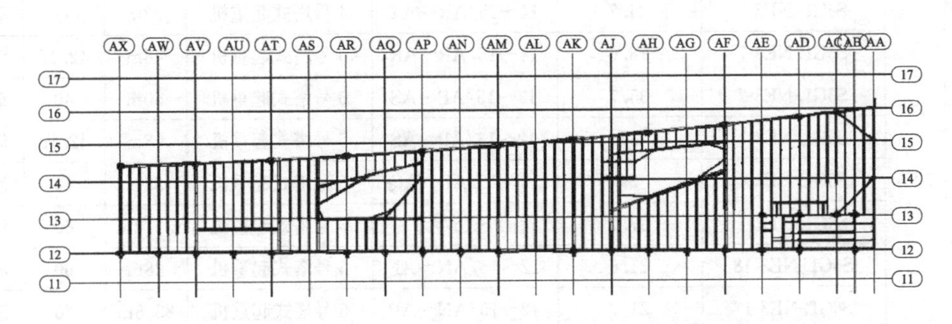

图27　二层钢梁（30.64m）分段示意（2）钢梁吊装分析

二层钢梁主要采用地面拼装整体吊装方法施工，个别钢梁采用临时支撑高空原位对接方法。AS轴附近钢梁S6GL-NE3-21整拼后重约43.3t、AF～AJ轴楼梯洞口东侧钢梁S6GL-NE2-3整拼后重约39.5t、AF～AJ轴楼梯洞口西侧钢梁S6GL-NE2-42整拼后重约64.6t，均需要采用两台塔式起重机抬吊。AF轴钢梁S6GKL-NE2-2整拼后重约57.8t、

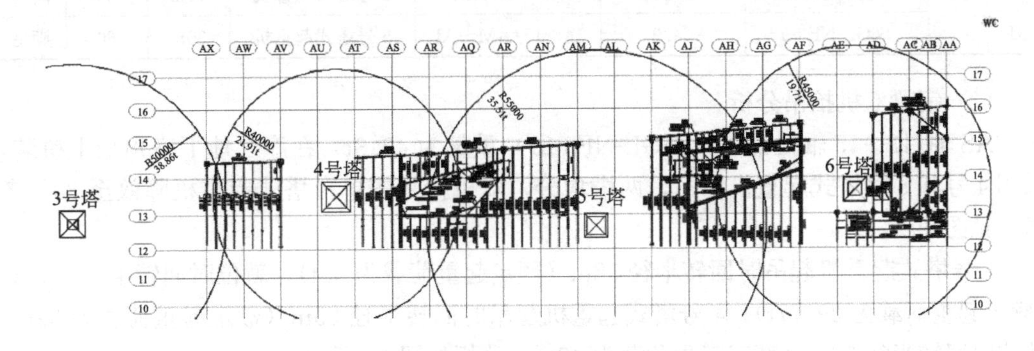

图28　二层钢梁（30.64m）吊装分析

AJ 轴钢梁 S6GL-NE2-2 整拼后重约 72.5t，采用临时支撑高空原位对接方法。AX 轴钢梁约 33t，在 3 号塔 50m 半径（额定起重荷载为 38.86t）。其余钢梁都在塔式起重机的吊装范围：4 号塔范围所有钢梁都在其 40m 回转半径（额定起重荷载为 21.9t）内，最重钢梁 29t 在回采用转半径 28m（额定起重荷载为 34.36t）内；5 号塔范围钢梁都在回转半径 55m（额定起重荷载为 35.5t）内，最重钢梁 37.7t 在回采用转半径 50m（额定起重荷载为 40t）内；6 号塔范围钢梁在回转半径 45m（额定起重荷载为 19.71t）内，最重钢梁 19.6t 在回转半径 28m（额定起重荷载为 35.91t）内。见图 27、图 28、表 10。

二层钢梁（30.64m）吊装分析表 **表 10**

序号	部位	钢梁编号	构件重量(t)	位置	塔式起重机	半径	吊重(t)	分析
11	NE3	S6GL-NE3-5	29	12～15/AS～AT	4 号塔式起重机	8.7m	42	满足
12		S6GL-NE3-12	17.8	12～15/AS～AT	4 号塔式起重机	12m	42	满足
13		S6GL-NE3-10	17.9	12～15/AS～AT	4 号塔式起重机	15m	42	满足
14		S6GL-NE3-11	18	12～15/AS	4 号塔式起重机	18m	42	满足
15		S6GL-NE3-21	21.65	12～15/AR～AS	4 号塔式起重机	21.5m	33.6	抬吊
16			21.65	12～15/AR～AS	5 号塔式起重机	63.3m	23.82	
17		S6GL-NE3-6	24.7	14～15/AR～AT	4 号塔式起重机	22m	42	满足
18		S6GL-NE3-7	18.6	14～15/AP～AR	5 号塔式起重机	48m	42.18	满足
19		S6GL-NE3-2	35.7	13～15/AP～AS	5 号塔式起重机	50m	40	满足
20		S6GL-NE3-3	37	12～13/AP～AS	5 号塔式起重机	48m	42.18	满足
21		S6GL-NE3-4	29	12～15/AP～AQ	5 号塔式起重机	33m	60	满足
22		S6GL-NE3-1	37.7	12～15/AP	5 号塔式起重机	31.2m	60	满足
23		S6GL-NE3-18	21.6	12～15/AN～AP	5 号塔式起重机	28m	60	满足
24		S6GL-NE3-17	21.7	12～15/AN～AP	5 号塔式起重机	25.5m	60	满足
25		S6GL-NE3-16	21.9	12～15/AN～AP	5 号塔式起重机	22.7m	60	满足
26		S6GL-NE3-19	21.6	12～15/AN	5 号塔式起重机	20m	60	满足
27		S6GL-NE3-13	22.2	12～15/AM～AN	5 号塔式起重机	17m	60	满足
28		S6GL-NE3-14	22.3	12～15/AM～AN	5 号塔式起重机	15m	60	满足
29		S6GL-NE3-15	22.5	12～15/AM～AN	5 号塔式起重机	12m	60	满足
30		S6GL-NE3-20	28.8	12～15/AM	5 号塔式起重机	10m	60	满足
31		S6GL-NE3-9	24.9	14～15/AM～AP	5 号塔式起重机	30m	60	满足

（2）钢梁双机抬吊分析

AS 轴/12～15 轴处钢梁（S6GL-NE3-21）重量为 43.3t，在序厅地下室顶板上拼装，采用 4 号和 5 号塔式起重机抬吊，两塔均分，双机抬是按单台塔式起重机降效至 80%考虑。见图 29。

5 号塔式起重机起吊时回转半径 58m（额定起重荷载为 33t），就位时回转半径 63.5m（额定起重荷载为 29.77t）；4 号塔式起重机起吊时回转半径 25m（额定起重荷载为 39t），就位时回转半径 22m（额定起重荷载为 42t），分析如图 30 所示。

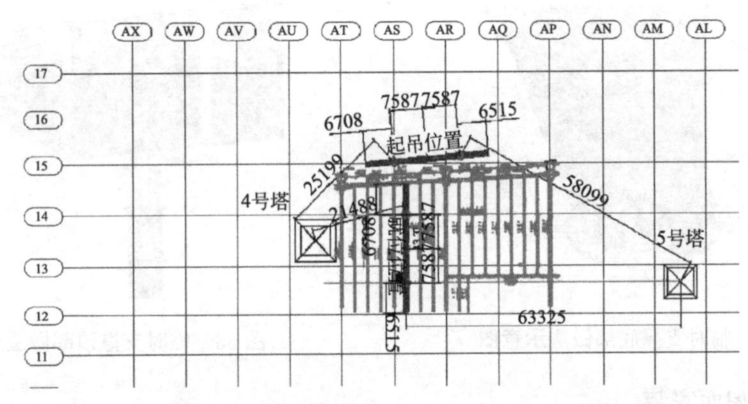

图 29　AS 轴/12～15 轴处钢梁（S6GL-NE3-21）抬吊位置图

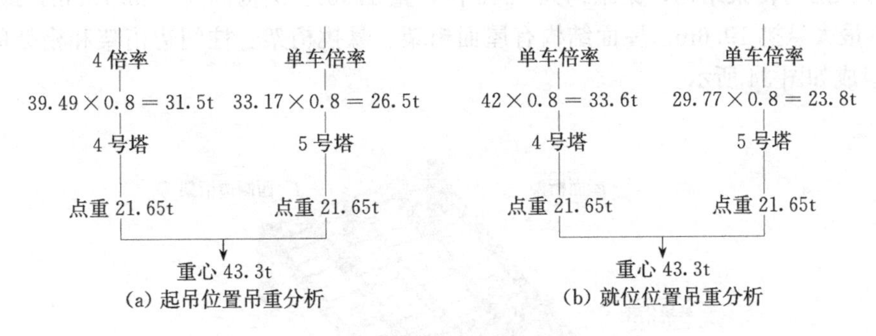

图 30　抬吊分析

降效额定起重荷载均大于吊点重量，所以满足吊装要求。

（3）钢梁高空散装

序厅二层 AF 轴钢梁 S6GKL-NE2-2 整拼后重约 57.8t，AJ 轴钢梁 S6GL-NE2-2 整拼后重约 72.5t，均采用在首层顶楼板上支设临时支撑，高空分段散拼的施工方法。

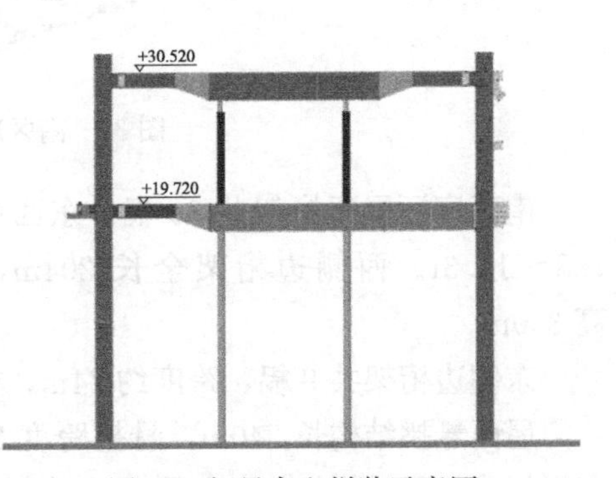

图 31　钢量高空拼装示意图

支撑选用 P609×16 圆管，高度约 9m，支撑点底部均设在首层顶板对应主梁上，同时对首层钢梁也进行回顶加固；临时支撑底部下预埋件，支撑底部与预埋件采用 L 型板连接，顶部与桁架通过 P245×16 钢管与大跨钢梁连接。如图 31～图 33 所示。

（4）钢梁安装措施

为保证吊装安全及提高吊装速度，钢梁在工厂加工时设置卡马或吊耳作为吊点。卡马设置原则：当钢梁宽度≤700mm 时，设置 1 道卡马；当钢梁宽度＞700mm 时，设置 2 道卡马；当钢高度≥1500mm 时，梁端不设置卡板，3/L 处设吊耳。H≤400mm，不需设置吊耳和卡板，采用吊装孔。对于大跨度、大吨位的钢梁现场对接后吊装需要现场复核吊耳。

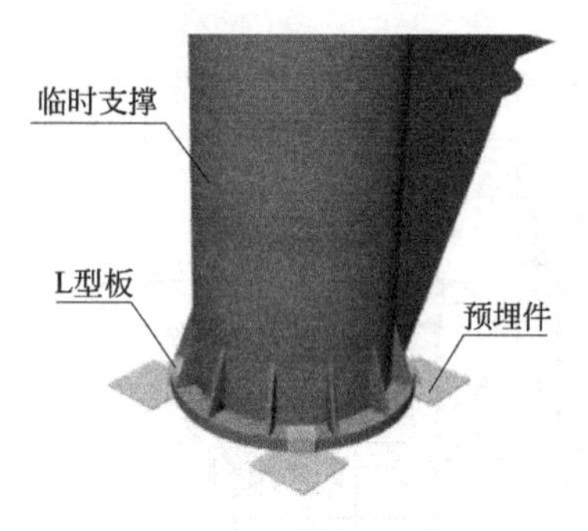

图 32　临时支撑底部做法示意图

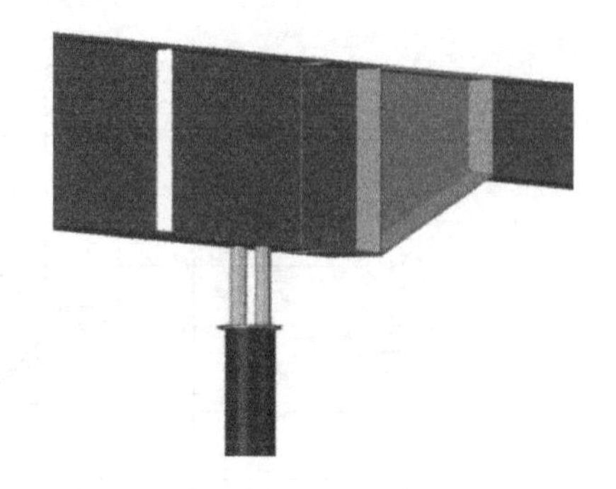
图 33　临时支撑顶部做法示意图

4.2.4　序厅屋面安装

序厅顶层为桁架结构，钢结构共 1206 件，重 1700t。结构标高＋43.780m，最大跨度 39.9m，最大悬挑 19.6m。屋面结构有屋面桁架、悬挑桁架、柱间边桁架和桁架间斜撑、钢梁等组成如图 34 所示。

图 34　南区序厅屋顶典型结构示意图

南区序厅屋面桁架共 36 榀，东西向布置，跨度为 26.87～39.9m，高度 3m，重约 7.3～13.3t。西侧边桁架全长 204m，桁架跨度 24m（两榀）、12m（13 榀），桁架高 3.0m。

东侧边桁架共 9 榀，跨度约 24m，桁架高度 2.6～3.5m，最大重量约 37t。

屋面悬挑结构长 240m，悬挑跨度 2.6～19.6m，有悬挑桁架、悬挑梁以及桁架间梁和撑组成；悬挑桁架为三角形共 36 榀，最大悬挑长度 19.6m，最重约 7.5t。

(1) 屋面分段及吊重分析

①屋面桁架分段

屋面桁架共 36 榀，跨度为 26.87～39.9m，其中 9 榀分成 2 段，27 榀分成 3 段；悬挑桁架 36 榀，其中 20 榀分成 2 段，16 榀不分段；西侧边桁架 15 榀，其中 12m 跨度桁架 13 榀不分段，24m 跨度桁架 2 榀，每榀分成两段；东侧边桁架 9 榀，约 24m 跨度，都分成两段。如图 35～图 38 所示。

②屋面桁架塔式起重机吊重分析

东侧边桁架除外，屋面桁架、钢梁最终不超过 15t，都在 4 号塔 50m 回转半径（16.28t)、5 号塔 60m 回转半径（额定起重 31.74t）和 6 号塔 45m 回转半径（额定起重

19.71t）覆盖范围内，塔式起重机吊重满足要求。如图 39 所示。

图 35　屋面桁架分段示意图

图 36　悬挑桁架分段示意

图 37　东侧边桁架分段

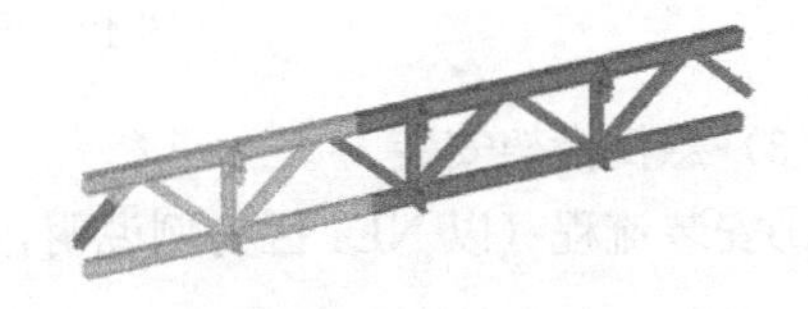

图 38　西侧边桁架分段

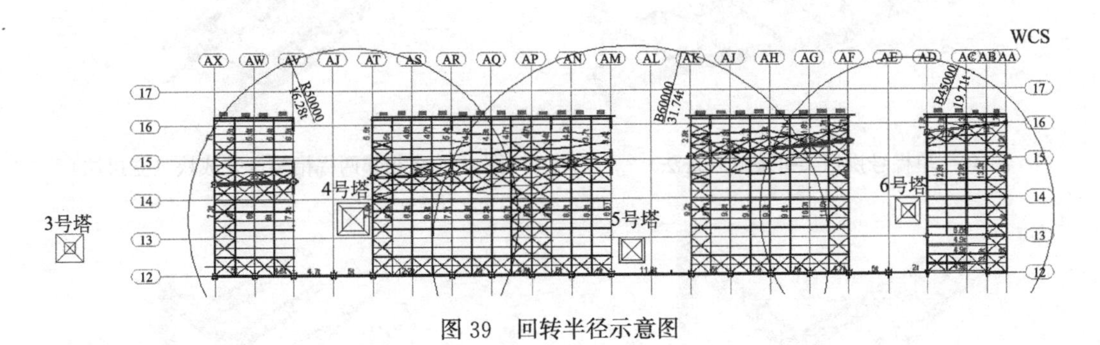

图 39　回转半径示意图

（2）屋面桁架安装

①桁架吊装

序厅屋面桁架高度 3m 主要为 H 形截面，上弦杆、下弦杆截面主要为 HN500×200×10×16、H500×450×16×20、HM488×300×11×18 等，长度大于等于 26m，吊装时要考虑侧向变形。现场采用扁担进行吊装。扁担采用 H400×400×13×21 型钢，长度 12m。桁架整体拼装后设置四个吊点，吊点位置分别重心两侧 2m 和 10m 处。吊耳采用 20mm 钢板。屋面桁架主要采用塔式起重机进行，按最低塔式起重机臂杆离地 68m 放样，可看出吊装空间充裕。见图 40、图 41。

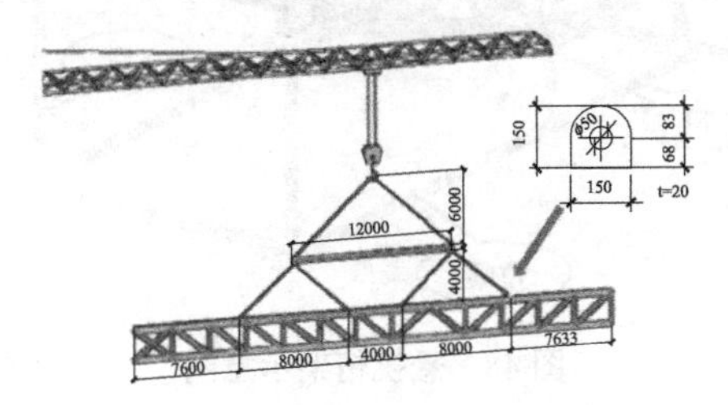

图 40　屋面桁架吊装示意图

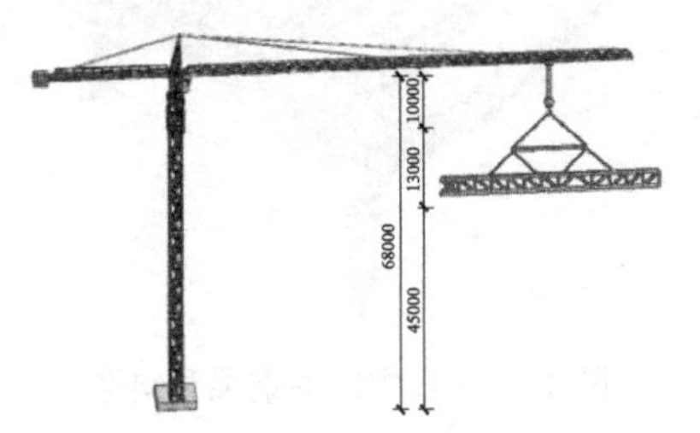

图 41　塔式起重机吊装示意图

②安全措施

上弦设置同钢梁采用固定扶手绳，立杆间距不大于 6m；下弦通过在直腹杆上固定生命线；上下弦之间设置爬梯。屋面桁架安装完成后及时在下弦挂上安全网。见图 42。

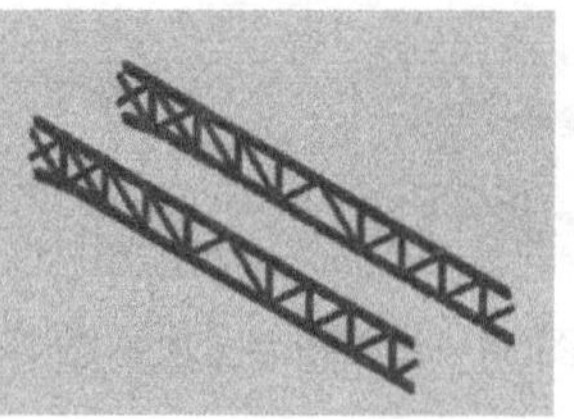

图 42　屋面桁架主要安全措施

（3）悬挑桁架安装

①安装流程（以 NE4 区为例说明，见图 43～图 48）

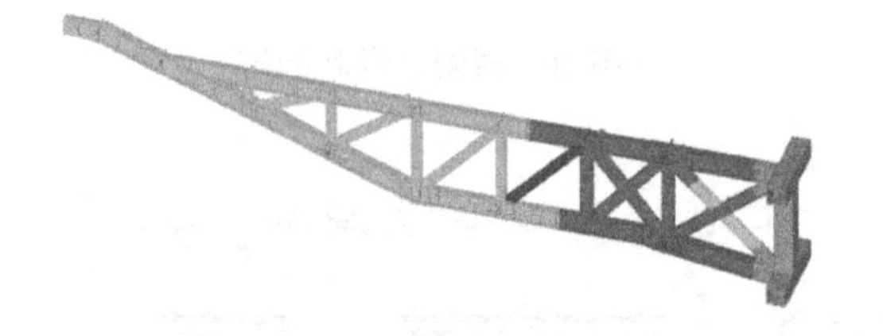

图 43　单榀悬挑桁架拼装（卧拼法）

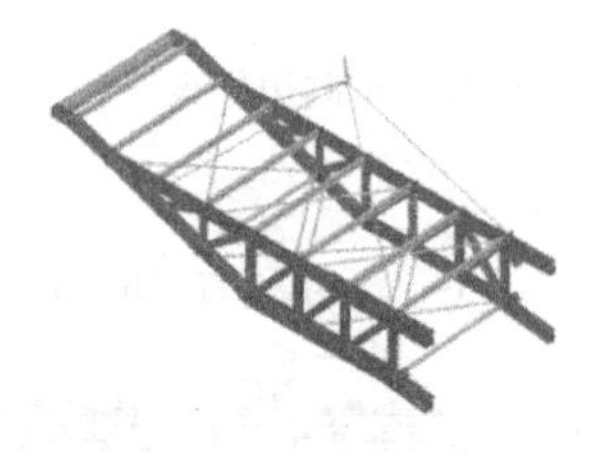

图 44　将相邻两榀桁架拼装成块（立拼法）

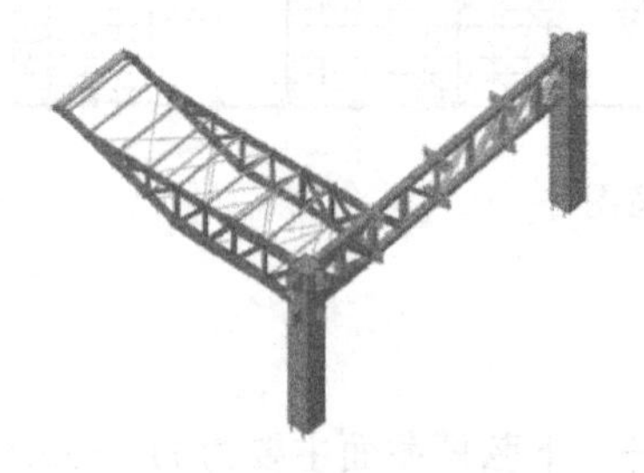

图 45　安装 AX 轴两榀悬挑桁架

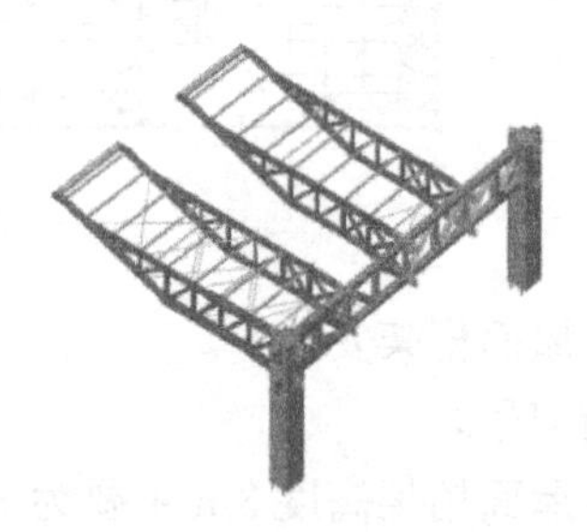

图 46　安装 AV 轴两榀悬挑桁架

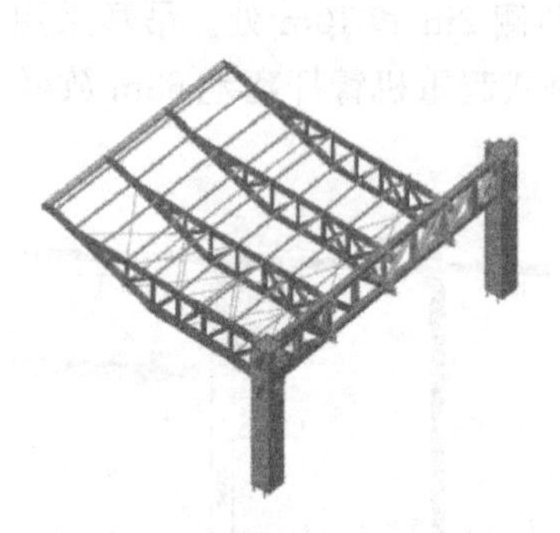

图 47　连接中间的钢梁和斜撑

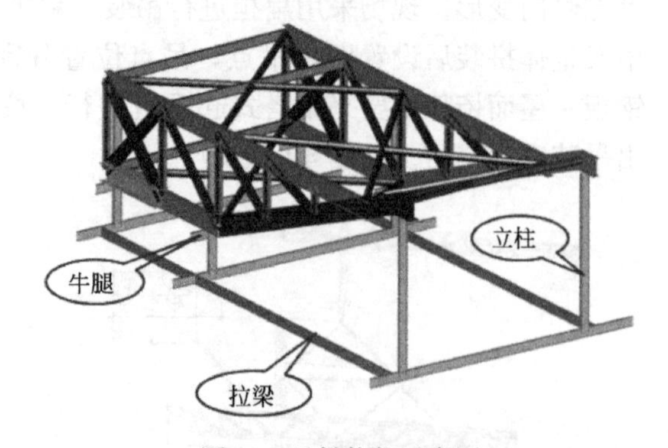

图 48　悬挑桁架示意图

②悬挑桁架的拼装

悬挑桁架两榀连成整体，采用整体立拼胎架，由立柱、拉梁和牛腿组成。胎架共两排，底部由拉梁连接成一体，立柱间距 6m，牛腿根据桁架高度设置。胎架选用 H200×

200×8×12 型钢制作，拼装时牛腿下部设置斜撑，整体胎架局部根据需要设置斜撑以增强稳定性。

③悬挑桁架的吊装

a）吊装单元

悬挑桁架进行单元式吊装，两榀组成一个吊装单元。最大单元约 16.5t，位于 AX 轴。

b）安装调节

悬挑结构安装前需要按设计要求起拱，起拱值为 $L/400$（L 为悬挑长度），安装时桁架下弦对接口处设置 10t 调节千斤顶，立板 20mm×150mm×120mm，筋板 20mm×100mm×100mm。校正完成后，将悬挑桁架对接口安装螺栓（8.8 级 M22）拧紧，并将连接板和筋板焊接。如图 49、图 50 所示。

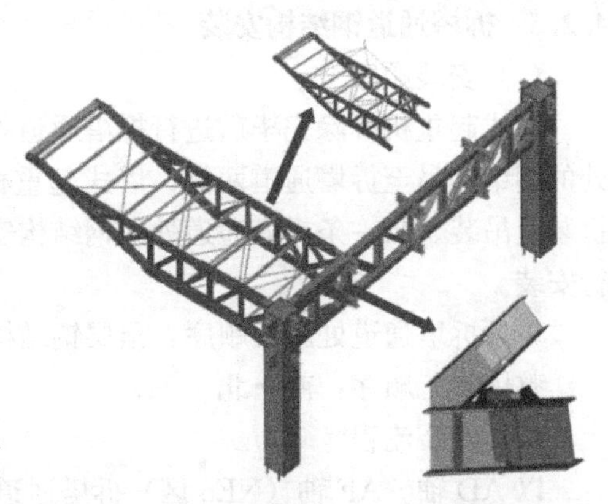

图 49　悬挑桁架单元式吊装示意图

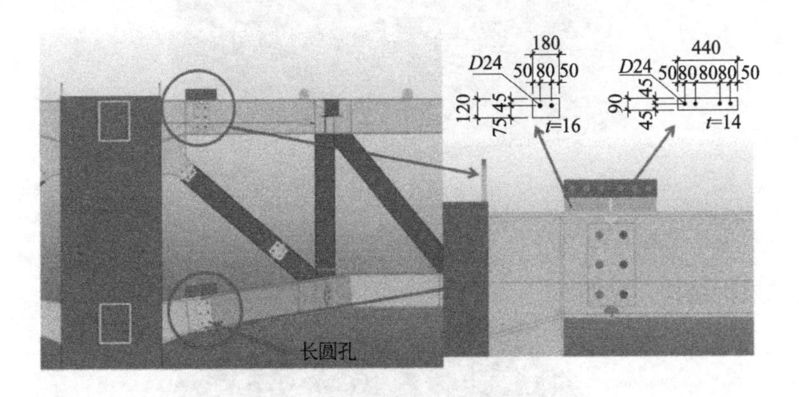

图 50　悬挑桁架临时固定措施

c）控制措施

悬挑结构桁架先焊接上弦杆，后焊接下弦杆。焊接完成 24h 以后卸载千斤顶。

d）安全措施

桁架吊装前在上弦、下弦布设生命线，上下弦挂设爬梯。单元吊装前下弦将安全网提前挂好。如图 51 所示。

图 51　桁架安全措施示意图

4.2.5 拆塔通道钢结构安装

（1）安装顺序

塔式起重机拆除完毕后进行拆塔通道处的钢结构施工，塔式起重机拆除前将拆塔通道处的钢结构吊至拆塔通道两侧，塔式起重机拆除后使用 200t 汽车式起重机在拆塔通道处拼装及吊装。当一条拆塔通道处的钢结构安装完成后，汽车式起重机再驶入下一条通道进行安装。

单条拆塔通道处施工顺序：顶层钢结构→二层钢结构→首层钢结构

整体施工顺序：南→北

（2）安装流程

以 AD 轴～AF 轴（NE5 区）拆塔通道为例

①安装屋面钢结构，见图 52。

图 52

②安装二层钢结构，见图 53。

图 53

③安装首层钢结构，见图 54。

图 54

（3）汽车式起重机行走通道（图 55）

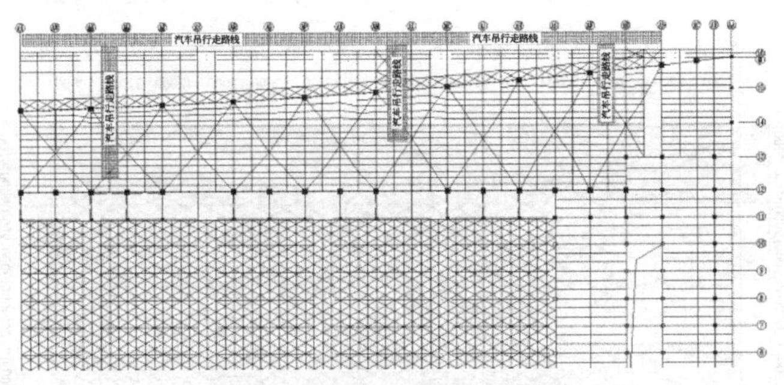

图 55　汽车式起重机行走路线

吊装时采用 2m×12m 钢桥直接放置在混凝土主梁上，力通过钢桥直接传在混凝土梁上，承载时钢桥不与楼面接触。如图 56 所示。

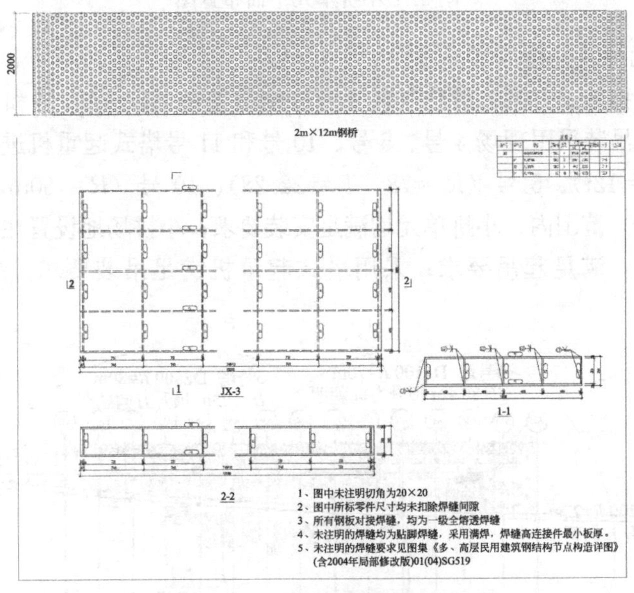

图 56　12m 路基箱深化图

4.3　南区屋面钢结构施工方案

南区屋盖钢结构共划分为 W1（AX～AQ/3～11 轴）、W2（AQ～AH/3～11 轴）、W3（AG～AH/3～11 轴）三个区。W3 区为屋顶花园屋面桁架结构采用地面拼装分段吊装高空对接的施工；W1 和 W2 为屋顶花园屋面网壳，采用地面小拼，楼面组拼装，累积滑移的施工方法。W3 区先施工，W1 和 W2 区同时施工。

4.3.1　屋面网壳安装

（1）屋面网壳分段

根据本工程特点及现场塔式起重机性能分析，屋面网壳主管分段加工、次杆单杆加工。网壳跨度方向 72m 分成 7 段，由 2～3 根主杆及其中间次杆组成一个单元，分为 6m×(9～12)m、3m×(9～12)m 两种单元。南区屋面网壳共分成 132 个单元以及 1033 根杆件，具体分段如图 57 所示。

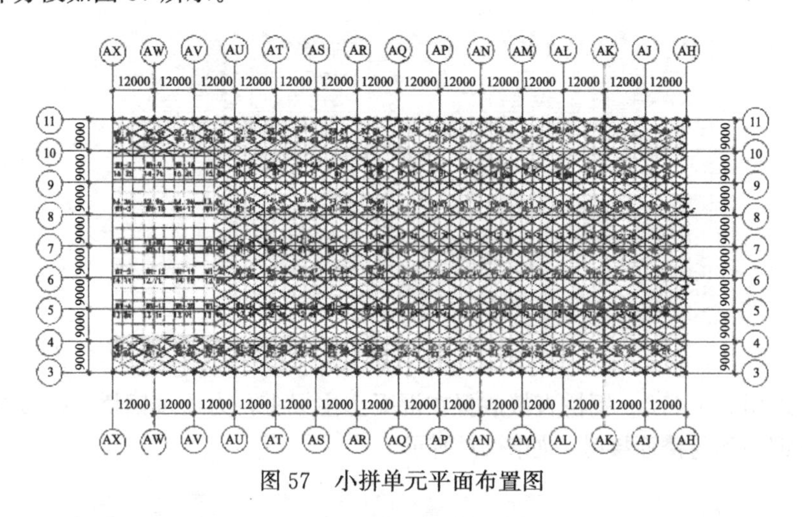

图 57　小拼单元平面布置图

（2）小拼单元吊装分析

本工程采用滑移施工方案，滑移拼装平台分别设置在 AU～AT 轴和 AL～AM 轴附近，宽度为 27m。单元吊装采用现场 4 号、5 号、10 号和 11 号塔式起重机进行，滑移平台在 4 号（R＝63m，T＝12t）、5 号（R＝78，T＝22.28）、10 号（R＝60m，T＝28t）、11 号（R＝35m，T＝26t）范围内，小拼单元均满足安装要求；小拼场地设置在塔式起重机附近地下室顶板或地面上，满足起吊要求；采用塔式起重机满足吊装要求。吊装分析如图 58、表 11 所示。

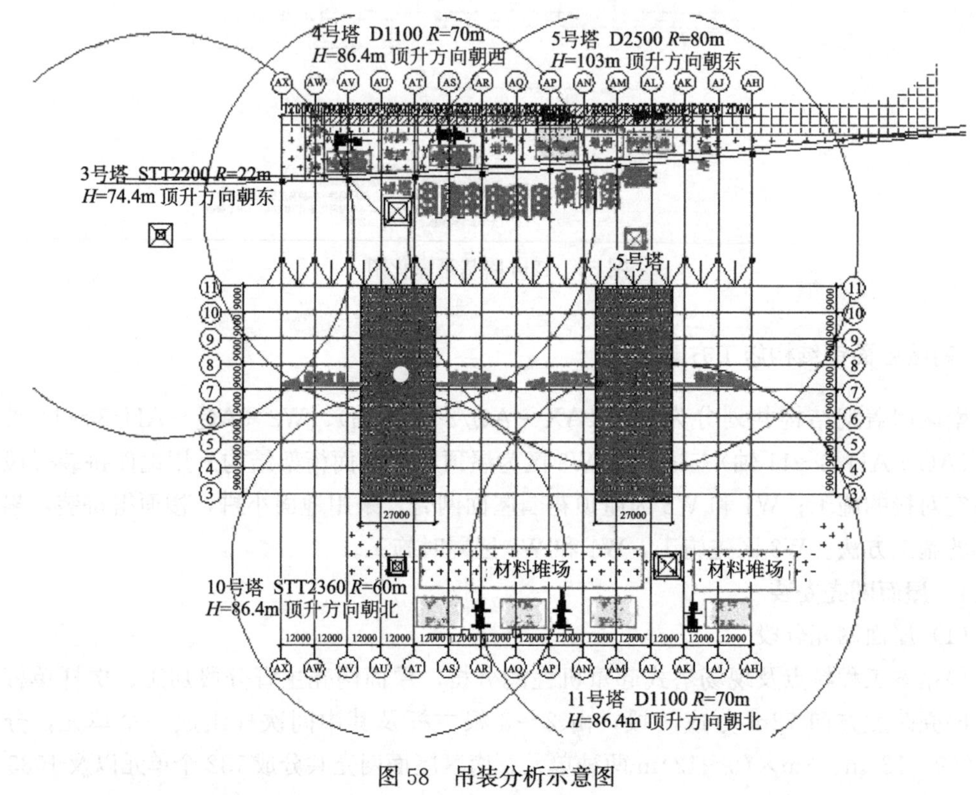

图 58　吊装分析示意图

吊装分析表 表 11

序号	区域	构件编号	重量(t)	塔式起重机	半径(m)	吊重(t)	分析
1	W1 区	W1-1	29.4	4 号	31	30	满足
2		W1-2	16.2	4 号	40	21.91	满足
3		W1-3	14.3	4 号	50	16.28	满足
4		W1-4	12.4	4 号	60	12.6	满足
5		W1-5	14.1	10 号	52	32	满足
6		W1-6	13.8	10 号	42	42	满足
7		W1-7	36.6	10 号	31	64	满足
8		W1-8	27.6	4 号	31	30	满足
9		W1-9	14.7	4 号	40	21.91	满足
…							

(3) 网壳拼装

网壳跨度方向 72m 分成 7 段，由 3 根或 2 个主杆及其中间腹杆组成一个单元，分为 6m×(9～12)m、3m×(9～12)m 两种单元。网壳共分成 132 个单元。现场网壳的拼装采用 8 台 25t 汽车式起重机进行拼装。拼装流程如图 59～图 63 所示。

流程 1：测量人员在拼装场地内放线，按照放线位置安装胎架，拼装胎架规格选用 150×100×10mm 方管。

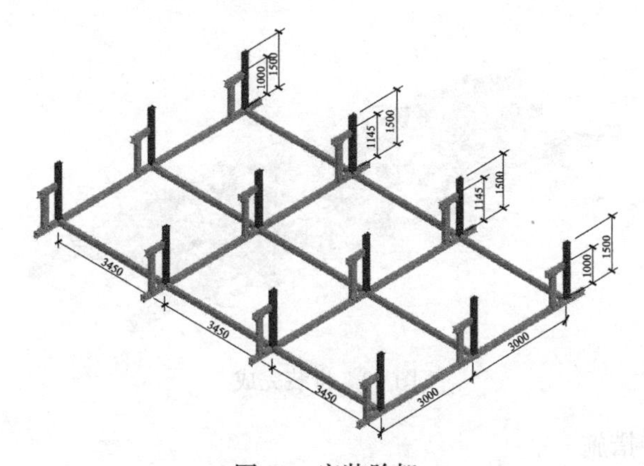

图 59 安装胎架

流程 2：利用汽车式起重机安装弦杆，并根据设计要求定测量定位。

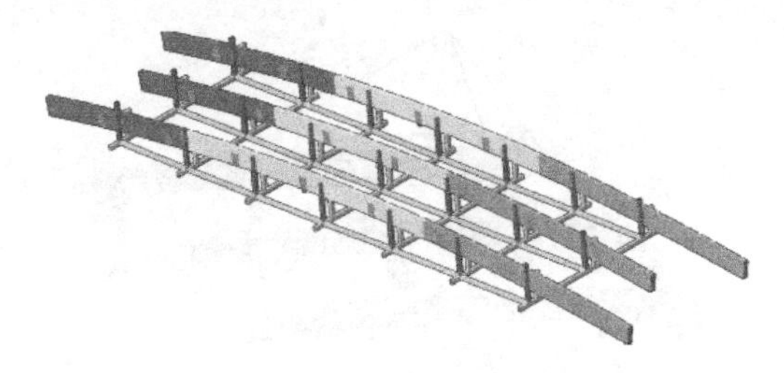

图 60 安装弦杆

流程 3：定位安装一贯腹杆，腹杆安装顺序根据设计给定主腹杆方向安装。

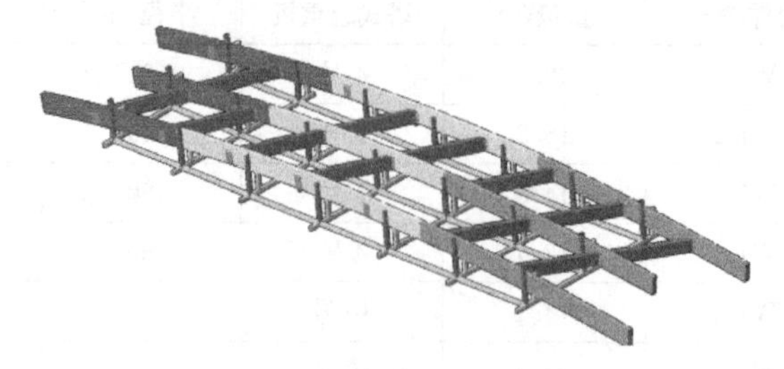

图 61　安装一贯腹杆

流程 4：一贯腹杆焊接探伤安装完成后，安装二贯腹杆。

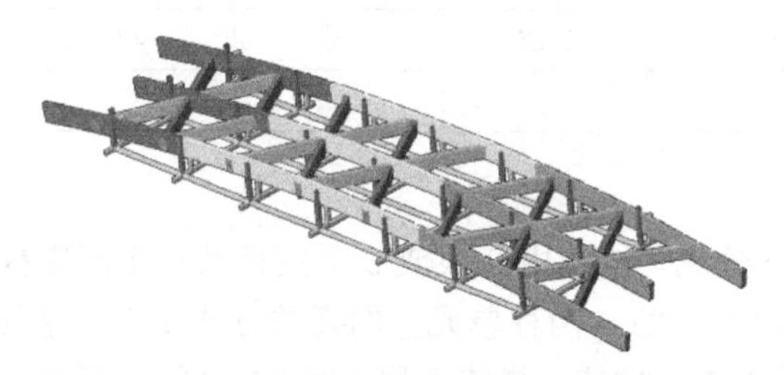

图 62　安装二贯腹杆

流程 5：焊接二贯腹杆，安装完成后焊接，打磨、探伤，节点补漆，小拼单元拼装完成。

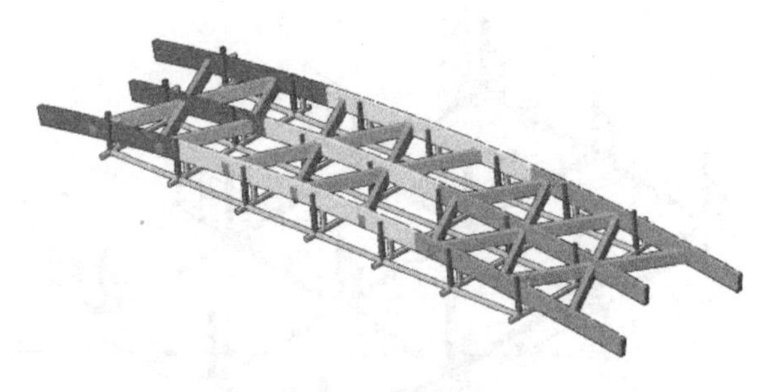

图 63　拼装完成

（4）单元的吊装措施

网壳吊装吊点选择在主管上立面，每个单元选择至少 4 个吊点，吊钩保证在吊装构件质心正上方，采用吊耳进行吊装。根据分段不同位置选择不同长度吊绳，见图 64。

图 64　吊点及吊钩示意图

4.3.2 累积滑移施工方案

（1）累积滑移施工方案概述

南区屋面网壳位于 AH～AX/3～11 轴，平面尺寸 72m×168m，长度方向均分为两个区同时施工，在每个区的中间设置一个安装操作平台，从操作平台处向南北两边分别滑移，滑移长度分别为 30m 和 27m，起步滑移块分别为 9m 和 15m 宽。见图 65、图 66。

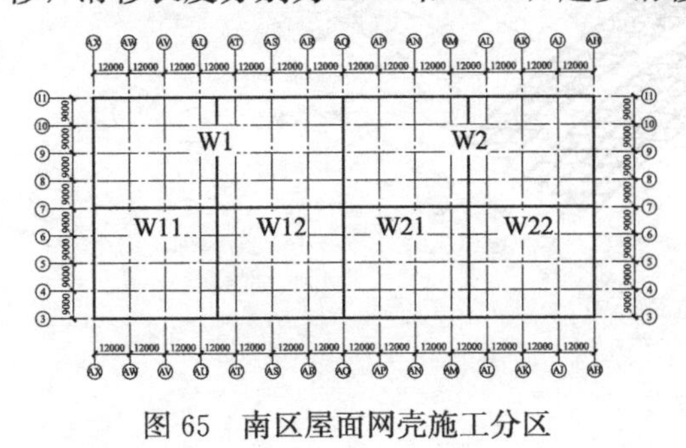

图 65　南区屋面网壳施工分区

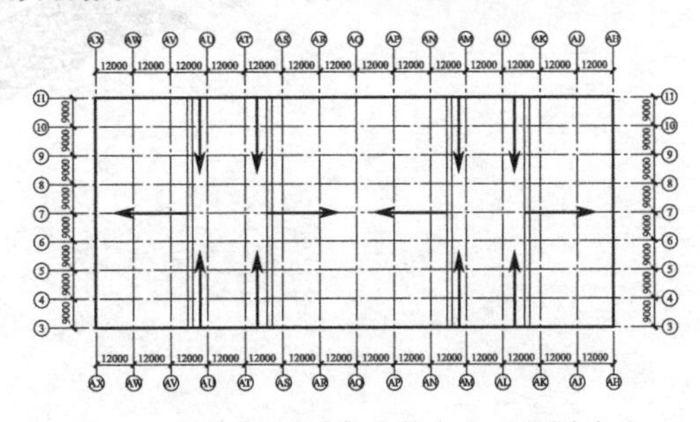

图 66　南区屋面网壳安装方向和滑移方向

（2）累积滑移施工流程（以 W2 为例，见图 67）

第 1 步：22 区安装 3m 小拼单元 14 吊安装和后塞杆件 26 吊。

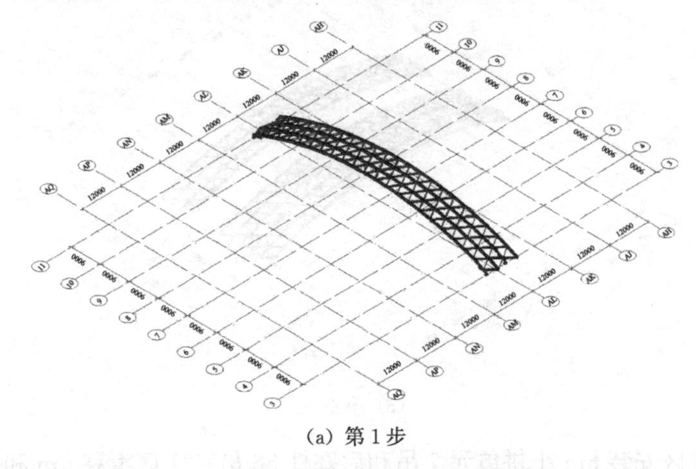

(a) 第 1 步

第 2 步：21 区安装 6m 小拼单元 7 吊和后塞杆件 12 吊；22 区焊接。

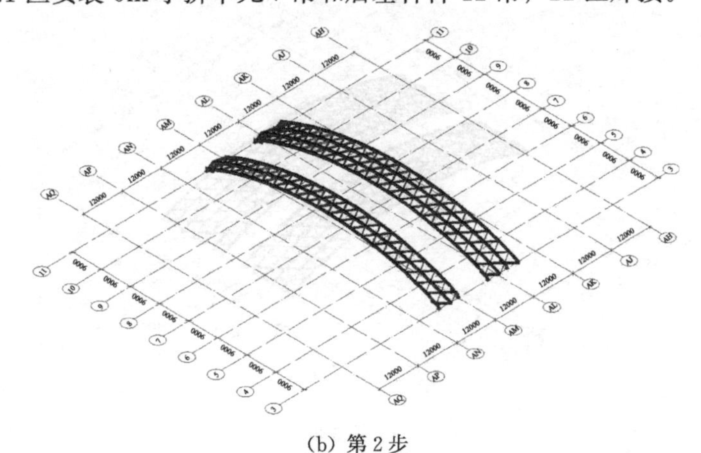

(b) 第 2 步

图 67　累积滑移施工流程图（一）

第 3 步：22 区滑移 4.5m、安装拉索；21 区安装 6m 小拼单元 7 吊和后塞杆 56 吊。

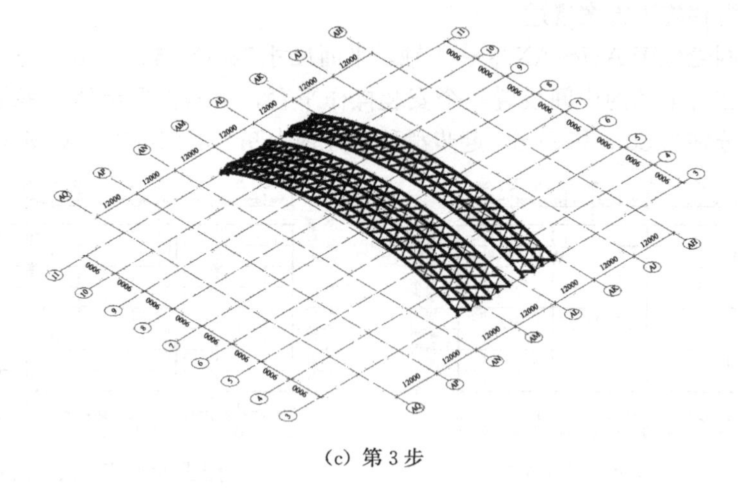

(c) 第 3 步

第 4 步：22 区滑移 4.5m；21 区焊接和装索、张拉。

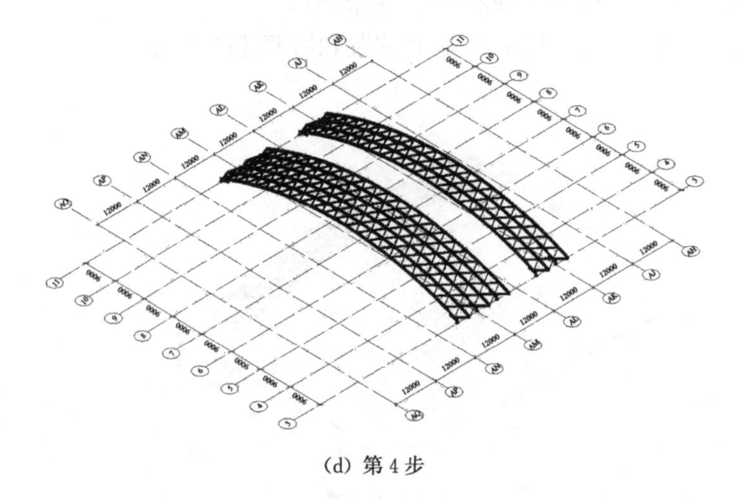

(d) 第 4 步

第 5 步：22 区安装 6m 小拼单元 7 吊和后塞杆 56 吊；21 区滑移 6m 和安装拉索。

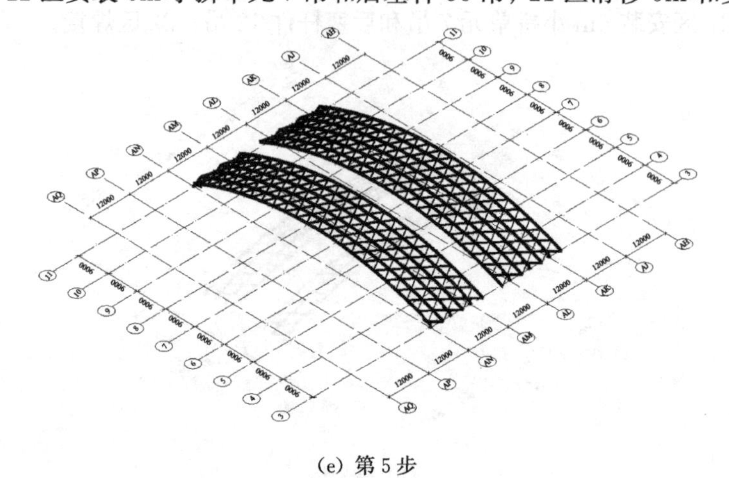

(e) 第 5 步

图 67　累积滑移施工流程图（二）

第 6 步：22 区焊接和安装拉索；21 区滑移 6m，安装 6m 小拼单元 7 吊和后塞杆 56 吊。

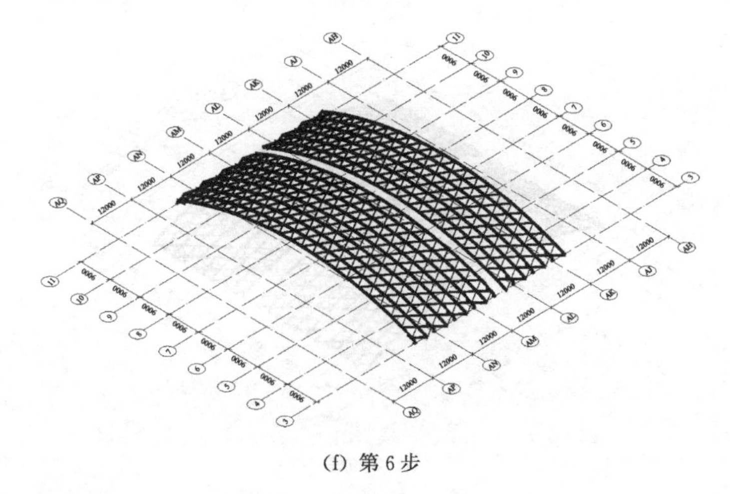

(f) 第 6 步

第 7 步：22 区滑移 1.5m 和装索；21 区焊接。

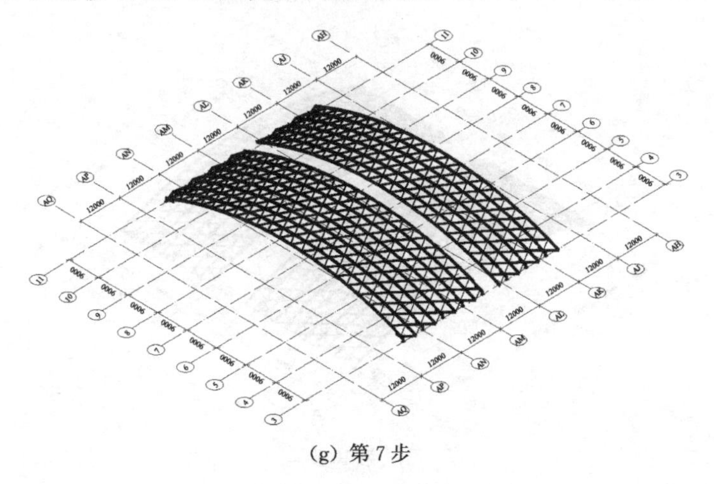

(g) 第 7 步

第 8 步：22 区滑移 6m，安装 6m 小拼单元 7 吊和后塞杆 56 吊；21 区滑移 6m 和安装拉索。

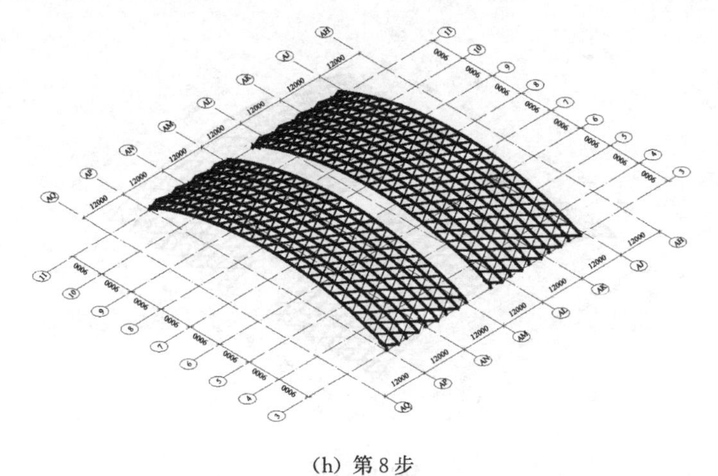

(h) 第 8 步

图 67　累积滑移施工流程图（三）

第 9 步：22 区焊接和安装拉索；21 区滑移 6m，6m 小拼单元 7 吊和后塞杆 56 吊。

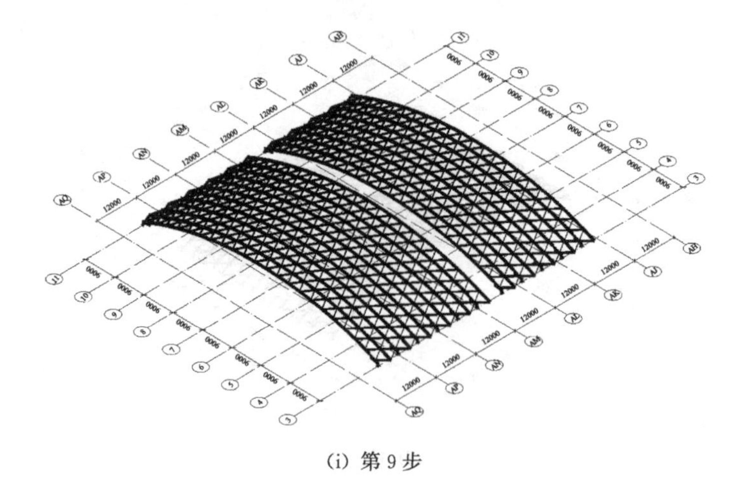

(i) 第 9 步

第 10 步：22 区滑移 6m 和安装拉索；21 区焊接。

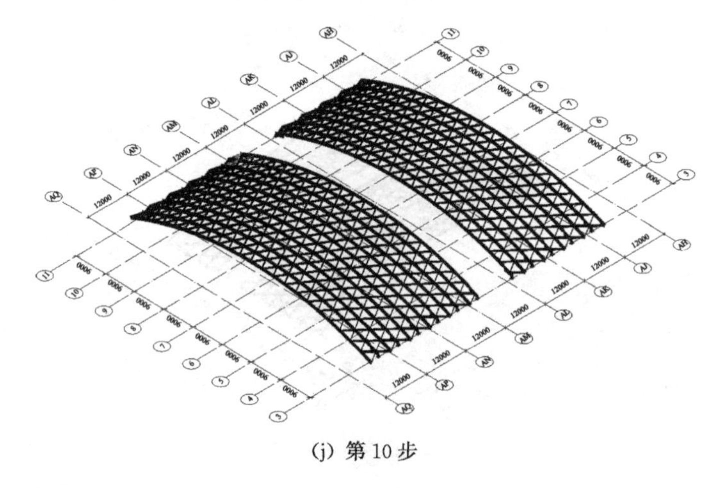

(j) 第 10 步

第 11 步：22 区滑移 4.5m，安装 6m 小拼单元 7 吊和后塞杆 56 吊；21 区滑移 6m 和装索。

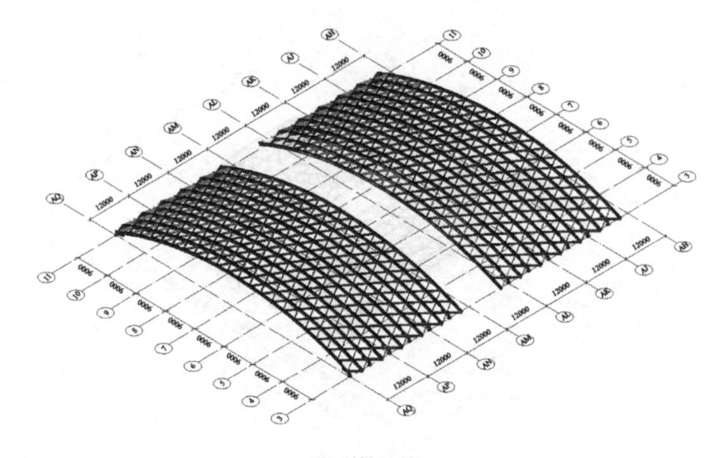

(k) 第 11 步

图 67　累积滑移施工流程图（四）

第 12 步：22 区焊接和安装拉索；21 区安装 6m 小拼单元 7 吊和后塞杆 100 吊。

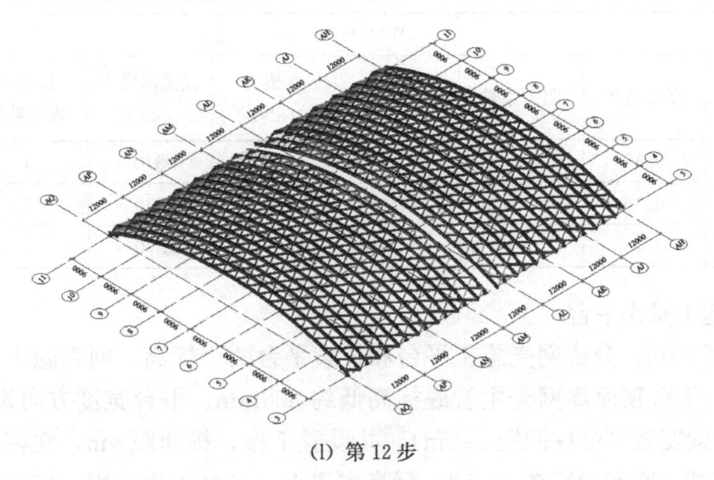

(l) 第 12 步

第 13 步：22 区安装合龙杆 44 吊；21 区焊接。

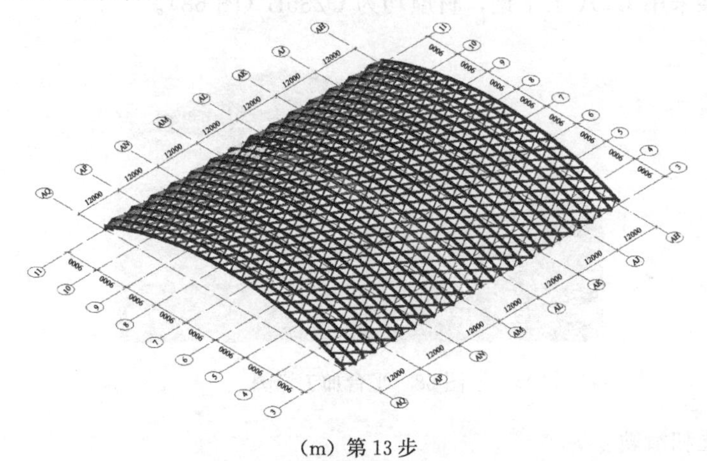

(m) 第 13 步

图 67　累积滑移施工流程图（五）

(3) 顶推设备的选择

滑移顶推器设置原则：根据钢材间摩擦因数、竖向力及水平力的数值分析设置顶推器的数量。本工程选择 TX-60-J 型液压顶推器，顶推力 570kN。本工程滑移为滑动摩擦，牵引力按公式 $F_t \geqslant \mu_1 \times \zeta \times G_{0k}$ 计算（μ_1—滑动摩擦系数，在自然轧制钢表面，经粗除锈充分润滑的钢与钢之间可取 0.12～0.15；ζ—阻力系数，当有其他因素影响牵引力时，可取 1.3～1.5）。见表 12。

顶推器设置数量　　　　**表 12**

W12/W22								
序号	工况	摩擦系数	阻力系数	竖向力 (kN)	摩擦力 (kN)	顶推器推力 (kN)	顶推器理论数量	顶推器实际数量
1	9m	0.15	1.5	1450	326.25	570	1	2
2	18m	0.15	1.4	2900	609	570	2	2
3	27m	0.15	1.4	4350	913.5	570	2	4

续表

W11/W21								
序号	工况	摩擦系数	阻力系数	竖向力（kN）	摩擦力（kN）	顶推器推力（kN）	顶推器理论数量	顶推器实际数量
1	15m	0.15	1.5	2480	558	570	1	2
2	24m	0.15	1.4	3950	829.5	570	2	4
3	33m	0.15	1.4	5450	1144.5	570	3	4

（4）滑移施工操作平台

操作平面宽 27m，分成网壳施工平台和拉索平台两个标高，网壳施工平台高度随网壳高度而变化，平台顶面离网壳主管底标高低约 800mm。平台宽度方向设置立柱 7 个，间距为 6m（拉索安装平台柱间距 1.5m），共设置 7 排，排间距 9m。立柱采用基坑支护用 ϕ609×16 钢管，底部设置在 30.52m 标高主梁上。平台主梁采用 H390×300×10×16 热轧型钢，次梁采用 I20A 工字钢，材质均为 Q235B（图 68）。

图 68　平台加工详图

（5）滑移梁和滑轨

滑移轨道共 5 道，其中在操作平台上 5 轴、7 轴和 9 轴位置设置 3 条长度为 27m 的短滑轨，3 轴和 11 轴设置 2 条通长 168m 主滑轨，如图 69 所示。

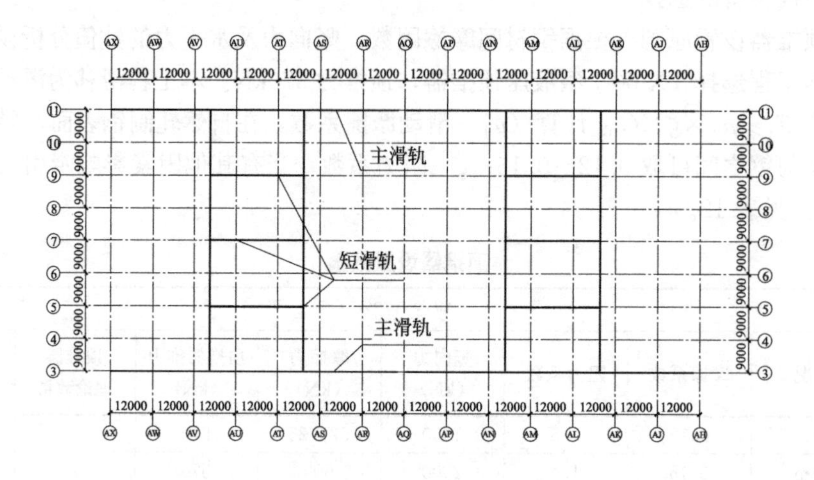

图 69　滑移梁和滑轨

①滑移梁

采用 H400×400×13×21 热轧型钢，中间每隔 500mm 设置一道加劲肋，肋板厚 20mm。见图 70。

图 70　滑移梁和滑移轨道示意图

②滑移轨道

滑移轨道结构在滑移过程中，起到承重、导向作用。滑移轨道采用材质为 43 号重轨。

(6) 滑靴

短滑道滑靴考虑到需要重复使用，采用抱箍形式卡住网壳主管，主管底部通过斜铁和滑靴进行找平，侧边用楔块顶紧。见图 71。

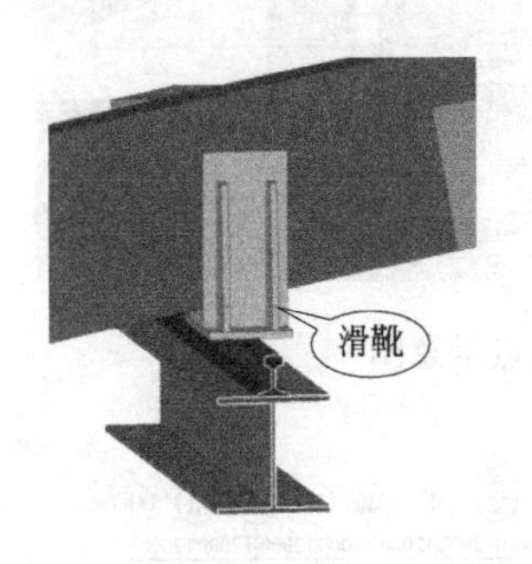

图 71　短滑道滑靴示意图

(7) 顶推点设置

滑移轨道共 5 道，其中在操作平台上 5 轴、7 轴和 9 轴位置设置 3 条长度为 27m 的短滑轨，3 轴和 11 轴设置 2 条通长主滑轨。平台上短滑道滑移前采用 5t 倒链预张紧措施，顶推点位设置在网壳两端支座节点上，点位布设图如图 72 所示。

(8) 卸载及支座转换

结构滑移支座共有 56 个，结构同步卸载转换难以实现。根据实际情况制定逐步转换方案，并经过分析计算，确保转换过程结构安全可靠。滑移节点及滑移轨道设计时，充分考虑后期结构支座转换安装的需要。

①从 AR～AQ 轴向南北两边顺序依次转换，每根主管两端支座同时转换，四根主管 8 个支座同时转换。

②滑移就位后对节点进行临时固定后，切除成品支座位置的钢轨。

③钢轨切除完毕后，清除焊渣及氧化铁等杂物，安装就位成品支座。

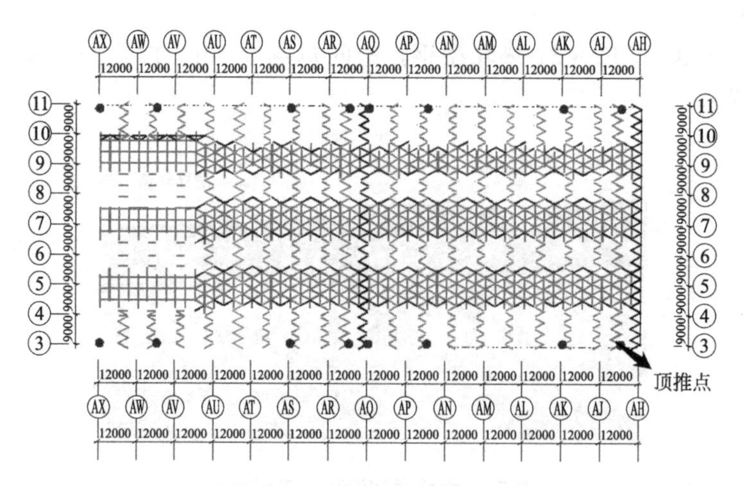

图 72　顶推点位布置图

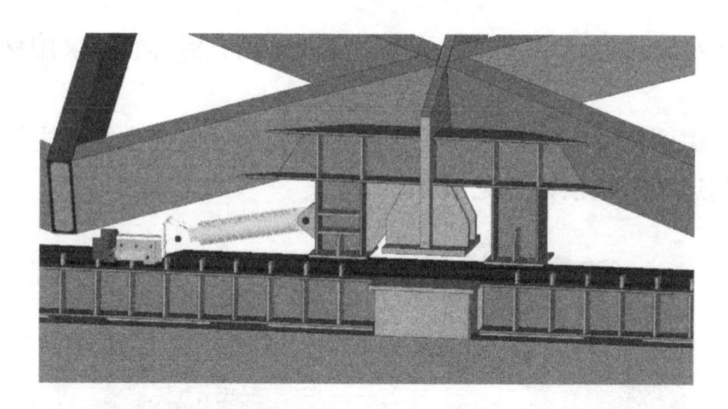

图 73　顶推点示意图

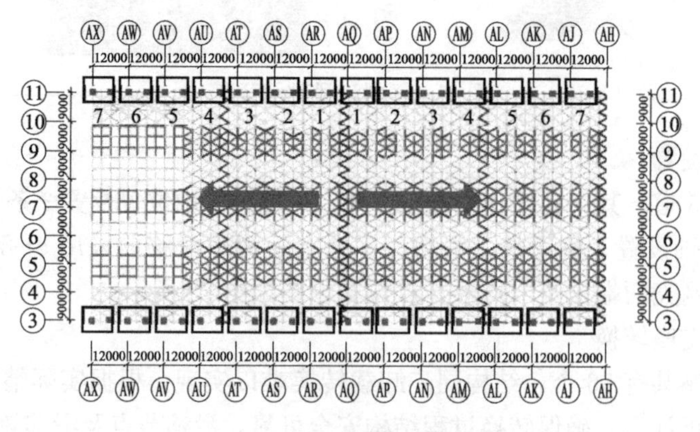

图 74　支座转换方向及顺序

④测量滑移节点位置及标高结果，切除滑靴支腿进行卸载。

⑤通过前面几步卸载，钢结构已处于完全卸载状态，整体利用两边着力点支撑，钢结构自重荷载可以平稳从滑移系统完全转移到结构自身上去。（此时支座还是锁死状态，支座位移释放根据屋面荷载、温度和预应力施工整体确定。）相关示意见图 73～图 78。

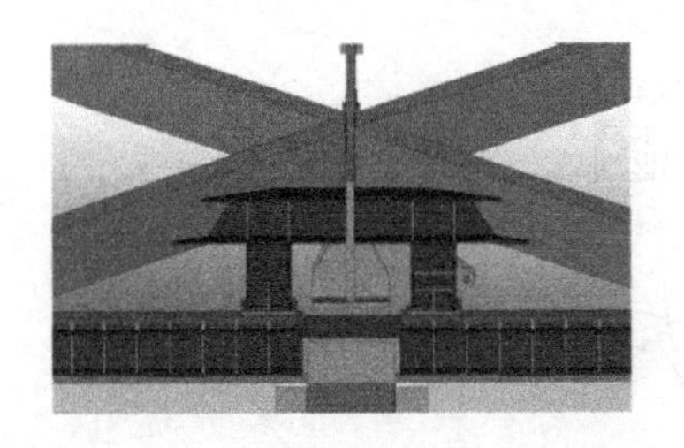

图 75　切除成品支座位置的钢轨

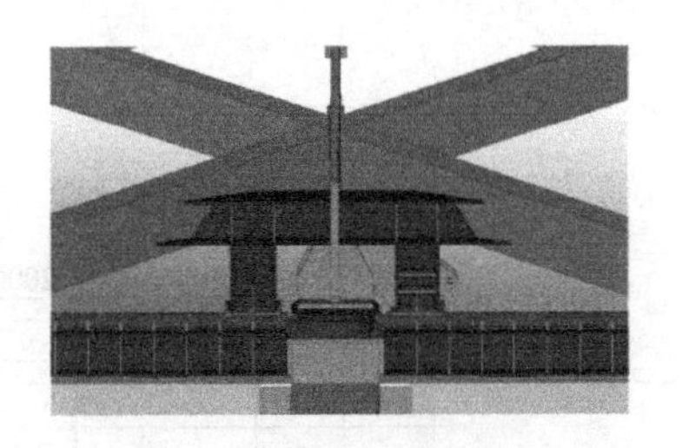

图 76　安装就位成品支座

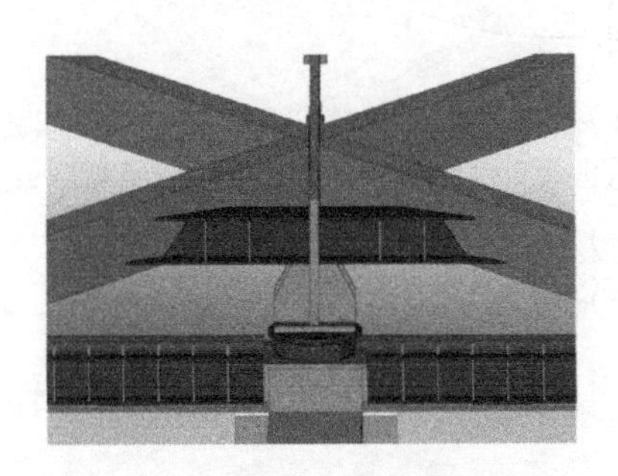

图 77　卸载

图 78　支座最终安装状态

4.3.3　屋顶花园屋面桁架施工

网壳桁架位于 3-11 轴/AG-AH 轴，桁架底面标高 43.196m，桁架顶面标高 51.000m，总高度 7.804m。桁架共两榀，总重量为 230t，其中 3-11 轴/AG 轴桁架重量 99t，3-11 轴/AH 轴桁架重量为 72.5t，桁架之间次构件重量为 58t。

计划采用地面拼装、分段吊装高空原位对接的施工方法，吊装前在楼面设置临时支撑。

(1) 屋顶花园屋面桁架分段（图 79）

屋顶花园屋面桁架跨度 72m，高度 7.804m。加工时桁架根据运输要求分段，上下弦杆分成 6 段，腹杆单根加工，桁架在现场组拼成单元。

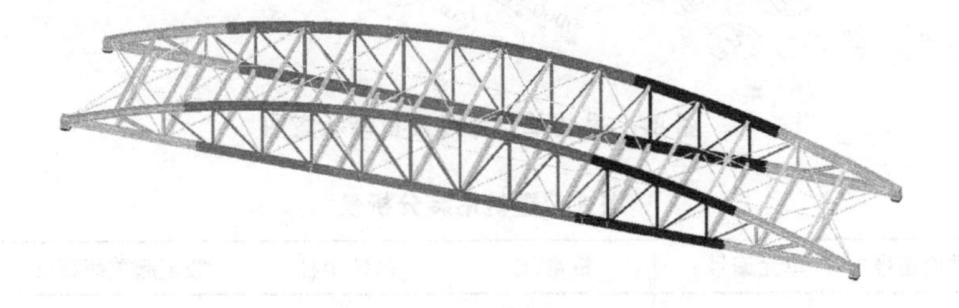

图 79　屋顶花园屋面桁架分段图

(2) 屋顶花园屋面桁架吊装分析

屋顶花园屋面桁架采用现场 5 号塔和 12 号塔式起重机装。塔式起重机及构件平面布置如图 80 所示。

根据塔式起重机性能将 AG 轴桁架和 AH 轴桁架分成 4 个吊装单元见图 81、表 13。

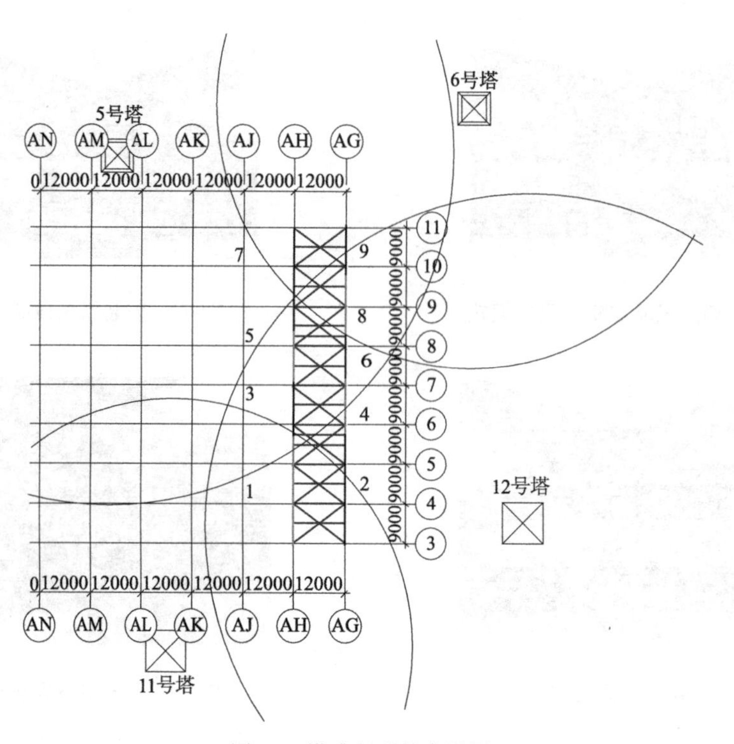

图 80　塔式起重机布置图

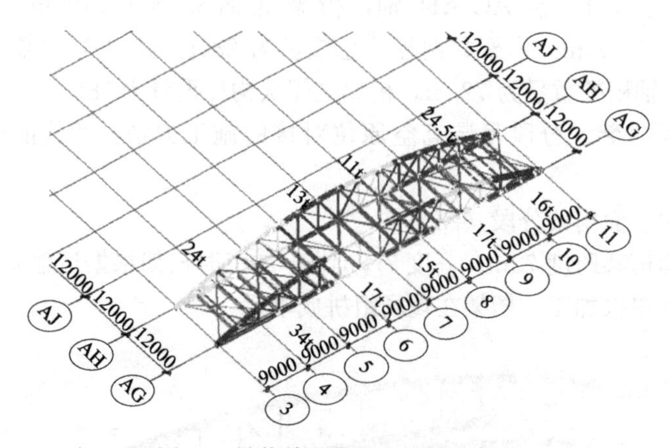

图 81　吊装单元分段及重量示意图

塔式起重机吊装分析表 **表 13**

序号	塔式起重机编号	单元编号	重量(t)	吊装半径	额定起重荷载(t)	分析
1	12 号	1	24	55	31.75	满足
2	12 号	2	34	42	42.5	满足
3	12 号	3	13	60	28.49	满足
4	12 号	4	17	50	35.68	满足
5	12 号	5	11	65	25.75	满足
6	12 号	6	15	57	30.5	满足

续表

序号	塔式起重机编号	单元编号	重量(t)	吊装半径	额定起重荷载(t)	分析
7	10号	7	24.5	51	34.5	满足
8	12号	8	17	66	25.75	满足
9	12号	9	16	73	21.37	满足

（3）屋顶花园屋面桁架安装流程（图82）

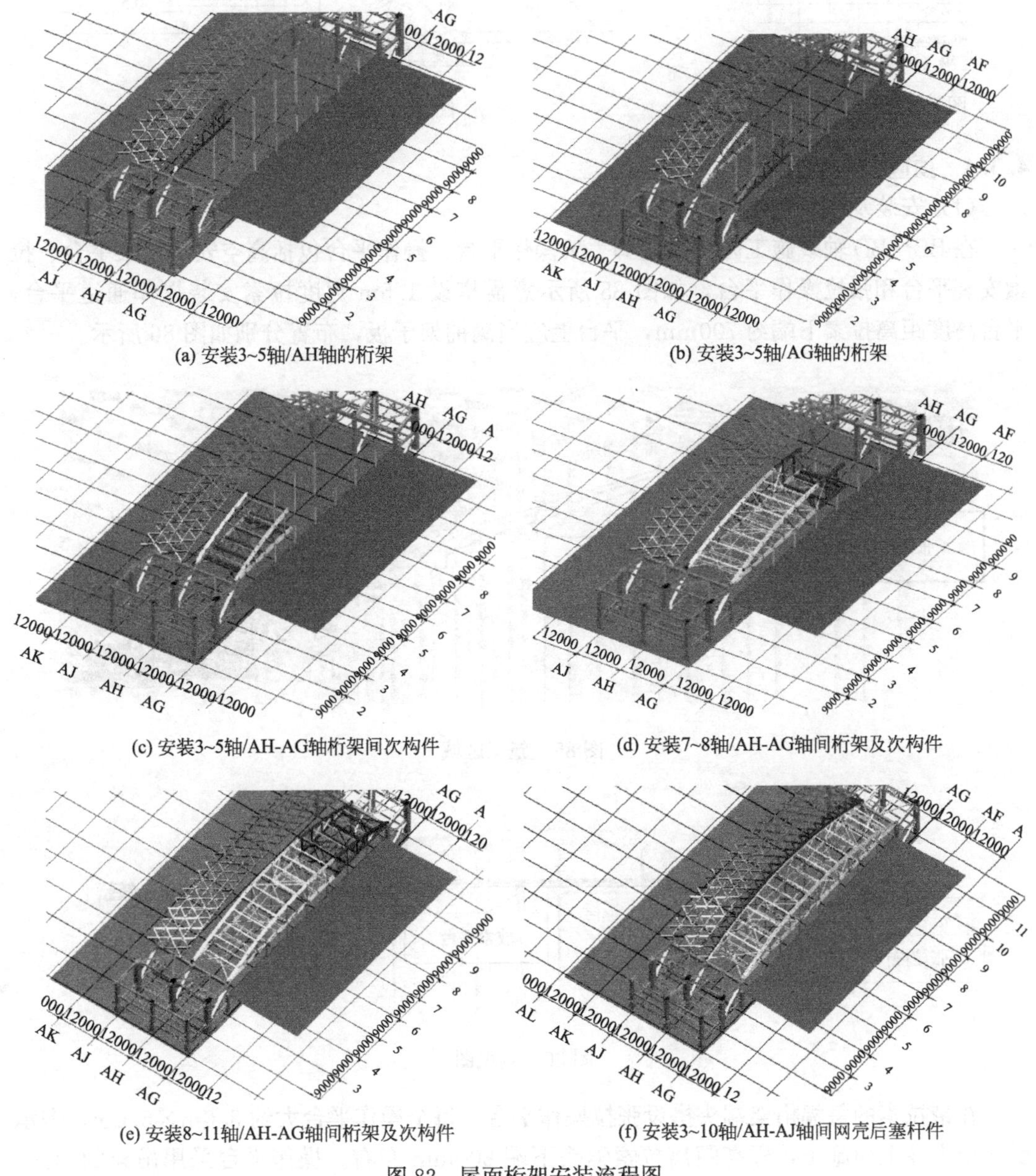

(a) 安装3~5轴/AH轴的桁架

(b) 安装3~5轴/AG轴的桁架

(c) 安装3~5轴/AH-AG轴桁架间次构件

(d) 安装7~8轴/AH-AG轴间桁架及次构件

(e) 安装8~11轴/AH-AG轴间桁架及次构件

(f) 安装3~10轴/AH-AJ轴间网壳后塞杆件

图82　屋面桁架安装流程图

（4）屋顶花园屋面桁架安装措施

桁架支撑共11根，其中AH轴支撑为五根长12.5m的 $\phi609\times10$ 圆管，AG轴支撑为六根长 5.2m 的 ϕ609×10 圆管。临时支撑顶部拉设 4 根的缆风绳锚固在埋件板上，当相邻两榀桁架安装完成后，即可拆除该两榀桁架支撑的缆风绳。见图 83、图 84。

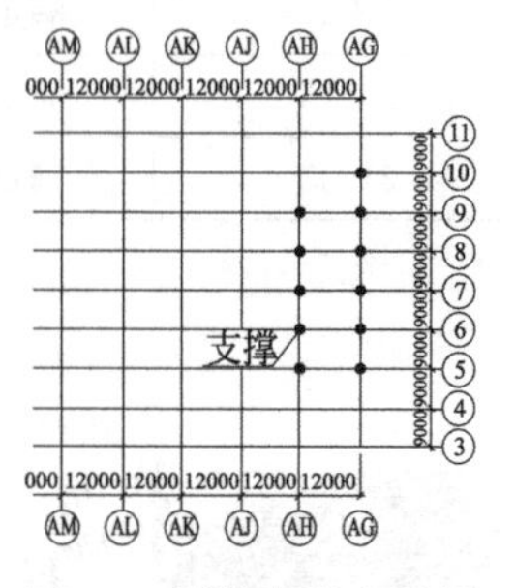

图 83　圆管支撑布置图

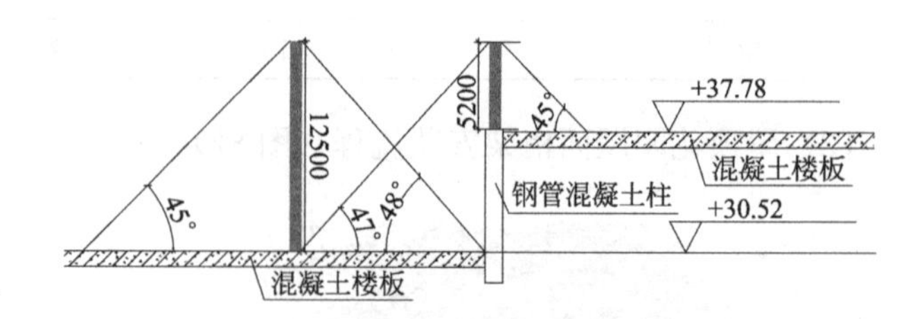

图 84　缆风绳布置示意图

4.3.4　预应力施工方案

(1) 安装及张拉过程

在 BB～BD 轴线施工区域搭设脚手架操作平台，操作平台包括高空安装桁架平台、拉索安装平台和张拉操作平台，如图 85 所示意需搭设 1.5m 宽度拉索安装操作通道平台，平台高度距离拉索下端约 700mm，平台上应当满铺架子板，布置分别如图 86 所示。

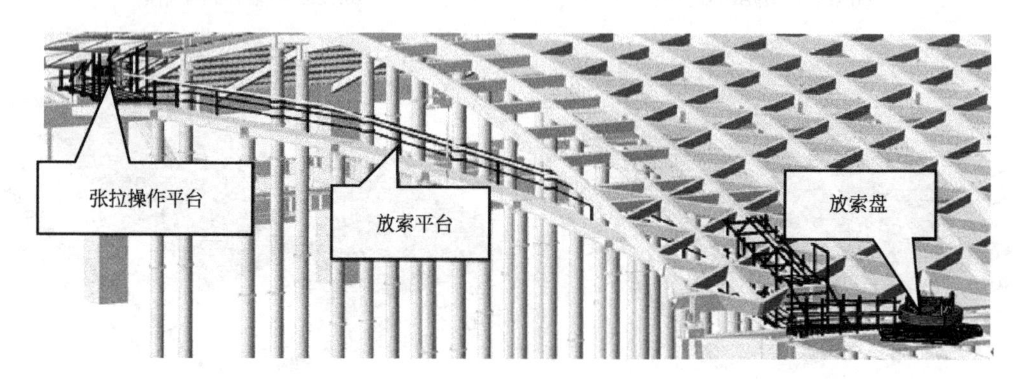

图 85　施工区域

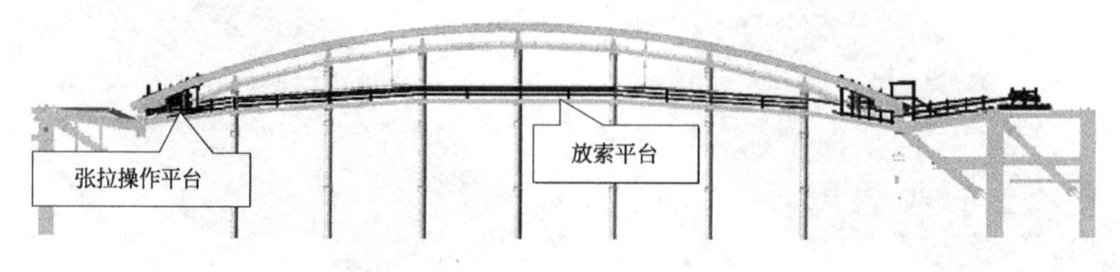

图 86　侧视图

在带拉索的每榀桁架端头搭设张拉操作平台，每个操作平台大约 3.0m×5.0m，需承受 5 个人在上面施工，标高距离拉索索头下端 800mm 左右。操作平台采用吊架的形式，如图 87 所示。

借助放索盘以及卷扬机等设备进行铺索，铺索过程中，使用捯链、吊装带等辅助工具。相关示意见图 88～图 90。

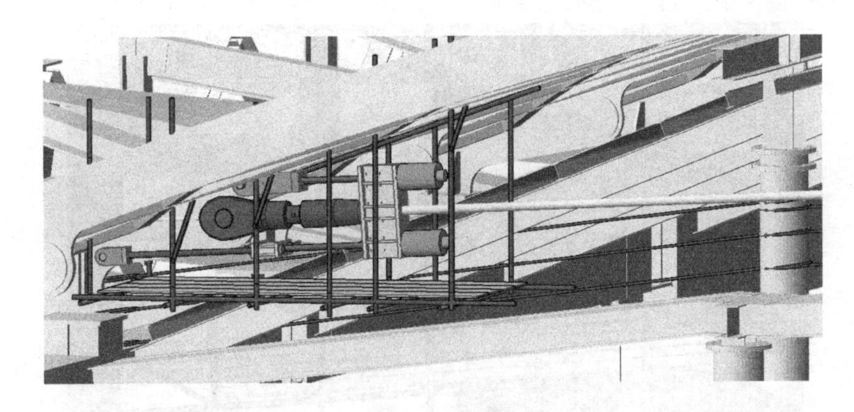

图 87　操作平台

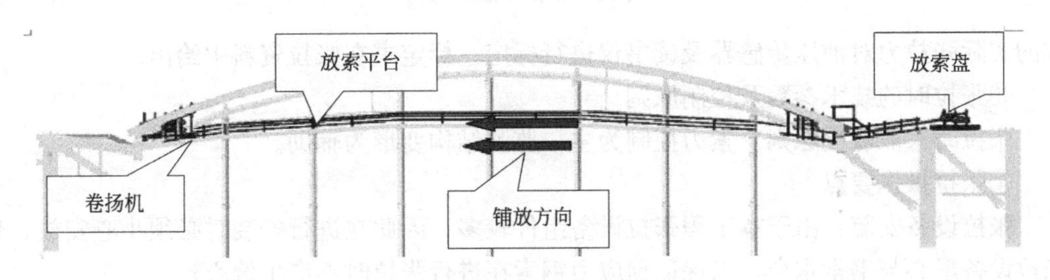

图 88　索安装示意图

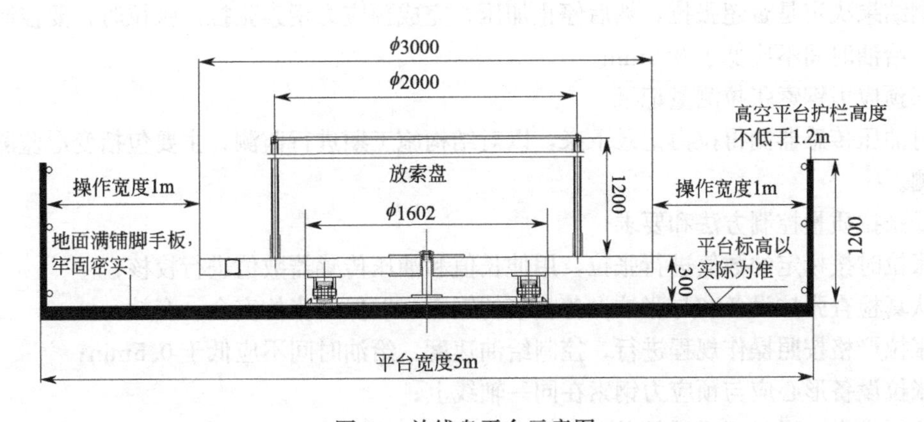

图 89　放线盘平台示意图

（2）预应力索张拉工艺

①张拉设备的选用

张拉之前需要经过计算，确定安装过程中的最大张拉力值，根据力值确定钢拉杆、工装尺寸以及需要的千斤顶规格和数量，如图 91 所示。

②预应力钢索张拉前标定张拉设备

张拉设备采用预应力钢结构专用千斤顶和配套油泵、油压传感器、读数仪。根据设计和预应力工艺要

图 90　放索盘示意图

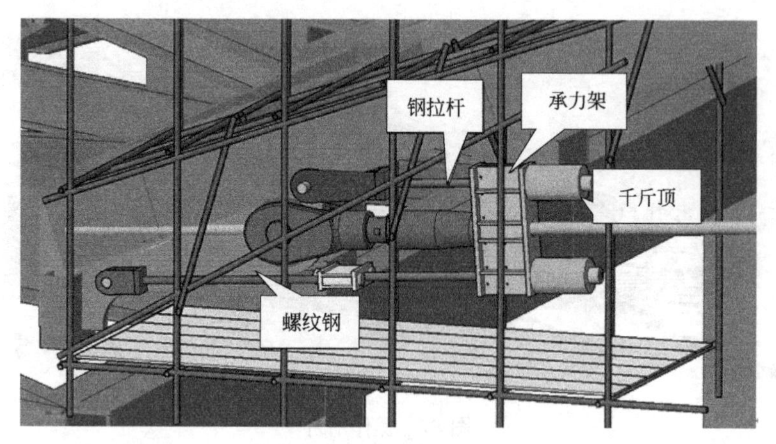

图 91　张拉工装示意图

求的实际张拉力对油压传感器及读书仪进行标定。标定书在张拉资料中给出。

③张拉时的技术参数及控制原则

张拉时采取双控原则：索力控制为主，监测结构变形为辅助。

④张拉操作要点

张拉设备安装：由于本工程张拉设备组件较多，因此在进行安装时必须小心安放，使张拉设备形心与钢索重合，以保证预应力钢索在进行张拉时不产生偏心；

预应力钢索张拉：油泵启动供油正常后，开始加压，当压力达到钢索设计拉力时，根据监测结果决定是否超张拉，然后停止加压，完成预应力钢索张拉。张拉时，要控制给油速度，给油时间不应低于 0.5min。

⑤预应力钢索张拉测量记录

对油压传感器测得拉力记录下来，以对结构施工期进行监测，主要包括变形监测和应力监测。

⑥张拉质量控制方法和要求

张拉时按标定的数值进行张拉，用伸长值和油压传感器数值进行校核；

认真检查张拉设备和与张拉设备相接的钢索，以保证张拉安全、有效；

张拉严格按照操作规程进行，控制给油速度，给油时间不应低于 0.5min；

张拉设备形心应与预应力钢索在同一轴线上；

监测应力变形与理论计算值相差超过允许误差时，应停止张拉，报告工程师进行处理，待查明原因，并采取措施后，再继续张拉。

(3) 张拉临时措施

钢结构预应力脚手架操作平台位于主体结构顶层，包含 82 个张拉平台以及 6 个连接通道、6 个展索平台以及网壳西侧贯通南北的走道。其中张拉平台需在钢结构胎架上进行搭设，待每榀预应力张拉结束后，随着钢结构滑移出去；展索平台位于各铺索平台西侧，用于放置放索盘以及索；东西连接通道位于展索平台东侧，用于展索平台以及张拉平台；南北连接通道位于网壳结构西侧，用于施工人员行走至张拉平台。

①张拉操作平台

钢结构网壳共计 41 榀索，每榀索东西两侧各需要一个张拉平台，共计 41×2=82 个，

脚手架采用 $\phi48\times3.2$ 钢管进行搭设，搭设位置位于铺索平台东西两端。见图 92～图 95。

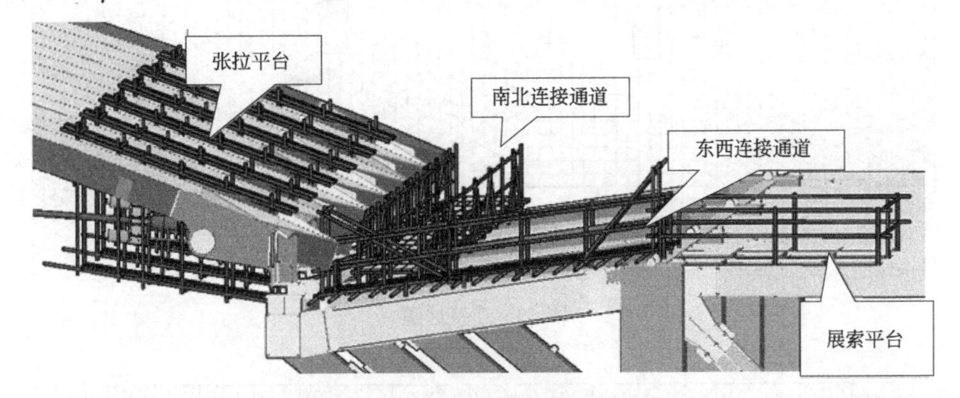

图 92　钢结构预应力脚手架操作平台

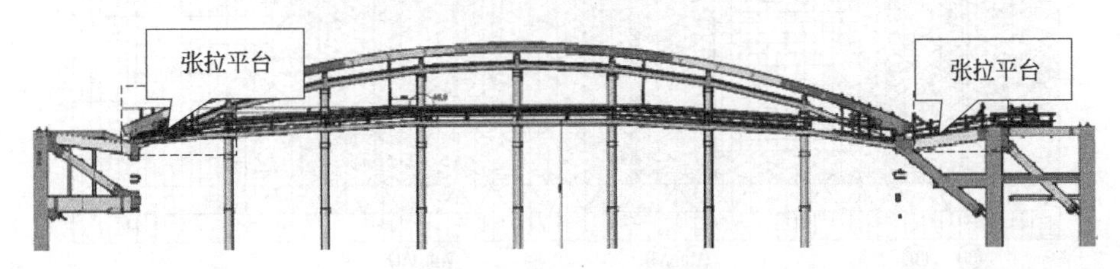

图 93　索张拉平台布置图

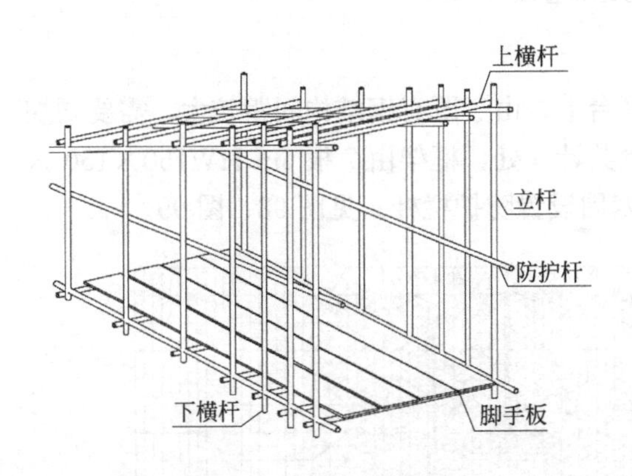

图 94　索张拉平台脚手架

图 95　索张拉平台脚手架与网壳连接图

搭设时间为张拉结束后，钢结构滑移开始前，由于时间较紧，需要提前准备材料及人员。拆除时间为预应力索二次张拉完成以后。

AX 和 AQ 轴线对应的张拉平台由于钢结构与索平齐导致张拉平台半侧悬挑，故在滑移前暂不设立张拉平台。待滑移就位，嵌补完成后再进行搭设。

图 92～图 95 中两个轴线的四个张拉平台，待滑移就位，嵌补完成后再进行搭设，供最后一次张拉使用。

②东西连接通道

东西连接通道连接放索盘和张拉平台，共计 6 处，采用 $\phi48\times3.2$ 钢管进行搭设。东西连接通道位于钢结构胎架西侧，展索平台东侧。每个钢结构胎架共计两个连接通道。见图 96、图 97。

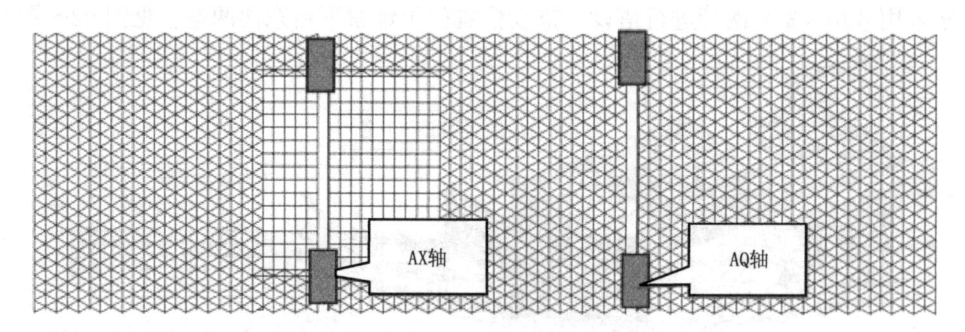

图 96　连接通道

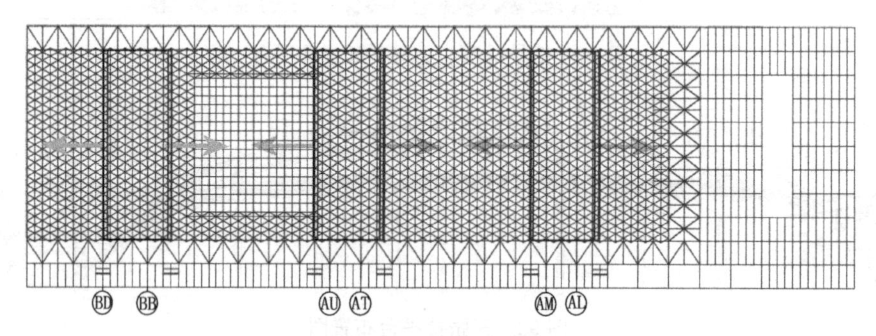

图 97　东西连接通道布置图（6 处）

③展索平台

放索盘将放置在张拉平台西侧的钢结构平台上，由于既有钢结构间距较大，需要增加钢结构框架用于放置放索盘。增加框架的位置共计 6 处，框架由 7 根 6m HW150×150×7/10 焊接组成平台，平台上铺满花纹钢板，四周设置防护栏杆。见图 98、图 99。

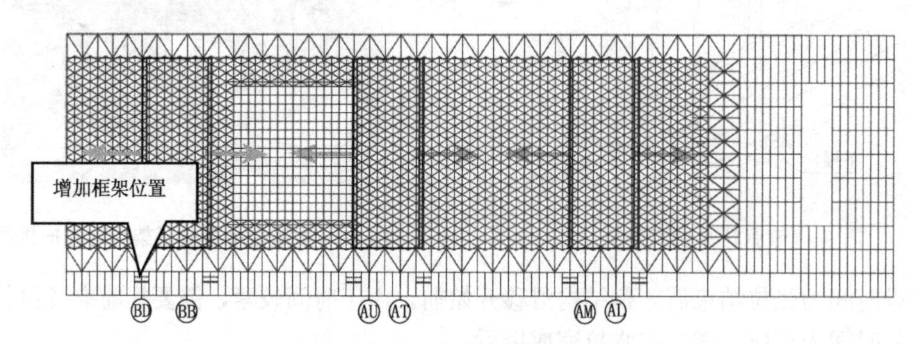

图 98　框架增加位置平面布置图

图 99　次梁增加位置图

④南北连接通道

南北行走通道位于屋面网壳西侧，用于连接屋面网壳西侧各个索二次张拉平台，通道北至1/BG轴线，南至AH轴线，距3轴1.248m，南北行走通道可分42个6m单元，通道全长252m，通道宽1.5m。见图100。

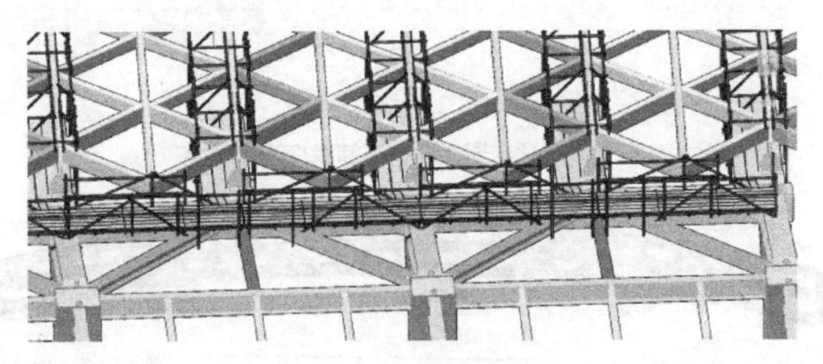

图100　南北连接通道

5　施工安全保证措施

安全组织措施等，略。

5.1　安全监测措施

针对本工程的结构特点及采用的施工方法，屋面结构、序厅大跨度桁架、悬挑桁架及临时支撑架的垂直度及结构的挠度变形可由现场进行监测，现场监测的主要内容有：

（1）屋面桁架钢支撑的垂直度监测；

（2）屋面网壳的沉降及变形监测；

（3）序厅屋面桁架的挠度变形监测；

（4）索结构的应力及变形监测。

5.1.1　支撑架的垂直度监测

屋面桁架、屋面网壳采用支撑架（ϕ609×16）进行支撑，支撑架的安全至关重要。支撑架安装垂直度要求：≤H/1000且≤20mm，并在施工过程中对支撑架的垂直度进行实时观测，出现垂直度较大的支撑架应立即进行校正，保证支撑架的施工安全。支撑架的垂直度采用经纬仪进行监测。

5.1.2　大跨度结构的挠度变形监测

大跨度桁架结构卸载前、卸载后应采用全站仪、经纬仪监测结构的挠度变化情况，监测点位于支撑架处桁架下弦位置。卸载过程中，发现大跨度结构变形异常时，应立即停止卸载，及时上报项目部进行处理。

大跨度屋面网壳张拉前后、滑移时应采用全站仪、经纬仪监测结构的挠度、水平变形变化情况，监测点位于网壳主管。滑移过程中，发现大跨度结构变形异常时，应立即停止卸载，及时上报项目部进行处理。见图101。

5.1.3　拉索索力测点布置

对钢索拉力的监测采用油压传感器测试以保证预应力钢索施工完成后的应力与设计单位所要求的应力吻合，具体测量原理：张拉过程中油泵的油压通过油压传感器测量出来，

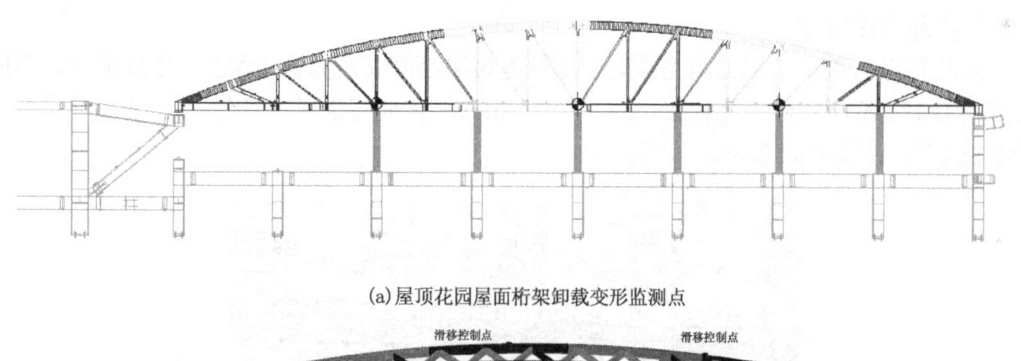

(a)屋顶花园屋面桁架卸载变形监测点

(b)屋面网壳张拉、滑移变形监测点

(c)悬挑桁架变形监测点

图 101　监测点位置示意图

转化为力，通过电子读数仪读出索力值，如图 102 所示。

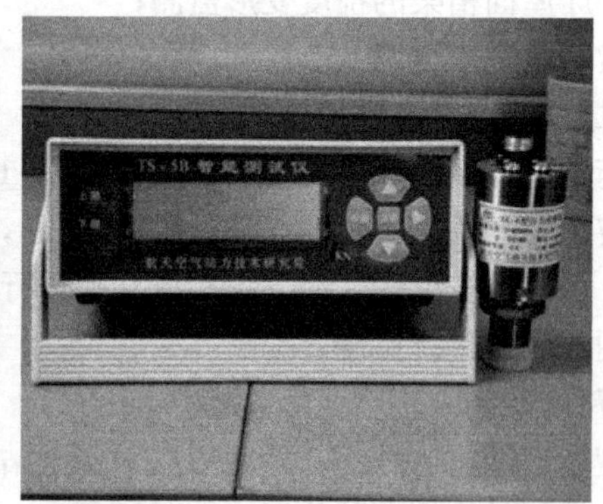

图 102　油泵及配套油压传感器

6　施工管理及作业人员配备和分工

劳动力是保障工程顺利进行的关键，结合本工程特殊情况，在确保工程施工安全、施工进度、施工质量的前提下降低节约人力资源成本，达到合同要求。

本工程安装施工的专业性较强，需要特种作业人员进行钢结构吊装、焊接、涂装等工序施工。根据钢结构总体施工方案与施工进度计划安排钢结构施工劳动力，具体见表14。

劳动力计划表 **表14**

工种	班组长	安装	电焊工	信号工	油漆工	电工	测量	预应力	普工	合计
数量	6	80	120	12	10	4	8	16	50	320

7 验收要求

7.1 钢结构安装前核查内容及标准（表15）

钢结构安装前核查内容及标准 **表15**

序号	核查条件		核查标准
1	主控条件	安装施工方案	安全专项施工方案（包括应急预案）编审、专家论证、审批齐全有效
2		安装机械准备	手续齐全，报验合格，满足方案要求
3		安装作业人员	操作工、信号工等安全培训资料齐全，考核合格，持证上岗。施工和安全技术交底已完成
4		进场构件	出厂合格证，质量证明文件，复试报告
5		质量资料	施工记录及隐蔽工程验收文件、检测试验及见证取样文件等资料符合要求
6		临时支撑	支撑搭设符合施工方案要求
7		吊耳及吊索具	吊耳设置、吊索具规格满足计算要求
8		周边环境及气候条件	周边环境及气候条件满足吊装要求
9		地基处理	地基处理满足吊装施工要求
10	一般条件	应急准备	应急物资到位，通信畅通，消防器材符合要求。设备应有备用并已到位
11		作业单位资质及人员资格	作业单位资质、许可证等资料齐全，安全生产协议已签署，人员资格满足要求
12		设备机具	进场验收记录齐全有效，特种设备安全技术档案齐全，安装稳固，防护到位
13		其他分包管理	分包队伍资质、许可证等资料齐全，安全生产协议已签署，人员资格满足要求
14		其他作业人员	拟上岗人员安全培训资料齐全，考核合格；特种作业人员类别和数量满足作业要求，操作证齐全。施工和安全技术交底已完成
15		配电箱	电箱完整无损坏；箱内配置符合规范，并附线路图，无带电体明露及一闸多用等

7.2 验收人员

（1）总承包单位和分包单位技术负责人或授权委派的专业技术人员、项目负责人、项目技术负责人、专项施工方案编制人员、项目专职安全生产管理人员及相关人员；

（2）监理单位项目总监理工程师及专业监理工程师。

7.3 验收程序

对于按照规定需要验收的危大工程，施工单位、监理单位应当组织相关人员进行验收。

危大项目施工完毕，施工单位应组织自检，合格后报监理单位组织验收，监理单位应核对参加验收人员资格，按相关标准开展验收，填写《危险性较大的分部分项工程验收表》，形成验收意见。危大工程验收合格的，经施工单位项目技术负责人及总监理工程师签字确认后，方可进入下一道工序。

7.4 危大工程验收标识牌的规定

危大工程验收合格后，施工单位应当在施工现场明显位置设置验收标识牌，公示验收时间及责任人员。"责任人员"专业分包工程填写专业分包单位项目经理和总包单位项目经理，非专业分包工程填写总包单位项目经理和负责此区域专业工长。

8 应急处置措施

8.1 重大危险源辨识（表16）

重大危险源表　　表16

序号	不可接受风险	活动点/工序/部位	职业健康安全影响	管理方式
1	坍塌	脚手架使用中擅自拆改	人身伤害、财产损失、作业环境破坏	加强脚手架使用安全管理
		塔式起重机使用中违章操作	人身伤害、财产损失、作业环境破坏	进行安全交底，加强安全操作规程教育，制订应急预案
		构件装卸车固定措施不到位，发生倒塌	人身伤害、财产损失、作业环境破坏	制定管理措施、专人负责
2	高空坠落	未正确使用安全带	人身伤害、财产损失、作业环境破坏	制定"三宝"使用规定
		洞口、临边未设置安全防护措施	人身伤害、财产损失、作业环境破坏	加强"四口、五临边"围护检查，制定安全防护措施，设置警示牌
		防护产品不符合安全要求	人身伤害、财产损失	制定验收制度
3	物体打击	高空废弃余料保管不当，坠落伤人	人身伤害、财产损失	制定高空安全管理规定、监督检查
		临边、预留空洞防护不严，物体坠落	人身伤害、财产损失	制定安全专项方案、监督检查把关
		操作失误，工具等小型物资从高空坠落	人身伤害、财产损失	制定防坠落措施、防护措施、监督检查
4	火灾	氧气、乙炔仓库、油漆作业和管理	人身伤害、财产损失、作业环境破坏	制定易燃易爆等物品存储和使用管理
		易燃等物品保管不当、无保护措施	人身伤害、财产损失、作业环境破坏	制定管理制度、专人负责
		电气线路老化	人身伤害、财产损失、作业环境破坏	制定施工临时用电方案；加强人员教育
5	化学物理性爆炸	氧气、乙炔仓库	人身伤害、财产损失、作业环境破坏	制定易燃易爆等物品存储和使用管理
		危险品存放不符合要求、混放、混用	人身伤害、财产损失、作业环境破坏	专人负责管理、监督检查
		非专业人员操作、非专人管理	人身伤害、财产损失、作业环境破坏	审核作业人员、检查把关

续表

序号	不可接受风险	活动点/工序/部位	职业健康安全影响	管理方式
6	触电	电气焊作业不规范，电气线路老化	人身伤害、财产损失、作业环境破坏	加强临时用电施工管理、安全检查；临时用电人员持证上岗
		潮湿场所焊接、电工作业	人身伤害、财产损失、作业环境破坏	编制用电措施
		电器设备缺陷，保险措施失灵	人身伤害、财产损失、作业环境破坏	定期检查、检验
		非机电操作工操作	人身伤害、财产损失	持有效证件工人作业
		使用不合格电器设备	人身伤害、财产损失	制定设备验收制度
7	机械伤害	设备自身缺陷	人身伤害、财产损失	制定进场验收制度
		违章操作及使用	人身伤害、财产损失	专人作业、管理
8	健康影响或职业病	食物中毒、皮肤污染，外表接触有毒物品	人身伤害	加强有毒物资管理，加强工人安全教育，制订应急预案
		高温作业下中暑	人身伤害	制订防避暑措施；制订应急预案
		电焊工尘肺	人身伤害	配置专用劳保防护用品、监督正确使用
		噪声、光辐射	人身伤害	配置专用劳保防护用品、监督正确使用
9	自然灾害	强暴雨、大雪、高温、6级以上大风	人身伤害、财产损失、作业环境破坏	制定应急预案、开展应急演练
10	大跨度钢结构滑移安装坍塌	滑移系统设计有缺陷	人身伤害、财产损失	滑移（顶升）系统的设计应满足规范的计算和构造要求
		滑移轨道不平整	人身伤害、财产损失	滑移轨道的安装精度应符合规范要求
		滑移点布置错误	人身伤害、财产损失	质量部门应验收滑移点的布置位置及编号，确保布置正确
		滑移各点不同步	人身伤害、财产损失	明确滑移（顶升）速度，保证位移同步
11	钢结构支撑架坍塌风险	支撑设计有缺陷	人身伤害、财产损失	应选择合理的安装工序，并验算支撑架在该工况下的安全性
		平台支撑架搭设质量不合格	人身伤害、财产损失	支撑架搭设后，项目应组织进行检查，合格后方可使用
		钢结构安装差控制不到位，累计差超出规范值	人身伤害、财产损失	支撑架搭设后，项目应组织进行检查，合格后方可使用
		拆除方案不当	人身伤害、财产损失	应向施工人员进行拆除方案及安全措施交底

8.2 预应力张拉应急预案

8.2.1 张拉前的准备

①检查支座约束情况，考虑张拉时结构状态是否与计算模型一致，以免引起安全事故；

②张拉设备张拉前需全面检查，保证张拉过程中设备的可靠性；

③在一切准备工作做完之后，且经过系统的、全面的检查无误后，现场安装总指挥检查并发令后，才能正式进行预应力索张拉作业；

④结构提升和张拉前，应严格检查临时通道以及安全维护设施是否到位，保证张拉操作人员的安全；

⑤最后张拉前，应清理场地，禁止无关人员进入，保证索张拉过程中人员安全；

⑥张拉过程应根据设计张拉应力值张拉，防止张拉过程中出现预应力过大引起竖向起拱过大；

⑦在预应力索张拉过程中，测量人员应通过测量仪器配合测量各监测点位移的准确数值。

8.2.2 张拉过程中可能出现的问题

①张拉设备故障，包括油管漏油，设备故障；

②现场突然停电；

③张拉过程不同步；

④张拉后结构变形、应力与设计计算不符；

8.2.3 张拉设备故障

张拉过程中如油缸发生漏油、损坏等故障，在现场配备三名专门修理张拉设备的维修工，在现场备好密封圈、油管，随时修理，同时在现场配置2套备用设备，如果不能修理立即更换千斤顶。

8.2.4 张拉过程断电

张拉过程中，如果突然停电，则停止索张拉施工。关闭总电源，查明停电原因，防止来电时张拉设备的突然启动，对屋架结构产生不利影响。同时在张拉的时把锁紧螺母拧紧，保证索力变化跟张拉过程是同步的；突然停电状态下，在短时间内，千斤顶还是处于持力状态，并且油泵回油还需要一段时间，不会出现安全事故。处理好后在现场值班的电工立刻进行查找原因，以最快的速度修复。为了避免这种情况，在现场的二级箱要做到专用，三级箱按照要求安装到位。

8.2.5 张拉过程不同步

由于张拉没有达到同步，造成结构变形，可以通过控制给泵油压的速度，使索力小的加快给油速度，索力比较大的减慢给油速度，这样就可以到达同步控制的目的。

8.2.6 张拉时结构变形、应力与设计不符

如果结构变形及钢结构应力与设计计算不符，超过20%以后，应立即停止张拉，同时报请设计院，找出原因后并采取有效措施后，再重新进行预应力张拉。

9 计算书及相关图纸

9.1 吊装相关计算

包括钢柱、钢梁和桁架等主要构件的吊索具、吊耳等选型及验算。

9.2 施工模拟

重点对屋面网壳、屋面桁架、悬挑桁架等施工过程进行模拟分析，特别是滑移过程与预应力张拉的配合施工。

9.3 临时支撑结构设计计算

拼装胎架、滑移平台、滑移梁等的设计计算。

9.4 重点节点有限元分析

滑移节点、张拉节点的有限元分析。

9.5 楼面验算

重点进行吊装设备上楼面吊装、重型车辆在楼面行走、堆料等的加固设计及验算。

9.6 操作平台详图

略